飞机维护基础

王洲伟 韩 斐 谢岩甫 编著

国防工业出版社
·北京·

内 容 简 介

本书以现代飞机科学维修思想为指导,从"紧贴航空维修需要、普及维修基础知识、提升维修操作技能"的实际出发,围绕飞机维护的基础性工作,详细阐述了飞机维护的基本知识、基本方法、基本技能和基本工作。本书图文并茂、通俗易懂,有助于丰富机务人员科学维修知识,提高机务人员维修水平,既可用于民航和军用飞机维修作业参考,也可作为各类航空机务人员的学习参考用书。

图书在版编目（CIP）数据

飞机维护基础 / 王洲伟,韩斐,谢岩甫编著. —北京：国防工业出版社,2023.2 重印
 ISBN 978-7-118-12188-9

Ⅰ.①飞… Ⅱ.①王… ②韩… ③谢… Ⅲ.①飞机-维护 Ⅳ.①V267

中国版本图书馆 CIP 数据核字（2020）第 204622 号

※

国防工业出版社 出版发行
（北京市海淀区紫竹院南路 23 号　邮政编码 100048）
北京虎彩文化传播有限公司印刷
新华书店经售

*

开本 787×1092　1/16　印张 17　字数 384 千字
2023 年 2 月第 1 版第 2 次印刷　印数 2001—3000 册　定价 69.00 元

（本书如有印装错误，我社负责调换）

国防书店：（010）88540777　　书店传真：（010）88540776
发行业务：（010）88540717　　发行传真：（010）88540762

前　言

飞机维护是指为使飞机保持规定的技术状态所进行的预防性技术活动。随着飞机制造技术和维修理念的进步，飞机维护工作也在不断发展变化。作为机务人员，不仅要明确工作怎么干、标准是什么，还要知道为什么这样干；不仅要具备通用技能，还要紧跟飞机维修技术发展，掌握先进的维修手段和方法，只有这样才能保证维修质量，保证飞行安全。

本书遵循理论与实践相结合的理念，将飞机维护工作进行了归纳分类，集知识、技能、经验于一体，突出知识的体系性和实用性。既有理论知识的阐述，又有操作方法的介绍；既有原理解释，又有经验总结；既继承传统，又紧跟航空维修前沿。在航空维修领域新技术、新材料、新手段蓬勃发展的现状下，着力于解决操作规范性问题、操作准确性问题、知其然不知其所以然的问题。

本书分为5章。第1章对飞机维护的地位、作用、定义、内涵以及重要性进行了简要介绍；第2章详细阐述了飞机维护的基本理论知识；第3章详细阐述了飞机维护的典型操作技能；第4章详细阐述了飞机的日常维护工作内容；第5章介绍了不同地区不同自然环境下的维护特点。

本书在编著过程中得到了李方安高工、刘平玉高工的大力支持和审读把关，我们对他们的辛勤劳动表示诚挚谢意。同时，本书参考、吸纳了相关领域专家学者的研究成果，我们对这些成果的创造者表示敬意，并对这些成果为本书提供参考和引用深表谢意。

由于水平有限，加之时间仓促，书中难免有不足之处及纰漏，恳请广大读者批评指正。

作　者
2020年7月

目 录

第1章 概述 ·········· 1
  1.1 航空维修 ·········· 1
    1.1.1 航空维修的任务与特点 ·········· 1
    1.1.2 航空维修方式和工作类型 ·········· 2
  1.2 飞机维护的定义及内涵 ·········· 4
  1.3 做好飞机维护工作的要点 ·········· 5

第2章 基本知识 ·········· 6
  2.1 航空金属材料 ·········· 6
    2.1.1 金属材料的性质 ·········· 6
    2.1.2 金属的腐蚀与防护 ·········· 10
    2.1.3 金属的断裂与预防 ·········· 17
  2.2 航空非金属材料 ·········· 19
    2.2.1 塑料 ·········· 19
    2.2.2 有机玻璃 ·········· 21
    2.2.3 光学玻璃 ·········· 22
    2.2.4 橡胶 ·········· 22
    2.2.5 航空涂料 ·········· 23
    2.2.6 胶黏剂 ·········· 25
    2.2.7 密封剂 ·········· 26
    2.2.8 荧光材料 ·········· 27
    2.2.9 防潮砂 ·········· 27
    2.2.10 蜂窝夹层结构 ·········· 28
    2.2.11 复合材料 ·········· 29
    2.2.12 隐身材料 ·········· 30
  2.3 航空油料 ·········· 31
    2.3.1 航空油料的理化性质 ·········· 31
    2.3.2 航空汽油 ·········· 34
    2.3.3 航空煤油 ·········· 34
    2.3.4 航空润滑油 ·········· 35
    2.3.5 航空润滑脂 ·········· 36
    2.3.6 航空液压油 ·········· 38
    2.3.7 航空洗涤汽油 ·········· 38

2.3.8　防冰液 ··· 39
　　　2.3.9　航空特种液 ·· 39
　　　2.3.10　常用油料的识别方法 ··· 40
　　　2.3.11　航空油料的使用与管理 ····································· 40
　　　2.3.12　油液防污染工作要求 ··· 41
　2.4　航空导线和电缆 ·· 42
　　　2.4.1　裸线 ·· 42
　　　2.4.2　电磁线 ·· 42
　　　2.4.3　绝缘电线 ·· 42
　　　2.4.4　航空电缆 ·· 43
　2.5　航空电气和电子器件 ·· 44
　　　2.5.1　航空电气设备和器件 ··· 44
　　　2.5.2　航空电子器件 ·· 45
　2.6　航空轴承 ·· 47
　　　2.6.1　航空轴承的种类与构造 ····································· 47
　　　2.6.2　轴承的常见损伤及原因 ····································· 49
　　　2.6.3　防止轴承损伤的措施 ··· 50
　2.7　飞机静电的产生与预防 ·· 51
　　　2.7.1　飞机静电的产生 ·· 51
　　　2.7.2　静电对飞机的危害 ·· 52
　　　2.7.3　飞机静电的防护措施 ··· 53
　2.8　飞机地面防火与灭火 ·· 55
　　　2.8.1　灭火器的使用 ·· 55
　　　2.8.2　预防飞机失火的措施 ··· 57
　　　2.8.3　飞机着火的处置 ·· 58
　2.9　飞机图纸的识别 ·· 58
　　　2.9.1　装配图 ·· 59
　　　2.9.2　方框图 ·· 59
　　　2.9.3　电气形象示意图 ·· 60
　　　2.9.4　机械工作原理图 ·· 60
　　　2.9.5　电气工作原理图 ·· 60
　　　2.9.6　逻辑关系图 ·· 61
　　　2.9.7　电气系统简图 ·· 61
　　　2.9.8　线路连接图解 ·· 62
　2.10　安全工作 ·· 62
　　　2.10.1　安全规则 ·· 62
　　　2.10.2　安全问题的调查 ·· 65
　　　2.10.3　安全防护 ·· 66
　　　2.10.4　维修差错 ·· 67

2.11 飞机的检查 68
    2.11.1 飞机检查的目的 68
    2.11.2 机件外部常见的故障和缺陷 69
    2.11.3 机件外部检查的基本方法 70
2.12 飞机故障的诊断与排除 73
    2.12.1 故障机理 73
    2.12.2 故障诊断的一般程序 74
    2.12.3 故障排除的一般方法 76

第3章 基本技能 77
3.1 常用工具量具的使用 77
3.1.1 常用工具的使用 77
3.1.2 常用量具的使用 84
3.1.3 常用工具量具的保管 86
3.2 常用电子电气测试设备的使用 88
3.2.1 指针式万用表 88
3.2.2 数字式万用表 90
3.2.3 兆欧表 91
3.3 地面保障设备的使用 92
3.3.1 工作梯的使用 92
3.3.2 轮挡的使用 96
3.3.3 堵盖的使用 97
3.3.4 脚踏布的使用 97
3.3.5 牵引装置的使用 98
3.3.6 手牵引杆的使用 98
3.3.7 千斤顶的使用 99
3.3.8 地面电源的使用 100
3.4 专用车辆的使用 101
3.4.1 电源车 101
3.4.2 空调车 102
3.4.3 充氮车 103
3.4.4 充氧车 103
3.4.5 送冷车 103
3.4.6 液压油泵车 103
3.4.7 加油车 105
3.4.8 牵引车 105
3.5 机件的连接 106
3.5.1 铆钉连接 106
3.5.2 螺钉连接 107
3.5.3 螺纹接头连接 108

VII

3.5.4　螺栓和螺桩连接 ·· 108
　　3.5.5　固定卡箍连接 ·· 109
　　3.5.6　固定销连接 ·· 109
　　3.5.7　键连接 ·· 110
　　3.5.8　插销接头连接 ·· 110
　　3.5.9　导线接头连接 ·· 111
　　3.5.10　紧定装置的连接 ··· 111
　　3.5.11　垫圈 ·· 113
3.6　紧固件的保险 ··· 114
　　3.6.1　机械防松保险 ·· 114
　　3.6.2　增大摩擦力的防松保险 ·· 121
　　3.6.3　不可拆卸的防松保险 ·· 123
　　3.6.4　钢索松紧螺套的保险 ·· 124
3.7　钢索的编结 ··· 126
　　3.7.1　钢索的种类和功用 ·· 126
　　3.7.2　新钢索的准备 ·· 127
　　3.7.3　编结工具的准备 ·· 128
　　3.7.4　钢索头的编结 ·· 128
3.8　电缆的包扎 ··· 131
　　3.8.1　皮革、橡胶板胶合包扎 ·· 131
　　3.8.2　布、革类的缝合包扎 ·· 131
　　3.8.3　胶带类在电缆上的缠绕包扎 ·· 132
　　3.8.4　无胶带类在电缆上的缠绕包扎 ······································ 132
　　3.8.5　软管类的套装包扎 ·· 133
　　3.8.6　螺旋捆扎带的缠绕包扎 ·· 133
　　3.8.7　网状（可胀）尼龙套管的套装包扎 ·································· 133
　　3.8.8　热收缩套管的套装包扎 ·· 134
3.9　电缆的整理 ··· 135
　　3.9.1　电缆的敷设 ·· 135
　　3.9.2　电缆的卡箍捆扎 ·· 136
　　3.9.3　电缆的分叉 ·· 137
　　3.9.4　电缆的交叉 ·· 138
　　3.9.5　电缆固定时的松弛度和滴水环的设置 ································ 140
3.10　导线的焊接 ·· 141
　　3.10.1　五步法 ·· 141
　　3.10.2　三步法 ·· 142
　　3.10.3　一种不正确的焊接操作方法 ·· 142
　　3.10.4　手工焊接的要领 ·· 143
　　3.10.5　手工焊接的注意事项 ·· 144

3.11　导线的压接 ··· 144
　　　　3.11.1　压接方法 ··· 145
　　　　3.11.2　压接检查 ··· 147
　　　　3.11.3　压接注意事项 ··· 147
　　3.12　电路的测量 ··· 148
　　　　3.12.1　电路故障的测量 ··· 148
　　　　3.12.2　电阻测量法 ··· 151
　　3.13　飞机上的标记 ··· 153
　　　　3.13.1　标记的定义及作用 ··· 153
　　　　3.13.2　标记的识别与应用 ··· 153
　　　　3.13.3　标记的制作 ··· 155

第4章　基本工作 ··· 158
　　4.1　机件的擦洗与润滑 ··· 158
　　　　4.1.1　常用的清洁油液和润滑油脂 ··· 158
　　　　4.1.2　金属机件的擦洗与涂油 ··· 159
　　　　4.1.3　活动关节的擦洗与注油 ··· 159
　　　　4.1.4　航空轴承的清洗与润滑 ··· 161
　　　　4.1.5　飞机蒙皮的擦洗 ··· 164
　　　　4.1.6　有机玻璃的擦洗 ··· 164
　　　　4.1.7　光学玻璃的擦洗 ··· 164
　　　　4.1.8　电气机件的擦洗 ··· 165
　　4.2　气体的灌充 ··· 166
　　　　4.2.1　地面气瓶的识别和使用 ··· 166
　　　　4.2.2　冷（氮）气的灌充 ··· 168
　　　　4.2.3　氧气的灌充 ··· 171
　　4.3　油液的加注 ··· 173
　　　　4.3.1　燃油的加注 ··· 173
　　　　4.3.2　液压油的加注 ··· 175
　　　　4.3.3　滑油的加注 ··· 177
　　　　4.3.4　汽油的加注 ··· 177
　　　　4.3.5　防冰液的加注 ··· 178
　　4.4　机件的拆装 ··· 178
　　　　4.4.1　拆卸机件的一般方法 ··· 178
　　　　4.4.2　安装机件的一般方法 ··· 180
　　4.5　螺纹零件的拆装 ··· 182
　　　　4.5.1　螺栓的拆装 ··· 182
　　　　4.5.2　导管接头的拆装 ··· 184
　　　　4.5.3　电缆插销的拆装 ··· 188
　　4.6　工作舱盖的拆装 ··· 189

4.6.1 螺钉舱盖的拆装 …………………………………………………………189
4.6.2 卡销窗盖的拆装 …………………………………………………………190
4.6.3 快卸螺钉窗盖的拆装 ……………………………………………………191
4.7 飞机蒙皮的维护 …………………………………………………………………191
4.7.1 蒙皮的损伤 ………………………………………………………………191
4.7.2 蒙皮的维护措施 …………………………………………………………194
4.7.3 蜂窝结构的维护措施 ……………………………………………………194
4.8 导管的维护 ………………………………………………………………………195
4.8.1 金属导管的维护 …………………………………………………………196
4.8.2 橡胶软管的维护 …………………………………………………………201
4.8.3 夹布胶管的维护 …………………………………………………………203
4.8.4 聚四氟乙烯软管的维护 …………………………………………………204
4.9 电缆的维护 ………………………………………………………………………206
4.9.1 电缆导线的检修与更换 …………………………………………………206
4.9.2 防波套的修理和更换 ……………………………………………………208
4.9.3 电缆的测量 ………………………………………………………………209
4.10 电路控制和保护设备的维护 …………………………………………………211
4.10.1 电路控制设备的维护 …………………………………………………211
4.10.2 电路保护装置的维护 …………………………………………………214
4.11 液压、气动系统的维护 ………………………………………………………218
4.11.1 影响系统工作不正常的因素 …………………………………………219
4.11.2 保持系统工作正常的维护措施 ………………………………………221
4.12 操纵系统的维护 ………………………………………………………………222
4.12.1 操纵系统活动间隙的检查和活动间隙过大的原因及判断 …………222
4.12.2 操纵系统摩擦力的检查和摩擦力过大的原因及判断 ………………223
4.12.3 操纵系统的维护措施 …………………………………………………224
4.13 燃油系统的维护 ………………………………………………………………227
4.13.1 发动机对燃油的基本要求 ……………………………………………227
4.13.2 煤油氧化变质的预防 …………………………………………………227
4.13.3 煤油中水分的危害和预防 ……………………………………………227
4.13.4 煤油中杂质的来源、危害和预防 ……………………………………229
4.14 滑油系统的维护 ………………………………………………………………230
4.14.1 滑油变质的原因和滑油质量的检查 …………………………………230
4.14.2 滑油消耗量过大的危害及其原因 ……………………………………231
4.14.3 滑油系统的维护措施 …………………………………………………232
4.15 其他部件的维护 ………………………………………………………………232
4.15.1 钢索的维护 ……………………………………………………………232
4.15.2 有机玻璃的维护 ………………………………………………………233
4.15.3 光学玻璃的维护 ………………………………………………………235

		4.15.4 橡胶制品的维护	236
		4.15.5 织物和皮革的维护	237
		4.15.6 座舱内设备的维护	238
		4.15.7 飞机轮胎的维护	240
		4.15.8 减震支柱的维护	243
	4.16	对动物危害的预防	244
		4.16.1 动物的危害	245
		4.16.2 防护措施	245
第5章	不同地区不同自然环境下的维护特点		247
	5.1	严寒条件下的维护特点	247
		5.1.1 冬季寒区的气象特点	247
		5.1.2 严寒条件对飞机的影响	247
		5.1.3 严寒条件下的维护特点	248
	5.2	炎热条件下的维护特点	250
		5.2.1 炎热季节的气象特点	250
		5.2.2 炎热条件对飞机的影响	250
		5.2.3 炎热条件下的维护特点	251
	5.3	潮湿条件下的维护特点	252
		5.3.1 雨季气象特点	252
		5.3.2 潮湿条件对飞机的影响	252
		5.3.3 潮湿条件下的维护特点	252
	5.4	风沙条件下的维护特点	254
		5.4.1 风沙季节的气象特点	254
		5.4.2 风沙条件对飞机的影响	254
		5.4.3 风沙条件下的维护特点	254
	5.5	高原地区的维护特点	255
		5.5.1 高原地区的气象特点	255
		5.5.2 高原地区对飞机的影响	255
		5.5.3 高原地区的维护特点	256
	5.6	沿海地区的维护特点	257
		5.6.1 沿海地区的气象特点	257
		5.6.2 沿海地区对飞机的影响	257
		5.6.3 沿海地区维护特点	258

参考文献 259

第 1 章 概 述

飞机是科学技术的结晶，是人类智力的物化。航空机务人员从事飞机维护工作，责任重大，使命光荣，既要具备相应的航空专业基础理论知识，熟知所维护飞机的性能、构造和工作原理，又要掌握维护飞机的基本知识、基本方法和基本技能，严格按照条例、规程、维修手册的要求，正确地进行维护操作。

1.1 航空维修

航空维修是指为使航空装备保持、恢复和改善规定的技术状态所进行的全部活动。航空维修是一个多层次、多环节、多专业的保障系统，主要包括维修思想、维修体制、维修类型、维修方式、维修专业、维修控制、维修手段和维修作业等，并以维修管理贯穿其中，使之相互联系、相互作用，构成了一个有机整体。

1.1.1 航空维修的任务与特点

1. 航空维修的任务

航空装备必须符合规定的技术状态，才能安全可靠地使用。航空装备在使用过程中，受到各种因素的作用和影响，其技术状态会偏离规定的使用标准，而航空维修的基本任务正是为了经常保持和迅速恢复航空装备规定的技术状态。为达成这一目的，不仅要求从技术上保证航空装备本身具有优良的技术性能和良好的可靠性、维修性、保障性等固有属性，而且要求各级航空维修部门对各项维修工作实施有效的组织管理，使整个维修工作能以最经济的资源消耗取得满意的效果。

2. 航空维修的特点

航空维修的特点是航空维修的本质表现，只有按照航空维修的特点来实施维修，才能收到满意的效果。

1) 高安全性

航空装备是在空中使用的复杂系统，对可靠性、安全性有着特殊的要求，不仅要保证每一次使用的安全可靠，而且要保证整个寿命周期过程使用的安全可靠；不仅要准确判断其可靠性现状，而且要系统分析和科学把握其可靠性的变化趋势和发展规律，以便及时采取有效的维修措施，防止因可靠性的突变而带来严重后果。因此，航空维修必须以可靠性为中心，将保持和恢复航空装备可靠性作为航空维修的出发点和落脚点。

2) 技术复杂性

随着以信息技术为核心的高新技术群的快速发展及广泛应用，航空装备的高新技术含量显著增加，微电子技术、光电子技术、人工智能技术和复合材料、隐身涂层、防辐射涂层、耐高温涂层等新材料、新工艺的应用，不仅使航空装备的硬件系统变得更为复杂，而且出现了软硬件结合的"软件密集系统"，使航空维修成为一种技术综合性很强的活动，同时也不断推动着航空维修技术的创新。

3）综合保障性

航空装备的使用是包括维修在内各种要素共同作用的结果，作为一种保障性活动，航空维修要服从和服务于航空装备的使用需求。同时，这种保障性活动又是一种综合性活动，贯穿装备寿命周期全过程，需要许多部门、专业的密切配合，需要合理配置和使用各种维修保障资源等；而且这种活动又是在一种动态变化的环境中进行的，受到装备状况、维修资源、人员技术水平等许多不确定因素的影响。航空维修这种多因素、高不确定性的活动特点，使航空维修保障活动必须具有综合性。

4）环境适应性

航空维修是在复杂、恶劣的环境条件下实施的。无论是日晒雨淋、风吹霜打，还是白天黑夜、寒冬酷暑，都要实施维修活动。维修环境的复杂性还表现在环境的多变性，不同地域的地形、气候等自然条件对维修人员及维修活动有不同的影响，要求维修人员掌握各种环境条件下的维修特点，熟悉不同环境条件下航空装备技术性能的变化，从实际情况出发实施有效的维修。

5）高消耗性

航空装备系统结构复杂、耗费巨大，特别是随着航空装备的更新换代，使用和保障费用急剧增长，已成为制约航空装备建设发展的一个"瓶颈"因素。据统计，航空装备的使用和保障费用占寿命周期费用的比例一般超过60%，有的甚至高达80%以上，已成为寿命周期费用的主要组成部分。因此，需要加强航空维修的系统规划和科学管理，改善维修的综合效益，抑制使用和保障费用需求的增长，保障航空维修的可持续发展。

1.1.2 航空维修方式和工作类型

1. 航空维修方式

航空维修方式是指航空装备维修时机和工作内容的控制形式。进行任何一项维修工作，除了要有正确的操作外，还要控制维修的时机和内容。由于航空装备各种维修工作的工作量有所不同，需要重点控制的是拆卸、更换等重大维修项目进行的时机。因此，有些国家将维修方式称为控制、拆卸、更换时机的形式。科学地确定维修方式，对增强维修工作的针对性、经济性具有重大意义。在长期的维修实践中，人们对控制拆卸和更换时机的维修方式形成了比较稳定的做法，到20世纪60年代，美国民航界归纳总结为定时方式、视情方式和状态监控（事后）方式。

1）定时方式

定时方式（HT，Hard Time Process），是指航空装备使用到预先规定的间隔期，按事先安排的内容进行的维修。其中"规定的间隔期"一般是以飞机、发动机的主体使用时间为基准的，可以是累计工作时间、日历时间或循环次数等。维修工作的范围从装备分解后清洗、检查直到装备大修。定时维修方式的优点是可以预防那些不拆卸就难以发现和预防的故障所造成的故障后果。定时方式以时间为标准，维修时机的掌握比较明确，便于安排计划，但针对性、经济性差，工作量大。

2）视情方式

视情方式（OC，On Condition Process），是对航空装备进行定期或连续监测，在发现其有功能参数变化，有可能出现故障征兆时即进行的维修。视情维修是基于这样一种事实进行的，即大量的故障不是瞬时发生的，故障从开始到发生，总有一段出现异常现象的时间且有征兆可寻。因此，如果采用监控某一项或某几项技术参数就能跟踪故障迹象过程的办法，则可能采取措施预防故障发生或避免故障后果，所以也称这种维修方式为预知维修或预兆维修方式。视情方式的针对性和有效性强，能够较充分地发挥航空装备的使用潜力，减少维修工作量，提高使用效益。

3）状态监控方式

状态监控方式（CM，Condition Monitoring Process），是在航空装备发生故障或出现功能失常现象以后进行的维修，亦称为事后维修方式。对不影响安全或任务完成的故障，不一定必须做拆卸、分解等预防性维修工作，可以使用到发生故障之后予以修复或更换，但并不是放任不管，仍需要在故障发生之后，通过所积累的故障信息，进行故障原因和故障趋势分析，从总体上对航空装备可靠性水平进行连续监控和改进。状态监控方式不规定航空装备的使用时间，因而能最大限度地利用其使用寿命，使维修工作量达到最低，是一种最经济的维修方式。这种维修方式仅适用于那些发生故障对飞行安全或任务完成无直接影响，并且不会导致继发性故障的设备、机件。

这三种维修方式，发展有先后，但并无高级低级、先进落后之分，它们各有各的使用特点和适用范围，关键在于它们的针对性和适应性。对于飞机、发动机等复杂装备，总体而言，由于它们系统复杂，组成单元众多，一般都是采取三种维修方式相结合的办法。而且，随着航空装备的发展，以及可靠性工程、维修性工程等技术的发展，这三种维修方式已逐渐融合，成为更加合理的维修工作类型。

2．航空维修工作的类型

航空维修工作的类型是按所进行的预防性维修工作的内容及时机控制原则划分的，可分为保养、操作人员监控、使用检查、功能检测、定时拆修、定时报废及综合工作七种类型。它们是按照所需资源和技术要求由低到高的顺序排列的。这些工作类型对明显功能故障来说，是预防故障本身发生；对隐蔽功能故障来说，并不是预防故障本身，而是预防该故障与其他故障结合形成多重故障，归根结底是预防故障引起的严重后果。

1）保养

保养（Servicing），是指为保持航空装备固有性能而进行的表面清洗、擦拭、通风、添加油液或润滑剂、充气等工作，是对技术、资源要求最低的维修工作类型。

2）操作人员监控

操作人员监控（Operator Monitoring），是操作人员在正常使用航空装备时对其状态进行监控的工作。这类监控包括对航空装备所做的使用前检查，对航空装备仪表的监控，通过噪声、振动、温度、操作力的改变等感觉来发现潜在故障，但它对隐蔽功能不适用。

3）使用检查

使用检查（Operational Check），是按计划进行的定性检查工作，如采用观察、试验、操作手感等方法检查，确定航空装备能否执行规定功能。如对火灾告警装置、应急设备、备用设备的定期检查等，其目的是发现隐蔽功能故障，减少发生多重故障的可能性。

4）功能检测

功能检测（Functional Inspection），是按计划进行的定量检查工作，以确定航空装备的功能参数是否在规定限度之内。通常需要使用仪表、测试设备等，以发现潜在故障。

5）定时拆修

定时拆修（Reword at Some Interval），是指航空装备使用到规定的时间予以拆修，使其恢复到规定状态的工作。

6）定时报废

定时报废（Discard at Some Interval），是指航空装备使用到规定时间予以废弃的工作。

7）综合工作

综合工作（Combination of Tasks），是指实施上述两种或多种类型的预防性维修工作。

3．航空维修分类

从不同的角度出发，航空维修有不同的分类方法，最常见的是按照维修的性质和功能，将其分为预防性维修、修复性维修、改进性维修等类型。

1）预防性维修

预防性维修（PM，Preventive Maintenance），是指为预防故障或提前发现并消除故障征兆所进行的全部活动。主要包括清洁、润滑、调整、定期检查等。这些活动都是在故障发生前预先实施的，目的是消除故障隐患，防患于未然。预防性维修主要用于故障后果会危及安全和影响任务完成，或会导致较大经济损失的情况。由于预防性维修的内容和时机是事先加以规定并按照预定的计划进行的，因而也称为预定性维修或计划维修。

2）修复性维修

修复性维修（CM，Corrective Maintenance），是指航空装备发生故障后，使其恢复到规定技术状态所进行的全部活动。主要包括故障定位、故障隔离、分解、修理、更换、组合、安装、调校以及检测等。由于修复性维修的内容和时机带有随机性，不能在事前做出确切安排，因而也称为非预定性维修或非计划维修。

3）改进性维修

改进性维修（IM，Improvement Maintenance），是指为改进已定型和部署使用的航空装备的固有性能、用途或消除设计、工艺、材料等方面的缺陷，而在维修过程中对航空装备实施经过批准的改进和改装。改进性维修也称改善性维修，它是维修工作的扩展，实质是修改航空装备的设计。

1.2 飞机维护的定义及内涵

飞机维护，是航空机务人员为保持和恢复飞机的固有可靠性所进行的一种基础性、日常性和预防性的技术保养活动。其内容主要包括清洁、润滑、紧固、保险、整理、包扎、除锈、补漆、标记、检测等保养性工作和防水、防潮、防尘、防虫、防风沙、防污染、防结冰、防磨损、防断裂、防失火等防护工作。

开展飞机维护的目的，是对影响飞机可靠性的因素，从源头上实施有效的控制，减少过早磨损和损伤，预防故障，消除隐患，保持飞机技术性能的完好。飞机维护工作包含知识和技能、保养与防护，是一项科学性、专业性很强的工作。随着科技的进步，维护知识、技能和手段的技术含量也在不断增加,只有遵循客观规律,科学规范地开展飞机维护,才能达到预防故障、消除隐患、保持飞机技术性能的目的。

1.3 做好飞机维护工作的要点

飞机维护工作是航空机务保障中的经常性、重复性工作,做好飞机维护工作,应着重把握以下几点:

1．扎实掌握飞机维护的知识和技能

飞机维护工作不仅具有很高的理论性,还具有很强的实践性。它既是一门理论,又是一种技艺。因此,要做好飞机维护工作,理论学习与技能训练要并行兼顾,不能偏废。既要知道"干什么和为什么要这样干"的道理,又要掌握"怎样干和怎样才能干好"的方法。这就要求机务人员要勤于学习、努力钻研、勇于实践、善于总结,不断运用知识,积累经验,提高技能。

2．严格遵守飞机维护工作的规定要求

飞机维护是一门科学,要求每一名机务人员在进行飞机维护时,必须尊重科学、按章办事,严格落实技术规定,按照规范标准开展工作。开展飞机维护工作要增强严肃性,防止随意性,不能似是而非,以严谨科学、认真负责、一丝不苟的工作态度和工作作风来落实技术规定,只有这样,才能把工作扎扎实实地做好,提高维护质量,确保飞行安全。

3．不断改进飞机维护工作的方法手段

随着科学技术的不断进步,航空装备也在不断更新换代。由于新技术的广泛应用,飞机维护的某些工作内容和手段也会随之改变。因此,机务人员应当在学习掌握好现有维护知识、技能的基础上,不断加强新技术的学习。在经过充分论证和试验的基础上,改进飞机维护的内容、方法和手段,提高它们的科技含量,使维护的质量、效益得到不断提高。

第 2 章 基 本 知 识

2.1 航空金属材料

金属材料广泛地应用于航空装备和地面保障装备中。金属材料在长期使用、储存过程中，受到环境介质的影响（如在大气、海水或微生物的作用下，会产生腐蚀）或因维修使用不当，均会使设备出现功能性故障，降低其可靠性，严重影响任务的完成。

金属材料腐蚀造成的损失是惊人的，据资料统计，每年造成的损失：美国为 700 亿美元，英国为 16.35 亿英镑，日本为 110 亿美元，我国为 300 亿元人民币。因此，了解金属材料的性质、用途和特征，熟悉金属腐蚀的原理，掌握防腐措施，减轻其危害，对保持航空装备的固有可靠性是非常重要的。

2.1.1 金属材料的性质

2.1.1.1 金属简介

1. 金属的特征

在工程技术上，金属是指具有如下特征的物质：

（1）特殊的金属光泽。

（2）可以锻造。

（3）良好的导电性及导热性。

2. 金属的分类

根据成分的不同，金属可分为纯金属与合金两大类。

（1）纯金属。纯金属是由一种金属元素组成的金属，如纯铁、纯铜、纯铝等。但在工程中所指的纯金属一般都含有少量的杂质。

（2）合金。合金是由两种或两种以上的元素（其中至少有一种金属元素）组成的金属。有的合金都是由金属元素组成的，如黄铜就是由铜和锌两种金属元素组成的。有的合金是由金属元素和非金属元素组成的，如碳钢是由铁和碳元素组成的合金。

合金的成分复杂，种类繁多，性质各异，一般其强度都较纯金属高。因此，合金的应用更为广泛。

2.1.1.2 金属的物理性质

1. 颜色

金属都具有一定的颜色。根据颜色可将金属分为黑色金属和有色金属两大类。铁、锰、铬是黑色金属，其余的金属都是有色金属。

2. 密度

密度是单位体积金属的质量，用符号 ρ 表示，单位是 g/cm^3。各种金属的密度是不同的，根据密度可以将金属分为轻金属和重金属两大类。密度大于 $5g/cm^3$ 的金属称为重金属，密度小于 $5g/cm^3$ 的金属称为轻金属。航空装备希望选用轻而坚固的金属，许多零件都是用相当坚固的轻金属如铝合金、镁合金等制作的。一些纯金属的密度见表 2-1。

表 2-1 一些纯金属的物理性质

金属名称	密度 ρ /(g/cm³)	熔点 /℃	电阻系数 ρ /(Ω·mm²/m) 20℃	导热系数 λ /(J/(cm·℃·s))	线膨胀系数 α /(1/℃)
铁	7.86	1 539	0.0978	0.837	0.0000115
铜	8.95	1 083	0.0168	4.100	0.0000165
铝	2.7	660	0.0262	2.100	0.0000231
镁	1.74	651	0.0427	1.590	0.000026
锌	7.13	419.5	0.059	1.125	0.0000395
铅	11.34	327.4	0.026	0.356	0.0000281
铬	7.2	1 800	0.026	0.293	0.000084
镍	8.9	1 455	0.073	0.828	0.0000135
钨	19.35	3 377	0.049	1.674	0.0000044
钼	10.2	2 622	0.0477	1.448	0.0000051
锰	7.46	1 244	0.0441	0.050	0.0000221
钴	8.9	1 480	0.0554	0.711	0.0000125
钛	4.5	1 725	0.15	0.151	0.0000714
金	19.28	1 063.4	0.022	3.096	0.0000142
银	10.5	960.5	0.0016	4.184	0.0000187

3. 熔点及凝固点

金属从固体状态转变为液体状态时的温度称为熔点。它的单位为摄氏度（℃）。

各种金属的熔点是不同的，例如：铝的熔点为 660℃，铁的熔点为 1539℃，一些纯金属的熔点见表 2-1。

金属熔点的高低，有很大的实际意义。例如焊锡、易熔保险丝等，就要用熔点低的金属制作，而喷气式发动机的燃烧室、涡轮叶片及喷管等在高温下工作的零件，则必须用熔点高的金属制作。

金属从液体状态转变为固体状态时的温度称为凝固点。

4. 导热性

金属传递热量的能力，称为导热性。金属的导热性用导热系数 λ 来表示。金属的导热系数是用长为 1cm、横截面积为 $1cm^2$ 的金属，两端温度差为 1℃ 时，在 1s 内传导的热量表示，单位是 $J/(cm·℃·s)$。

导热系数愈大的金属，其导热性愈好。这样的金属在加热或冷却时，温度的升高或降低比较迅速和均匀。常用纯金属的导热系数见表 2-1。

飞机上有需要迅速散热的机件，如滑油散热器、汽缸头等都用导热性较好的金属（如铜合金、铝合金）制作。

5．导电性

金属传导电流的能力称为导电性。导电性用电阻系数 ρ 来表示。金属的电阻系数通常用长度为 1m、横截面积为 $1mm^2$、温度为 0℃时的电阻值来表示，其单位是 $\Omega \cdot mm^2/m$。电阻系数越小，导电性就越好。常用纯金属的电阻系数见表 2-1。

6．热膨胀性

金属在温度变化时改变体积的性质，称为热膨胀性。绝大多数金属在温度升高时，体积膨胀；在温度降低时，体积缩小，这种现象称为热胀冷缩。

金属的热膨胀性常用金属的线膨胀系数 α 表示。金属的线膨胀系数是用温度上升到 1℃时，金属所增加的长度，与它在 0℃时长度的比值来表示，其单位是 1/℃。线膨胀系数愈大，此金属在温度变化时其体积变化也愈大，即它的热膨胀性愈大。常用纯金属的线膨胀系数见表 2-1。

7．磁性

金属被磁场磁化或吸引的性能称为磁性。根据金属材料在磁场中被磁化的程度不同，金属材料可分为铁磁性材料、顺磁性材料和抗磁性材料 3 种。

2.1.1.3　金属的化学性质

金属的化学性质是指金属与其他物质发生化学作用时所表现出来的性质。

金属不同其化学性质则不同，抗腐蚀性也不同，如镍、铬及不锈钢等金属，具有较好的抗腐蚀性，而碳钢、镁合金等金属，抗腐蚀性较差，容易腐蚀。

2.1.1.4　金属的机械性质

金属的机械性质主要包括强度、弹性、塑性、硬度、韧性和抗疲劳性等。

1．强度

金属的强度是指金属在静载荷（指大小、方向不改变或改变缓慢的载荷）作用下，抵抗塑性变形和断裂的能力。金属强度愈大，说明金属愈不易变形和断裂。金属的强度大小常用金属在拉伸时的强度极限 σ_b 来表示。

强度极限是试件在拉断的整个过程中，试件所受的最大应力，即试件在单位横截面上所承受的最大拉力，单位为 MPa。

$$\sigma_b = P_b/F_0$$

强度极限高的金属，适宜制作承力大的结构。飞机上用的合金钢，有的强度高达 1800MPa，铝合金的强度极限较钢低，一般为 200～600MPa。

2．弹性

金属的弹性是指金属在静载荷作用下，抵抗弹性变形的能力。常用弹性极限 σ_e 来表示。弹性极限是试件保持弹性变形时所能承受的最大应力，单位为 MPa。

金属零件受力不超过弹性极限时，它只产生弹性变形。如受力超过弹性极限后，金属的变形就不再是弹性变形，而是塑性变形。

3．塑性

金属的塑性是指金属在载荷作用下，产生塑性变形而不致破裂的能力。金属的塑性常用拉伸的延伸率 δ 和断面收缩率 ψ 表示。

金属材料的延伸率及断面收缩率愈大，表示金属材料的塑性愈好。塑性好的材料适合用压力加工的方法制成零件。

金属塑性差时，脆性变大，这样的金属变形时容易破裂。

4．硬度

金属的硬度是指金属抵抗其他硬物压入表面的能力。

硬度高的金属，表面不易划伤，抵抗磨损能力也强，其强度一般也较大，用硬度高的金属制作成切削工具，其切削能力也强。

测定金属硬度的方法很多，常用的有布氏硬度（HB）和洛氏硬度（HR）。

5．韧性

金属的韧性是指金属抵抗冲击载荷破坏的能力，常用摆锤式冲击试验机测定，用 a_k 来表示，单位为 $kg \cdot m/cm^2$。

金属的 a_k 值愈大，它的韧性就愈好，在冲击载荷的作用下就愈不容易破坏。飞机上大多数结构钢的 a_k 值一般都在 $4\sim12kg \cdot m/cm^2$；铸造铝合金的韧性比较小，a_k 值多为 $0.2\sim2kg \cdot m/cm^2$，比较脆，在冲击载荷作用下较易破坏。

6．抗疲劳性

金属在重复载荷（指大小、方向重复变化的载荷）的作用下产生的破坏，称为金属的疲劳破坏。因此，金属抵抗重复载荷破坏的能力，称为金属的抗疲劳性。金属抗疲劳性的好坏，用疲劳极限 σ_{-1} 来表示，单位是 MPa，疲劳极限是指经过无限次应力循环而不发生破坏的最大应力值。

疲劳破坏是机器零件最常见的一种破坏形式，金属所受的平均应力即使没有超过其强度极限，也可能产生疲劳破坏。特别是金属零件表面有划伤，外形改变突然，或金属内部杂质较多、较大时，金属的抗疲劳性更低。因此，加工金属零件时，应尽量避免出现尖角，保证表面光滑，勿使其划伤，否则金属的抗疲劳性会降低。

2.1.1.5 金属的工艺性质

制造金属零件时，采用了不同的工艺方法，如铸造、锻造、焊接、切削和热处理等。金属接受这些工艺方法加工的能力，称为金属的工艺性质。

1．铸造性

金属接受熔铸的能力，称为铸造性。流动性好、收缩小、冷却时吸收气体少的金属铸造性较好。生铁、青铜等是常用的铸造性较好的金属。

2．锻造性

金属接受压力加工的能力，称为锻造性。塑性愈好的金属锻造性愈好。常用金属中低碳钢的锻造性较好，生铁则不适合锻造。

3．焊接性

金属接受焊接的能力，称为焊接性。导热性高、流动性好、收缩小又不易氧化及燃烧的金属焊接性好。常用金属中低碳钢有很好的焊接性。

4．切削性

金属接受切削加工的能力，称为切削性。被切削金属的硬度适中，切削性就较好，表现为：切削顺利又易断屑，切削后表面质量高。

5．热处理性

金属是否适合进行热处理的性质，称为金属的热处理性。钢和一些铝合金有很好的热处理性，它们在加热和冷却时，能改变其组织，因此能改变其机械性质。

2.1.2 金属的腐蚀与防护

金属腐蚀是指金属与外界物质发生化学或电化学作用而引起的破坏。金属腐蚀后，一般来说，在金属表面都附着一层腐蚀产物，俗称"锈"。如铁和铁基合金在氧和水的作用下形成的由含水氧化铁组成的腐蚀产物"铁锈"，铜和铅合金表面的"铜绿"，锌和锌镀层表面的"白霜"以及镁和镁合金表面的"白霜"，等等。

2.1.2.1 金属的腐蚀

金属常见的腐蚀可分为化学腐蚀和电化学腐蚀两类。

1. 化学腐蚀

金属与外界其他物质（O_2、SO_2、CO_2、汽油、煤油等物质）直接发生化学反应而产生的腐蚀现象，称为化学腐蚀。常见的有金属氧化，即金属直接与空气中的氧化合，使金属变质成为金属氧化物。金属氧化在通常情况下造成的危害是不大的，但在温度很高的条件下，金属的氧化能剧烈地进行，危害就很大了。因此，在高温中工作的耐热金属材料就需要选用抗氧化性好的金属。此外，金属在油料等不导电的液体中造成的腐蚀，也属于化学腐蚀。这是因为油料中化学性质活泼的硫化物能直接与金属发生化学反应，使金属遭受腐蚀。

化学腐蚀大多是氧化过程，其特征是金属腐蚀后在金属表面生成一层氧化膜（表面膜）。完整的、致密性的、附着力强的氧化膜（如铝、锌、铅等生成的氧化膜），能起到隔绝金属与空气直接接触的作用，保护金属内部不再遭受腐蚀。

飞机蒙皮表面的氧化膜具有保护作用，所以工作时应避免划伤，更不允许在蒙皮表面任意刻划。

2. 电化学腐蚀

金属由电化学作用而引起的腐蚀现象叫作电化学腐蚀。它与化学腐蚀的不同处是电化学腐蚀过程有电流产生。电化学腐蚀主要是在两种金属接触的边缘处产生腐蚀。

电化学腐蚀是最常见的一种腐蚀，对金属的破坏也最为严重。

1）金属在电解液中的溶解

当金属放入电解液中，一部分金属离子（带正电荷）受到带有极性的水分子的吸引力进入溶液，在金属上留下一定数量带负电荷的自由电子，使金属带负电。

金属离子受到极性水分子的吸引进入电解液的同时，金属上带负电荷的自由电子与电解液中的金属正离子之间，将产生静电引力，这种静电引力会使电解液中的金属离子重新回到金属上来。所以，在溶解过程中同时存在着两种运动：一种是金属离子进入电解液中溶解，另一种是电解液中的金属离子返回到金属上来。

2）电化腐蚀过程

电位不同的两种金属互相接触，在电解液的作用下，就会发生电化腐蚀。以锌和铜为例，说明在酸性溶液中的电化学腐蚀过程。

将锌板和铜板放入电解液（盐酸溶液）中，并用导线连接起来，互相接触，如图2-1所示。由于锌的电位较铜的电位低而形成电位差，锌板上的自由电子流向铜板，这时从电流表的指示可以看出两个金属板之间会有电流产生。由于锌板上的自由电子流出，对锌离子的吸引力减小，锌板就继续溶解，导致锌板腐蚀；而在铜板上由于自由电子的流入，对铜正离子的吸引力增强，原溶解的铜正离子重新回到铜板上形成铜原子，因此铜板不被腐蚀。盐酸电解液中的氢正离子也被吸引到铜板上，与流入的电子结合变成氢气逸出，其反应式为

$$H^+ + e \rightarrow H$$
$$H + H \rightarrow H_2 \uparrow 或 2H^+ + 2e \rightarrow H_2 \uparrow$$

由于氢离子与电子结合后形成氢气而逸出，铜板上的电子被消耗，于是锌板上的电子继续流向铜板，锌板产生严重的腐蚀。锌的正离子（Zn^{2+}）溶入电解液后，便与电解液中氯的负离子（Cl^-）作用，生成腐蚀物氯化锌（$ZnCl_2$）。

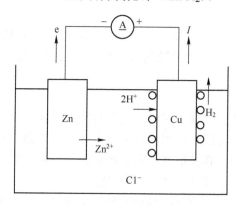

图 2-1　电化学腐蚀实验

从电化腐蚀的过程可以看出，产生电化腐蚀必须同时具备以下三个条件：

（1）有两种不同的金属。
（2）两种金属之间有接触。
（3）有电解液的作用。

航空装备的零部件多数是由几种金属元素组成的合金材料制成的，在使用保管期间，只要在表面附有一层电解液（如雨水）就具备了电化腐蚀的三个条件，金属零件表面（水分形成的电解液薄膜内）就会产生电化腐蚀。

3．金属腐蚀的主要形态

1）全面腐蚀

全面腐蚀是指金属表面均发生腐蚀。金属构件变薄，最后破坏。全面腐蚀的速率常以失重或变薄法表示。在工程结构中发生的腐蚀破坏事故，全面腐蚀占较小的比例。而且全面腐蚀虽然会导致金属的大量损伤，但不会造成突然破坏事故，与局部腐蚀相比危险性较小。在大气中，铁生锈或钢失泽以及金属的高温氧化均属于全面腐蚀。

2）局部腐蚀

如果腐蚀只集中在金属表面特定部位，其余大部分几乎不发生腐蚀，这种腐蚀称为局部腐蚀。在工程结构中，由于局部腐蚀造成的事故远比全面腐蚀的事故多，危害性也较大。局部腐蚀类型主要有点腐蚀、缝隙腐蚀、丝状腐蚀、晶间腐蚀、层离腐蚀和电偶腐蚀等。

（1）点腐蚀。

金属表面大部分不发生腐蚀或腐蚀很轻微，但局部区域出现腐蚀小孔并向深处发展的现象称为点腐蚀或小孔腐蚀。点腐蚀是破坏性和隐患较大的腐蚀形态之一，它在失重

很小的情况下,就会导致构件发生穿孔破坏。由于点腐蚀是向深度方向迅速发展,因此给腐蚀物的清除和修复带来一定的困难。此外,在承受应力的情况下,点腐蚀会成为应力腐蚀源,诱发构件腐蚀开裂。

(2) 缝隙腐蚀。

金属结构件的缝隙处有腐蚀性介质时,在缝隙的局部范围内发生的局部腐蚀,或在金属表面沉积物(如锈层、碎屑等)下面的局部范围内产生的局部腐蚀,统称为缝隙腐蚀。由于缝隙腐蚀是因为介质进入缝隙后处于滞流状态而引起的,因此缝隙的宽度一般为0.025~0.1mm。缝隙过小,介质不易进入,缝隙过大,则进入缝隙的介质可进行对流和扩散。

几乎所有的金属和合金都可能发生缝隙腐蚀,几乎所有的介质,包括中性的、接近中性的以及酸性介质都会引起缝隙腐蚀,所以缝隙腐蚀是一种很普遍又很严重的腐蚀形态。

(3) 丝状腐蚀。

金属表面由于涂层渗透水分和空气而引起腐蚀,腐蚀产物呈细丝状纤维网的样子,这种腐蚀称为丝状腐蚀。又因该类型腐蚀多发生在涂层下面,又称作膜下腐蚀。丝状腐蚀被认为是缝隙腐蚀的一种特殊形式,在有涂层的钢、锌、铝、镁等金属表面上经常可以看到。引起丝状腐蚀的主要因素是大气的湿度。

在飞机结构上,首先观察到丝状腐蚀的部位是铆钉头部的周围和沿着蒙皮的搭接缝处。一旦表面涂层破裂,就可以看到由于丝状腐蚀生成的腐蚀产物——白色粉末引起的隆起。在飞机铝合金结构件表面涂聚氨酯瓷釉涂层时,如果底层涂料处理不当,就会在表面涂层和铝合金之间存在水分,引起丝状腐蚀。

(4) 晶间腐蚀。

晶间腐蚀是金属材料在特定的腐蚀介质中,沿材料晶界发生的一种局部腐蚀,如图2-2所示。这种腐蚀是在金属表面无任何变化的情况下,使晶粒间失去结合力,金属强度完全丧失,导致构件发生突发性破坏。如果有应力存在,会以晶间腐蚀为起源,转变为晶间型应力腐蚀,从而导致结构件破坏。所以晶间腐蚀也是危害性较大的腐蚀形式之一。

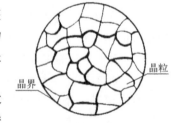

图2-2 晶间腐蚀的显微图像

金属晶界与晶粒内物理、化学状态及化学成分不同,造成了电化学性质的不均匀性,加上外界腐蚀介质的存在,导致了金属材料晶间腐蚀的产生。易发生晶间腐蚀的金属有不锈钢、镍基合金、铝合金以及铜合金等。

(5) 层离腐蚀。

层离腐蚀是晶间腐蚀的一种特殊情况,主要发生在锻造、挤压型材上。锻造、挤压型材拉长的晶粒成层形排列,腐蚀从金属表面开始,进入晶间后,沿锻压平面的晶界继续进行,造成金属内部产生分层,或称为层离。

当金属发生层离腐蚀时,会引起金属构件表面的隆起,目视或手触摸会发现层离腐蚀的迹象。一旦发生层离腐蚀,只能对构件进行加强或重新更换。

（6）电偶腐蚀。

两种不同的金属在同一介质中接触时，两金属之间若存在电位差，在两金属接触部位会产生电偶电流，使电位较低的金属遭到腐蚀，电位较高的金属得到保护，这种腐蚀叫电偶腐蚀，或称为接触腐蚀。这是一种常见的局部腐蚀的类型，是一种电化学腐蚀。两种金属的电位差越大，电偶腐蚀越严重。为了防止电偶腐蚀的发生，应尽量避免不同金属相互接触。

3）应力腐蚀

应力腐蚀是应力腐蚀破裂的简称，是指金属材料在固定的应力和特定的介质共同作用下所引起的破裂。它是一种危险性最大的腐蚀形态，往往引起金属设备、部件的突然断裂而造成事故。

应力腐蚀的特征如下：

（1）应力腐蚀必须有应力存在，特别是拉伸应力分量存在。

（2）腐蚀介质是特定的。只有一定的金属材料与一定的介质互相结合，才会发生应力腐蚀。

（3）应力腐蚀在局部区域出现由表及里的腐蚀裂纹。

4）工业介质腐蚀

在飞机上，最容易发生工业介质腐蚀的部位是电瓶舱和排放口。目前飞机上使用的电瓶有铅-酸电瓶和镍-镉电瓶。电瓶中的电解质溶液和蒸汽都会对电瓶舱及排放口的金属造成腐蚀。为了防止腐蚀，铅-酸电瓶区域必须用耐硫酸蒸气腐蚀的材料进行防护，而镍-镉电瓶区域，必须用耐碱侵蚀的涂层进行保护，最好使用聚氨酯涂层。

5）大气腐蚀

飞机在大气环境中工作，产生的腐蚀基本上属于电化学腐蚀的范畴，但又与在电解质溶液中所产生的电化学腐蚀有所不同。通常说的大气腐蚀是指在常温下、潮湿空气中发生的腐蚀，也就是金属表面存在有薄层电解溶液膜情况下发生的腐蚀过程，其腐蚀规律符合电化学腐蚀的一般规律。影响大气腐蚀的因素主要有大气相对湿度、大气的温度和温差以及大气的成分。

其中，大气的湿度对金属在大气中的腐蚀有着重要的影响。当相对湿度大于某一数值时，金属的腐蚀速度突然上升，并随着相对湿度的增加而加速，这个相对湿度称为该金属在大气中的临界相对湿度。不同的金属在含有不同污染物大气中的临界相对湿度都不同，通常都在70%左右。当大气的相对湿度超过临界相对湿度，就会在金属表面产生一层电解液膜，使金属腐蚀由化学腐蚀变为电化学腐蚀，腐蚀速度大大加快。

6）微生物腐蚀

微生物腐蚀是指在微生物生命活动参与下所发生的腐蚀过程。凡是与水、土壤或湿润空气相接触的金属设施，都可能遭到微生物腐蚀。微生物腐蚀并不是微生物直接食取金属，而是微生物在生命活动过程中的新陈代谢所产生的无机酸、有机酸、硫化物、氢等有腐蚀作用的物质，改变了金属所处的环境条件，如氧浓度、盐浓度、酸质等，破坏了金属表面起保护作用的非金属覆盖层或缓蚀剂的稳定性，从而使金属出现局部腐蚀。

在飞机上发生微生物腐蚀的部位主要是燃油箱。飞机使用的燃油具有较高的黏性，燃油中常夹裹着悬浮的小水滴。在高空飞行时，温度下降，这些小水滴会从燃油中冷凝出来，并聚集在油箱的底部。水滴中含有的一些微生物，在燃油箱黑暗潮湿环境里，迅速繁殖，成倍增长，这些微生物新陈代谢分泌的黏液与金属腐蚀的产物、燃油中的杂质等混合，形成黏泥式的沉积物。

黏泥式的沉积物如果聚集在整体油箱的缝隙上，会使缝隙上的密封剂脱落，造成油箱渗漏，如果沉积物聚集在油箱底部，会造成浓差电池腐蚀，损坏整体油箱的金属材料。另外，这些沉积物还会损坏油滤油泵管路等。

2.1.2.2 防止金属腐蚀的措施

金属的防护主要就是指合金的防腐，也就是保护合金不产生电化腐蚀。最有效、最常用的方法就是在合金表面建立保护层隔离电解液，使电解液不能和合金直接接触，使合金不具备产生电化腐蚀的条件，同时在使用维护过程中，要保护好保护层，使之不遭受破坏。

1. 钢质零件的保护层

在钢质零件上建立保护层通常有三种：

1）金属保护层

金属保护层通常是在钢质零件上用电镀的方法在其表面建立一层纯金属的保护层。钢质零件的金属保护层有以下几种。

（1）锌镀层。

钢质零件表面的锌镀层呈白蓝色。镀锌后再进行钝化处理，锌镀层则显金黄色。

锌镀层的优点：在大气、滑油、煤油中有较好的防腐性，锌对钢质零件来说电化序较低，因此不但锌镀层完整时具有保护性，当锌镀层破损时，对钢件也能起到一定的保护作用。锌镀层的缺点是硬度低，因此易划伤，不宜作摩擦零件的保护层。锌镀层遇海水、酸、碱等易损坏，工作温度不能超过 60℃。此外，锌镀层内可能有氢，易引起"氢脆"。

钢质零件的强度要求大（σ_b>1 400～1 500MPa），或与铝合金、镁合金直接接触的，都采用锌镀层，例如螺杆、螺帽、作动筒壳体等的保护层。

（2）镉镀层。

钢质零件上的镉镀层开始具有银白色，经一段时间后变为灰白色。

镉镀层的优点：在海水和海洋大气中的防腐蚀性比锌镀层好，比较耐碱和盐的腐蚀。耐热性比锌镀层好（耐热可达 200～300℃）。镉镀层的硬度虽比锌镀层小，但塑性好，在弯曲、碰撞时不易裂纹和脱落。镉镀层的缺点：在大气、滑油、煤油中的防腐性不及锌镀层。

飞机上强度要求大（σ_b>1 400～1 500MPa），承受弯曲碰撞，或要求紧密配合的钢质件，例如弹簧、螺钉、螺帽等多采用镉镀层保护层。

（3）铬镀层。

钢件上的铬镀层呈带浅蓝的银白色。经抛光后，光亮如镜。

铬镀层的优点：在干燥或潮湿大气中，镀层比较稳定，耐碱化物的腐蚀，硬度高。适合于制作承受摩擦钢件的镀层，如作动筒活塞杆、缓冲支柱活塞杆等机件。铬镀层的缺点：镀层带有许多小孔，表面有网状裂纹，影响其防腐性。为此，钢件镀铬前，有时先镀一层铜，再镀铬，以提高其防腐性。

2）氧化膜保护层

在钢质零件表面用人工方法建立一层四氧化三铁（Fe_3O_4）为主要成分的氧化膜，以提高钢质零件的防腐性。

氧化膜保护层常呈黑蓝色，又称为发蓝。其优点：在干燥大气中具有较好的防腐能力。其缺点：多孔，在潮湿大气中的防腐性不高，必须再涂以润滑油增强其防腐性。氧化膜厚度小，硬度低，抗腐性较差，容易磨损、划伤和脏污。

氧化膜保护层主要用于有润滑油保护的钢质零件上，例如齿轮、传动轴等。

3）磷化膜保护层

磷化膜保护层是以人工方法在钢质零件表面建立一层由磷酸铁和磷酸锰混合组成的磷化膜，磷化膜呈暗灰色，以防零件腐蚀。

磷化膜的优点：防腐能力比氧化膜好，在大气、滑油中有较好的防腐能力，厚度小，与钢结合较牢靠且耐磨，并能在短时间内耐热到400～500℃而不破坏。磷化膜的缺点：多孔结构，单独用作保护层时，应涂以润滑油增强其防腐性，抗海水、酸、碱的腐蚀能力不强。

磷化膜保护层用来保护与大气接触的钢件，如冷气导管、滑油导管、螺钉、螺帽等。

2. 铝合金零件的保护层

1）纯铝保护层

纯铝保护层通常采用包镀法进行，如图 2-3 所示。在板状铝合金的两面，分别覆盖一层很薄的纯铝皮（其厚度约为被包铝合金板厚度的 4%～5%），并加热到使铝板软化，再加力碾压，使纯铝皮牢牢地包镀在铝合金板的两面。

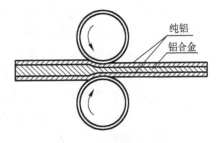

图 2-3 包镀法示意图

纯铝保护层具有较高的防腐性，这是因为铝是纯金属不易腐蚀，而且纯铝表面又会生成一层氧化铝薄膜，具有很好的防腐性。缺点是包镀的纯铝很薄，铝皮上的氧化膜更薄，容易擦伤。

飞机上的硬铝蒙皮、翼肋等板状型材都采用纯铝保护层。

2）氧化膜保护层

用阳极氧化的方法在铝合金表面建立一层氧化铝薄膜，防止铝合金腐蚀，称为氧化膜保护层。

氧化膜保护层的优点是：化学稳定性高，硬而致密，不易脱落，有较好的防腐性。缺点是：不耐酸、碱的腐蚀，在含有硫化物的大气的长期作用下，防腐能力降低。氧化膜是多孔的，容易吸存水分或杂物，降低其防腐性。通常在阳极氧化后再采用钝化处理，钝化剂可充填氧化膜的孔隙，以提高其防腐能力。

飞机上各种复杂形状的摇臂、导管接头、压气机叶片等，多采用阳极氧化膜保护层。

3. 镁合金零件的保护层

镁合金是飞机上最易遭受电化腐蚀的金属。目前对镁合金多采用两种氧化膜保护层。

1）重铬化法保护层

将镁合金零件浸入由重铬酸钾、硝酸、氯化铵等组成的水溶液中，加热到70～80℃，经数分钟即可得一层金黄色的氧化膜保护层。

镁合金这种保护层在干燥的大气中尚有较好的防腐性。但它不紧密，潮气、水分容易透过保护层，因此防腐性能较差，特别是在沿海大气中抗腐蚀能力更低。

镁合金零件氧化后，还要再涂油漆。由于镁合金易腐蚀，常涂以蓝色、绿色或黑色油漆，以便于识别。

2）亚硒酸法保护层

当重铬化法保护层局部损坏时，可用亚硒酸和氯化钠组成的水溶液刷在破损处，镁合金表面就生成一层红褐色的保护膜。这种保护膜的防腐性能和重铬化氧化膜相似，但价格昂贵，较少应用。

除上述几种在金属表面建立保护层外，还有在金属表面喷刷一层涂料薄膜，或在金属表面粘贴一层聚氯乙烯、聚乙烯、聚四氟乙烯塑料薄膜、橡胶等方法建立保护层，以隔绝电解液与金属接触，防止金属产生电化腐蚀。

2.1.2.3 维护工作中的防护措施

飞机上的许多机件和零件，虽然都有保护层，但它们的防腐性能都有一定限度，只能在一定条件下起保护作用。所以在维护工作中还应采取措施，预防金属机件腐蚀。

（1）不要把各种油料、酸、碱等溶液滴落在金属机件表面上，防止金属机件或保护层腐蚀而损坏。油漆层遇到油料、酒精、丙酮等溶剂，易使油漆层溶解而剥落。如果不慎使金属机件表面沾上这些液体，应及时用温水清洗干净，并立即恢复破坏了的保护层。

（2）防止金属机件保护层受到机械损伤。金属机件的保护层很薄，硬度除铬保护层外一般都较小，受到工具、砂石和其他较硬物体的碰撞、摩擦，易于损伤。保护层被损伤后，损伤处易于聚集尘土，吸收水分加速金属的腐蚀。

（3）做好防潮工作。主要是注意飞机及其机件的防水和通风。没有保护层的金属机件表面如果有水分，由于水分含有矿物盐并易沾上尘土等杂物，将使机件表面附着一层电解液层，加速金属的电化腐蚀。对有保护层的，特别是氧化膜保护层、油漆保护层和铬保护层的金属机件，防止水分长期停留在机件表面，同样具有重要意义。因此，平时应及时擦去飞机及其机件上的水分，用煤油清洗零件后应及时擦干净，以防煤油吸水后粘附在金属零件上；在雨、雪、雾、霜之后，应及时通风、排水，除去飞机内部的潮气。

（4）对镀铬的金属机件经常涂抹润滑脂。镀铬保护层硬度较大、耐磨，但具有许多小孔，并有目视看不见的网状裂纹。如果有电解液进入，由于铬镀层的电位比钢铁高，被保护的钢件就容易腐蚀，这是铬保护层的弱点。但是，铬保护层的小孔和网状裂纹也有好的一面，它能贮藏润滑脂，当润滑脂渗入铬保护层后，不仅可以提高铬保护层的耐磨性，而且可以防止水分进入铬层，提高铬层的防腐能力。所以，飞机上的镀铬零件，要经常涂抹润滑脂，使其进入铬层的小孔和网状裂纹，然后将机件表面的润滑脂擦去，以免粘上砂粒、尘土等使零件磨损。

（5）镁合金零件不得与镀铬或镀铜的零件连接。因为镁与铬或铜的电位相差较大，易于电化腐蚀。同样道理，钢或铜制零件必须经过镀锌处理后，才能与镁合金或铝合金零件连接。

（6）加强检查可以及时发现腐蚀和可能引起腐蚀的各种征候。在工业地区，沿海或盐湖地区，大气中所含二氧化硫气体和氯化钠、氯化镁等盐类的微粒较多，它们溶于水后，对金属机件的保护层有很大的破坏作用，因此，在这些地区应加强对金属机件，特别是镁合金机件的检查。在气温高、多雨雾的地区和季节，除加强防潮、防锈工作外，还应特别注意对形状复杂、容易积水和积存潮气的零件的检查。

（7）当发现零件保护层损坏时，应及时恢复。若不能及时恢复，可在损伤处涂一层油漆或垫一层绝缘材料，以免损伤处遇到电解液时产生电化腐蚀。

2.1.3 金属的断裂与预防

金属构件在受到外力作用时会产生变形，在构件内因相对位置改变而引起的互相作用的力称为内力。内力随外力增加而增加，达到某一限度时，就会引起构件的破坏，单位横截面上所承受的内力称为应力。

金属材料在外力作用下，当应力达到一定值时，在相邻截面出现局部或完全分离现象，称为破断。通常将构件的局部破断称为裂缝（俗称裂纹），而将金属的完全破断称为断裂。

金属构件的断裂都是由局部裂纹发展到完全断裂的。即首先在构件中产生裂纹，继而裂纹扩展，使构件承载有效面积减小，当外力大于构件的强度极限时，构件即发生断裂。

2.1.3.1 金属断裂的类型和特征

按构件断裂的断口特征可分为韧性断裂、脆性断裂和疲劳断裂三种类型。

1. 韧性断裂

金属构件随着载荷的不断增加，首先发生弹性变形，随之发生塑性变形，当变形进一步增大时，致使构件出现裂纹，最终导致构件的断裂。这一断裂现象，称为韧性断裂或塑性断裂，其断裂表面称为韧性断口或塑性断口。

韧性断裂的特点：构件在断裂前有显著的塑性变形，在构件的表面常有裂缝等断裂的征兆，断裂时不会产生大量碎片。

2. 脆性断裂

脆性断裂是当外载荷增大到一定值时，金属构件突然发生断裂的现象。

脆性断裂的特点：在断裂前没有可以觉察到的塑性变形，断裂时可能产生大量碎片，往往会造成严重事故。

3. 疲劳断裂

金属构件长期在交变载荷下工作，即使其最大工作应力远小于强度极限σ_b，也能发生断裂。这种由交变应力引起的断裂，习惯上称为疲劳断裂。

疲劳断裂的主要特点：断裂常常是突然发生，断裂前往往没有可以察觉到的明显的塑性变形。大多数构件承受的交变应力远小于构件材料的强度极限。

飞机在使用中可能受到的疲劳载荷主要有以下六种：

（1）机动载荷。飞机在机动飞行中，过载的大小和方向不断改变而使飞机承受的气动交变载荷。

（2）突风载荷。飞机在不稳定气流中飞行时，受到不同方向和不同强度的突风作用，而使飞机承受的气动交变载荷。

（3）地—空—地循环载荷。飞机在地面停放或地面滑行时，机翼在本身重量和设备重量作用下，承受向下的弯矩，但飞机起飞离地后，机翼在升力作用下，又承受向上的弯矩。这种起落一次交变一次的载荷，称为地—空—地循环载荷。这是一种作用时间长、幅值大的载荷。

（4）着陆撞击载荷。飞机在着陆滑行中，起落架的弹性引起飞机颠簸加到飞机上的重复载荷。

（5）地面滑行载荷。飞机在地面滑行时因跑道不平引起颠簸，或由于刹车、转弯、牵引等地面操纵而加到飞机上的重复载荷。

（6）座舱增压载荷。由于座舱增压和卸压，而加给座舱周围构件的重复载荷。

2.1.3.2 影响金属断裂的因素

构件断裂的根本原因是构件在外力作用时，所产生的应力大于构件材料的强度极限。对于已制成的构件来说，材料的强度和构件的尺寸已是定值，在受力时所产生的应力成为影响构件断裂的主要因素。

构件在受到拉伸或压缩时，横截面上所产生的应力是均匀分布的。但许多零件因工作需要，开有切口、倒槽、油孔、螺纹和轴肩等，致使构件在这些部位上截面发生突然变化。在构件尺寸突然改变处的横截面上，应力并不是均匀分布的，在这些开有孔、洞和带有切口附近的局部区域内，应力将突然增加，如图2-4所示。

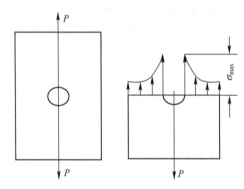

图 2-4 应力集中示意图

这种因构件外形突然变化而引起局部应力急剧增加的现象，称为应力集中。截面尺寸改变越急剧（角越尖，孔越小），应力集中的程度就越严重，在这些部位的应力首先达到材料的强度极限而断裂。因此，应力集中往往是构件断裂的根源。凡是影响应力集中的因素，也是影响构件断裂的因素。

1．构件外形的影响

构件外形突然变化，如构件上的槽、孔、缺口、轴肩等，将引起应力集中。在应力集中区域更易形成疲劳裂纹，使构件的持久极限显著降低。

2．构件表面光洁度的影响

构件表面机械加工的切削刀痕或在使用中表面的划痕的根部出现应力集中，构件在此部位容易形成裂纹而断裂。

3．使用环境的影响

构件在使用中受到腐蚀、擦伤后，疲劳强度降低。因为腐蚀使金属表面产生无数的腐蚀坑和擦斑坑，这些腐蚀坑和擦斑坑，就成了应力集中点，促使疲劳裂纹的形成、发展而断裂。

构件在高温条件下工作，承受交变热应力的作用容易引起"热疲劳"而破坏。这种热应力主要来自两个方面：一是由于温度分布不均匀引起的；二是金属材料的自由膨胀或收缩受到限制而引起的。

2.1.3.3 预防金属断裂的措施

1. 减缓应力集中

应力集中是构件断裂的主要因素，为了减缓应力集中，在构件形状突然改变处，尽可能地采用足够大的过渡圆角，以减缓应力集中。

当有些构件已出现裂纹，为了减缓裂纹尖端的局部应力，防止裂纹继续扩大，可按规定在裂纹的端部打止裂孔，如图2-5所示。止裂孔的主要作用：增大裂纹端部的曲率半径，降低其应力集中程度，如图2-6所示。

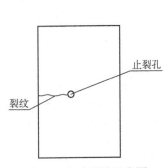
图2-5 打止裂孔示意图

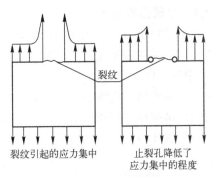
图2-6 止裂孔降低应力集中

止裂孔制止裂纹发展的作用只是暂时的。因为裂纹继续扩展的动力（外载荷）仍旧存在，工作一段时间后，裂纹仍会穿过止裂孔继续向前发展，一旦裂纹穿过止裂孔后，其发展速度较快。需要注意的是，所打止裂孔应在裂纹的端部，止裂孔应除去端部的全部裂纹，包括裂纹前端的塑性区，因为塑性区内有微裂纹存在。

2. 提高和保持构件表面的光洁度

构件加工残留的刀痕，可用锉刀、砂布进行打磨，切勿用砂轮打磨，防止造成新的伤痕。使用中避免构件表面受到机械损伤，如划伤、碰撞、打印记等伤痕。保护好构件表面的保护层，防止腐蚀。

3. 提高构件表面层强度

提高构件表面层强度常用的方法有渗碳、渗氮、氰化、表面淬火、滚压、喷丸等。

2.2 航空非金属材料

航空装备除大量使用金属材料外，还使用许多非金属材料，例如塑料、有机玻璃、光学玻璃、橡胶、航空涂料、胶黏剂、密封剂、荧光材料、防潮砂、蜂窝夹层结构、复合材料、隐身材料等。

2.2.1 塑料

塑料是以高分子化合物（通常称为树脂）为主制成的一种人造材料，由树脂、增塑剂和颜料等组成。其中主要成分是树脂，它是起黏结作用的基体，约占塑料质量的40%～100%。塑料的优点是密度小、耐磨、绝缘、隔声，有很好的抗振性和抗腐蚀性，在一定温度和压力下具有塑形，容易做成所需要的各种形状，成型之后，在常温下保持形状不变。塑料的不足之处是耐热性差，力学性能不如金属材料。

塑料的种类很多，通常按塑料的结构和性质分为热固塑料和热塑塑料两类。

热固塑料一旦被模压成形并冷却后，遇热就不再软化，但温度过高即分解烧毁。酚醛塑料、环氧树脂塑料等属于热固塑料。

热塑塑料受热时会变软并变柔韧，这时可以进行模压成形，冷却后会保持已成形的形状。这个过程可重复多次而不会使材料受到损坏。聚氯乙烯塑料、聚乙烯塑料等属于热塑塑料。

2.2.1.1 聚氯乙烯塑料

聚氯乙烯塑料是以聚氯乙烯树脂为基本成分制成的一种热塑性塑料，根据组成不同，可分为两种，一种叫硬聚氯乙烯塑料，另一种叫软聚氯乙烯塑料。

1．硬聚氯乙烯塑料

硬聚氯乙烯塑料不含增塑剂或含很少的增塑剂，比重为1.38～1.43g/cm³。其优点是具有较高的机械强度，绝缘性好，对酸、碱的抗腐能力极强，化学稳定性好，不易老化变质。缺点是软化点低，使用温度为-15～+60℃。硬聚氯乙烯塑料多制成管、棒、板等型材。

2．软聚氯乙烯塑料

软聚氯乙烯塑料含有较多的增塑剂（常用的是邻苯二甲酸二辛酯），所以有很好的塑性。其优点是性质柔软，耐摩擦和挠曲，抗腐蚀性也较好，与酸、碱、汽油、煤油等接触时，不易溶解，不易产生化学变化，也不易燃烧。强度、硬度比硬聚氯乙烯塑料小，耐寒性较硬聚氯乙烯塑料要强。软聚氯乙烯塑料在飞机上常用作电线和电缆的保护套、液压系统和气动系统的密封垫以及包装材料等。

2.2.1.2 氟塑料

氟塑料是含氟塑料的总称。与其他塑料相比，其优越性主要是使用温度范围较宽，抗腐蚀性、电绝缘性、抗老化性能特别好等。氟塑料的品种很多，航空上用的氟塑料主要是聚四氟乙烯塑料，用来制作飞机起落架缓冲器的密封碗及液压软管等。

聚四氟乙烯塑料的主要优点：

（1）有很高的耐热性和耐寒性。长期使用的温度范围为-180～+250℃，在300℃也可短期使用。

（2）化学稳定性极为优越，即使在高温下，与强酸、强碱或强氧化剂接触也不起反应。它的化学稳定性甚至超过贵金属（金、铂等）、玻璃、搪瓷、陶瓷等。它与大多数有机溶剂（如卤代碳氢化合物、酮类、醚类、醇类）也不起作用，抗老化性也好。

（3）有较低的摩擦系数，而且静、动摩擦系数较接近。因此，它是一种良好的减摩、自润滑轴承材料。

（4）有良好的绝缘性。它的分子无极性，不吸湿，耐热性和耐气候性都好，因此它是一种优良的电绝缘材料。

聚四氟乙烯塑料也存在着严重的缺点。一是不易呈现黏流状，加工成型较困难，通常采用冷压烧结成型工艺；二是热胀冷缩性大，温度变化时，体积变化大；三是强度不是很大，比重为 2.1～2.2g/cm³。

2.2.1.3 酚醛塑料

酚醛塑料俗称电木，又叫胶木，是一种热固性塑料，主要成分是酚醛树脂。酚醛塑料具有较高的机械性质和耐热性（可达 100～300℃），加热不会软化变形，温度过高就直接烧焦而烧坏。它还具有较好的耐腐蚀性、抗老化性和电绝缘性，广泛用作结构和绝缘零件。

常用的酚醛塑料有以下几种：

（1）电木（木粉胶木）。它是在线型酚醛树脂中加入木粉，在胶膜中加热压制而成。与其他酚醛塑料相比，电木的强度较小，容易塑制成型，适于做形状较复杂的零件。航空仪表外壳以及飞机设备中的许多绝缘结构零件，常采用电木制成。

（2）夹纸胶木。它的制法与电木相似，只是用纸浸满酚醛树脂再加热压制而成。它的强度和韧性比电木好，绝缘性也比较好，缺点是不适于做形状复杂的零件。常用作飞机仪表、电气设备中的片状绝缘零件。

（3）夹布胶木。它是以布作为填料制成的酚醛塑料。它的韧性大，减震能力较强。常用来制作齿轮、滑轮和减震垫等零件。

（4）夹玻璃布胶木。它是以玻璃纤维织成的布作为填料而制成的酚醛塑料。和其他酚醛塑料相比，机械性质最好，而且吸湿性小，耐热性高。常用来制作飞机整流罩、雷达罩等部件。

（5）石棉胶木。它是以石棉纤维或石棉布作填料而制成的酚醛塑料。它有很好的耐热性和耐磨性，而且摩擦系数又大，故又常称为摩擦塑料。飞机上常用它来制作刹车块。

2.2.2 有机玻璃

有机玻璃又叫明胶玻璃，具有很好的透明性，是飞机上的一种重要的结构材料。

2.2.2.1 有机玻璃的组成和性质

1. 组成

有机玻璃是以聚甲基丙烯酸甲酯合成树脂为基本成分制成的透明塑料，它是一种热塑性塑料。

聚甲基丙烯酸甲酯合成树脂就是由甲基丙烯酸甲酯聚合而成的。

2. 有机玻璃的主要性质

比重小（1.18g/cm³），是普通玻璃的一半左右；有一定的强度，塑性和韧性较好，碰撞或受震时不易碎裂，透光性好，能透过 91%～93%的太阳光，透过紫外光达 73.5%。它的主要缺点：硬度小，易擦毛和划伤，易溶于有机溶剂；导热性小，而热膨胀性大，它的导热系数还不及铝合金的千分之一，而热膨胀系数比铝合金大 3.5 倍。当外界温度变化时，有机玻璃各处的温度不易均匀，膨胀收缩不一致，以致产生内应力。

2.2.2.2 航空用有机玻璃

（1）有机玻璃板。航空用有机玻璃板有 1 号、2 号、3 号、4 号四种型号，均属丙烯酸酯类玻璃，只是化学组成不同，它们的主要性能见表 2-2。

表 2-2　航空有机玻璃的主要性能

序　号	项　目	1号	2号	3号	4号
1	比重（g/cm^3）	1.18	1.18	1.18	1.18
2	抗拉强度>（kgf/cm^2）	600	650	780	850
3	延伸率>（%）		2.5	3	2.5
4	弯曲强度>（kgf/cm^2）			1 205	
5	抗拉弹性模数>（kgf/cm^2）		27 000	29 000	35 000
6	冲击韧性>（kg·m/cm^2）	12	12	12	12
7	透光率>（%）可见光	85～90	91	91	90
8	布氏硬度 HB>（kgf/cm^2）	18	18～24	21	22

（2）定向有机玻璃是将有机玻璃加热（加热温度比玻璃化温度高 15℃左右），保持一定时间，有机玻璃软化后作定向拉伸，使高分子沿受力方向排列成有序状态，冷却后得到的。主要特性是抗拉强度大，冲击韧性好，抗银纹性高，对缺口敏感性小。

（3）飞机防弹玻璃也是用有机玻璃制成的。它是利用子弹从一个黏滞的固体媒介进入另一个固体媒介时，动能损失最大的原理，将几层有机玻璃用透明薄膜粘合起来。为了使防弹玻璃表面有较高的耐磨性，最外层采用了硅玻璃（一种无机玻璃）。

2.2.3　光学玻璃

光学玻璃是以石英为主要原料的碱性玻璃。它具有组织结构均匀、杂质少、透光性好、膨胀系数小、耐腐蚀的特点。

光学玻璃经过加工、研磨、镀膜、粘合，制成透镜、透镜组、反射镜、半反半透镜等。利用这些光学元件组合成各种光学设备和光学仪器的成像系统。由于它是玻璃制品，容易破碎。为了改善各种镜片的光学性能，一般镜片上均进行了镀膜，这些镀膜比较娇嫩，容易损伤。

飞机平显设备中，均有精密光学元件组成的成像系统。对精密的光学元件，必须精心细致地维护，才能保证光学成像系统具有良好的透光性。

2.2.4　橡胶

飞机上常用的橡胶制品种类较多，都是以各种橡胶为主要成分，掺入一些配合剂，经混炼均匀再硫化而制成的。主要有轮胎、软油箱、传递压力和传送介质的橡胶管、橡胶密封制品、橡胶减震器等，橡胶按其来源可分为天然橡胶与合成橡胶两类。

2.2.4.1　天然橡胶

天然橡胶是由橡胶树中的胶浆提炼而成的，主要成分是聚甲基丁二烯，其性质如下：

在常温下具有很好的弹性，温度降低时，则变硬、变脆；强度小；易溶解于汽油、煤油等矿物油中；易老化，长期放置后，会因老化而变质，黏性变大，弹性和强度显著降低。

飞机上用天然橡胶作原料制成的橡胶零件主要有飞机轮胎、氧气系统的橡胶软管、密封垫等。

2.2.4.2 合成橡胶

合成橡胶是用人工方法制成的橡胶。合成橡胶具有与天然橡胶相似的性质，但由于合成的成分和结构与天然橡胶不尽相同，因此还具有它们各自所特有的性质。下面分别介绍航空常用的几种合成橡胶的性质。

（1）丁苯橡胶是由丁二烯和苯乙烯共同聚合而成。它的耐热性、抗磨性和抗老化性较天然橡胶好，多用来制作轮胎和其他耐寒制品。

（2）丁腈橡胶是由丁二烯和丙烯腈共同聚合而成。丁腈橡胶有良好的抗油性，在汽油、煤油等非极性的矿物油中不溶解。耐热性比天然橡胶、丁苯橡胶都好，它的制品可在120℃下连续使用，在热油中可耐热150℃。其主要缺点是弹性、电绝缘性、耐寒性较差，低温时比较硬脆，易破裂。丁腈橡胶多用于制作飞机燃料、滑油、液压油等系统的密封垫圈、活门垫圈等耐油零件。

（3）氯丁橡胶是由氯丁二烯聚合而成。它有较好的强度、抗老化性和耐热性，耐油性次于丁腈橡胶。缺点是弹性、耐寒性差，当温度降到-40℃后变脆。电绝缘性差，贮存稳定性差，能自行硫化。氯丁橡胶多用于制作飞机油箱、油箱的表面层。

（4）硅橡胶是由二甲基硅氧烷与其他有机硅单体聚合而成。硅橡胶有优异的电绝缘性（耐电压6000V）、耐寒性（低温使用温度可达-100～-70℃）、耐热性（可在300℃以上高温下使用）和良好的抗老化性。缺点是机械性质较差，耐化学腐蚀能力弱，在酸碱及有机溶剂中不及其他橡胶稳定。硅橡胶多用于制作飞机零件、绝缘材料，高温和低温垫圈及密封零件。

（5）氟橡胶是由偏氟乙烯与三氟氯乙烯共同聚合而成。这种橡胶具有耐高温、耐油、耐多种化学药品侵蚀的特点，使用温度范围为-50～+250℃。缺点是耐寒性差，低温时变硬、变脆。氟橡胶可用来制作耐热、耐油、电绝缘的零件。

（6）聚硫橡胶是由二氯化合物与多硫化钠缩聚而成。一般呈黄绿色或褐色，往往带有催泪性气味。它的耐油性好，化学稳定性好；不透水，有良好的气密性，但耐热性差。使用温度范围窄，只能在-20～+80℃使用。多用于制作密封腻子和密封带。

天然橡胶和合成橡胶在未经加工处理前，不能直接使用，只能作为橡胶零件的原料，习惯上称这些橡胶为生胶。通常在这些橡胶中加入不同量的催化剂、防老化剂和填充剂，经过加工处理，进一步改善其性质，特别是机械性质，才能制作成橡胶零件使用。

2.2.5 航空涂料

涂敷在航空产品表面形成保护膜和装饰膜的涂料称为航空涂料，涂料又俗称油漆。油漆是一种黏稠状的胶体溶液，涂在零件表面干燥后，能形成一层坚韧的保护性薄膜。它的主要作用是保护金属不锈蚀，还能起到装饰、伪装、标记和改善飞机空气动力性能等作用。在高速飞机上，油漆还可用作热辐射涂层或光辐射涂层。在电器上，油漆又可用作绝缘材料。

油漆的种类很多，以油漆中构成成膜物质的基本原料通常可分为两大类。

（1）油基漆。构成这类漆膜的重要物质之一是干性植物油（也有用鱼油、牛油等动物油）。

（2）树脂漆。构成这类漆的成膜物质只是各种树脂。也就是说，含有树脂而不含干性植物油的漆，属于树脂漆。树脂按其来源又可分为天然树脂（如虫胶片、松香、沥青等）和合成树脂（如硝基纤维、醇酸树脂、酚醛树脂等）。以这些树脂为主要成分的树脂漆在涂刷后，漆中所含的溶剂会挥发掉，树脂便能干固形成保护性薄膜。

航空产品使用的主要是油基漆和属于树脂漆中的硝基纤维漆（简称硝基漆）。

2.2.5.1 油基漆

油基漆通常用来涂敷飞机的金属零件，从其具体组成和功用来看又常分为油基磁漆、油基清漆、油基底漆、油基腻子等。

优点：黏附力强、油膜弹性好等，是航空产品使用最多的一种漆。

缺点：不耐汽油、煤油、滑油等矿物油的侵蚀。

1．油基磁漆

油基磁漆通常由干性植物油、树脂、催干剂、颜料和溶剂五种成分组成。航空常用的是加有醇酸树脂的油基磁漆，其牌号为C04-2，其后注有颜色，如C04-2黄色、C04-2红色等。

2．油基清漆

这种漆除不含颜料外，其余组成成分与油基磁漆相同。油基清漆的漆膜有良好的黏附性、弹性、硬度和抗水能力，而且比较光滑。它的缺点主要是抗汽油、煤油等矿物油的能力较弱，在这些油料的作用下会产生溶胀。此外，漆膜的耐热性也不太好。

3．油基底漆

油基底漆的组成成分与油基磁漆相同。由于底漆是直接与被漆的金属零件接触的，因此要求它具有较强的黏附性，所含的颜料不应对金属起腐蚀作用。广泛使用的有铁红醇酸底漆（牌号C06-1，加有醇酸树脂和铁红颜料），它的黏附性和防腐性均较好。此外还采用加有环氧树脂的油基底漆（牌号H06-2），其中以铁红作颜料的，多用于黑色金属零件，以锌黄作颜料的多用于有色金属零件。

4．油基腻子

油基腻子的组成与油基磁漆相似，但还含有较多的填料（滑石粉、高岭土等），是一种十分黏稠的半固体物。它是涂敷在零件表面使之光滑平整的，干燥后弹性较低。喷气飞机上表面光滑的金属零件，一般不使用油基腻子。

2.2.5.2 硝基漆

航空产品常用的树脂漆主要就是硝基漆。

优点：干燥迅速，涂刷后几十分钟就可以干透；漆膜的强度、硬度较大；能抗矿物油及弱酸、弱碱等的侵蚀。

缺点：黏附性差；漆膜弹性小，易脆裂；耐水性较差；易老化脱落；特别是易燃烧，因此在施工和使用时应十分注意安全。

硝基漆按组成和功用分为硝基磁漆、硝基清漆、硝基底漆、硝基腻子等数种。

1．硝基磁漆

硝基磁漆通常由硝基纤维（硝棉）、树脂、增塑剂（又叫增韧剂）、溶剂和颜料五种成分组成。航空维修工作中可用硝基磁漆涂刷油箱、座舱仪表等零件。常用的硝基磁漆牌号为Q04-2和Q04-3。

2. 硝基清漆

硝基清漆不含颜料，其组成成分与硝基磁漆相同。常用的是硝基外用清漆（牌号为Q01-1），加有醇酸树脂，适用于涂刷木质零件和金属零件。适用于涂刷布质蒙皮的是硝基涂布清漆（牌号为 Q63-21），它不加树脂和增塑剂，仅由硝棉溶于溶剂中组成，可以绷紧蒙布，提高强度。

3. 硝基底漆与硝基腻子

它们的组成成分基本上与硝基磁漆相同。硝基底漆使用的颜料对金属不应有腐蚀性。硝基底漆对金属零件的黏附性较差，对木质零件的黏附性较好。

2.2.5.3 脱漆剂

修理飞机时，涂刷新漆层前常需清洗旧漆层，因此要用脱漆剂。常用的脱漆剂有 T-1 脱漆剂、T-2 脱漆剂、T-3 脱漆剂。

2.2.5.4 外界因素对漆层的影响

1. 大气温度

气温的变化将使漆层产生热胀冷缩，以致产生皱纹和裂纹。另外，气温骤降时，漆层表面会凝结水分，水渗入漆层，也会使漆层膨胀、起泡以致脱落，故应及时擦去漆层上的水分。

2. 阳光

阳光能加速漆层的老化变质。第一，阳光中的紫外线能使漆层的高分子裂解，甚至生出低分子物，使漆膜强度弹性下降；第二，阳光的热能传给漆层，也会引起漆膜高分子裂解和氧化，因此，应避免漆层在阳光下暴晒。

3. 溶剂

汽油、煤油、滑油、酒精、丙酮等溶剂与漆层接触，会使漆层溶胀、变软、以致脱落。因此，禁止漆层与上述溶剂接触。

此外，漆层较软，应防止被工具、零件、硬物等划伤。

2.2.6 胶黏剂

胶黏剂（又叫黏合剂）是能将两个物体粘接在一起，并在结合处具有足够强度的物质。可以用来粘接各种金属和少数非金属材料，如塑料、橡胶、纸张、织物、皮革、木材、玻璃和陶瓷等。

2.2.6.1 胶黏剂的特点

1. 胶黏剂粘接的优点

（1）可以减轻结构重量。

（2）可以粘接两种不同材料。例如两种不同金属的粘接，金属与塑料、金属与橡胶、金属与纺织品的粘接。

（3）粘接处应力分布比较均匀，有利于改善机械性质。

（4）粘接兼有密封、绝缘、防腐能力。

（5）工艺简便，成本低。

2. 胶黏剂粘接的缺点

（1）粘接的剥离强度和不均匀扯离强度低，容易在粘接边缘处破坏。

（2）使用温度一般多在 150℃ 以下，少数胶黏剂能在 200～300℃ 范围内使用。随温度上升，强度明显下降。

（3）胶黏剂也有老化问题，影响粘接件长期保管使用。

（4）粘接质量不易准确控制，致使粘接质量降低，影响粘接件的安全使用。

2.2.6.2 胶黏剂的组成

胶黏剂的主要成分是粘料、固化剂、溶剂、填料等。

粘料又称为基料，它是胶黏剂的主要和必需成分（构成胶膜的物质），使胶黏剂具有黏附特性。粘料通常由一种或几种高分子化合物混合而成。常用的有天然高分子物、合成橡胶、合成树脂等。

固化剂亦称硬化剂，它能使粘料固化。

填料可以增加胶黏剂的弹性系数、冲击韧性、结合强度和耐热性，降低线膨胀系数，减少胶层的收缩率。常用的填料有金属、金属氧化物、矿物粉末和纤维，如铝粉、石英粉、滑石粉、氧化铝粉、石棉纤维等。

溶剂用来溶解粘料和调整胶黏剂的黏度以便施工，常用的溶剂有汽油、乙酸乙酯、二氯乙烷、苯、丙酮和乙醇等。

2.2.6.3 常用的胶黏剂

环氧树脂胶黏剂，俗称"万能胶"，它具有粘接力强（粘接铝合金时抗剪强度达 200 kgf/cm^2）；稳定性好，贮存一年以上不变质；收缩率小（<2%）；绝缘性好；能耐化学药品、溶剂和油类的浸蚀；工艺性良好（固化时只需稍加接触压力、室温或稍加温）等优点，是一种使用十分广泛的树脂胶黏剂。它的主要缺点是耐热性和韧性较差。

目前常用的环氧树脂胶黏剂有：

Sy101、Sy102 室温固化的环氧树脂胶，耐热温度范围分别为-60～+60℃、-60℃～室温。多用于紧固螺钉、电器和仪表零件，有时也可用于金属的粘接。

Sy-10 加热固化的环氧树脂胶，使用时，先将粘接件加热至 120℃，使胶在热态固粘接，具有较高的粘接性能与耐热性。其抗剪强度较大，耐热范围为-60～+100℃。多用于胶接金属或非金属材料制作的受力结构件。

此外还有：酚醛树脂胶黏剂，常用来粘接各种金属、玻璃、陶瓷和压层塑料；502 丙烯酸酯类胶黏剂主要用于座舱盖上的天线条；有机玻璃胶黏剂，用于有机玻璃之间的粘接。

2.2.7 密封剂

密封剂在飞机上发挥十分重要的作用，例如：密封燃油油箱结构；维持座舱气密；阻挡水分或腐蚀性液体或气体渗入结构内部，防止结构腐蚀；形成平滑的气动表面等。

航空维修工作中，应根据密封形式、结构承受的压力、接触的介质和使用条件选用密封剂。密封剂的主要成分为基料（如橡胶），次要成分为补强剂和增黏剂。有硫化特性的密封剂中还有硫化剂、促进剂。

2.2.7.1 密封剂的分类

根据密封剂的使用状态，一般分为硫化型密封剂和不硫化型密封剂。通常将前者称为密封胶，后者称为密封腻子。硫化型密封剂按使用状态，可分为膏状密封胶、稀胶和胶膜三种。不硫化型密封剂分为腻子和腻子布（又称密封带）两种，由于不需要进行硫化，所以没有施工期的限制，但是它与金属的粘接力不强，耐油性差，而且工作温度范围小。

按化学成分，密封剂可分为5类：聚硫型、硅类、氟硅类、聚氨酯类、环氧树脂类；按使用状态，可分为5类：刷涂型、填角型、堆砌型、喷灌型、贴合型。

2.2.7.2 密封剂的要求

（1）具有良好的抗渗透性，不得渗透被隔离的液体或气体。

（2）具有良好的耐高温、低温性能，并能耐油、海水浸泡，以及耐盐雾、高湿度大气作用。

（3）对金属与非金属材料不得有腐蚀性，包括不得有气氛腐蚀。

（4）毒性小，对人体不产生有害作用。

（5）在容易滋生微生物的地方（如整体油箱内），应选用能防止微生物腐蚀的密封剂，或采用有效的防微生物腐蚀措施。

2.2.8 荧光材料

荧光材料主要应用于飞机座舱仪表板上的显示仪表和各种电门，用于夜航微光照明。在飞机上所使用的荧光材料主要是"夜光粉"。荧光材料的主要成分是各类化合物：硫系（硫化物、硒化物）、含氧酸盐（磷酸盐、硅酸盐等）氧化物、硫氧化物、卤氧化物等。这些氧化物的阳离子一般都是化学元素周期表的第Ⅱ族元素（锌、镉、汞、锰和锶等）和稀土元素。荧光材料的发光属于"冷光"，即它不需要加热。荧光材料发光的实质是发光材料中的电子从高能状态往低能状态的跃迁。"冷光"激发方式是"辐射"和"光照"。在飞机上所使用的荧光材料中，两种激发方式的材料都得到了应用。

荧光材料主要有主动发光材料、被动发光材料和稀土储能发光材料。

1. 主动发光材料

主动发光材料是一种含有放射性元素镭的硫化物发光材料，是一种黄绿色结晶粉末，在无任何光源的条件下能发光，主要用于涂敷仪表板各种指示器的指针、刻度盘及座舱内按钮、电门。由于含有放射性元素，对人体有害，污染环境，正逐步被淘汰。

2. 被动发光材料

被动发光材料也称光激发光材料，是一种不含放射性元素的发光材料，是含镭材料的替代品。它的激发方式是紫外线和日光。它是一种浅蓝色粉末，在3 650Å紫外线或日光激发下能发出蓝色光。主要用于涂敷仪表板各种指示器的指针、刻度盘及座舱内按钮。

3. 稀土储能发光材料

它是以稀土材料为激活剂，碱土铝酸盐为基质构成的新一代发光材料，本身无毒、无害、无辐射，克服了传统硫化物荧光材料的许多缺点和应用上的不足。

该材料在白天或室光下自然吸光10～20min后，在夜晚或黑暗状态下可持续发光12h以上，且具有发光亮度高、持续时间长、耐候性好的特点。

2.2.9 防潮砂

2.2.9.1 硅胶防潮砂

硅胶防潮砂是用水玻璃和硫酸制成的，外形坚硬透明，形似玻璃。它有多孔性毛细管结构和很大的表面积，具有良好的吸潮作用，能吸收相当于自身重量 30%～40%的水分，吸水后经烘干可恢复原有效能。其主要用于吸收座舱夹层、电子设备舱内的潮气。防潮砂在飞机上的应用不多，主要在地面用于设备存放、发动机油封装箱时的防潮。

2.2.9.2 蓝胶指示剂

蓝胶指示剂是用硅胶浸润二氯化钴制成的。其吸潮性能比无色防潮砂稍差，但很容易判别吸潮程度。指示剂吸收水分时会由蓝色变成紫蓝色，防潮效能降低 20%；变成紫红色时，防潮效能降低 40%～60%；变成水红色时，已失去吸收水分的效能。吸水后经烘干还可恢复原有效能。其用途与防潮砂相同，通常按适当比例和无色防潮砂搭配使用。

2.2.10 蜂窝夹层结构

2.2.10.1 蜂窝夹层结构的组成

蜂窝夹层结构是用两层较薄的面板中间夹以较厚的芯材，面板与芯材之间通过胶膜层粘接而组成的夹层板壳结构，如图 2-7 所示。

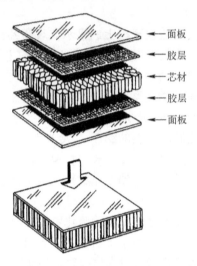

图 2-7 蜂窝夹层结构

面板材料可以选用树脂基玻璃纤维复合材料，制成玻璃纤维夹层结构；也可以用碳纤维、芳纶纤维复合材料，制成先进复合材料夹层结构；还可以选用铝合金、钛合金、不锈钢板，制成金属面板夹层结构。蜂窝芯材有金属和非金属两种。金属蜂窝芯材主要用铝箔、不锈钢箔粘接成六角形孔格形状制成；非金属蜂窝芯材主要是用玻璃纤维布粘接制成。

2.2.10.2 蜂窝夹层结构的特点

蜂窝夹层结构的优点是：①具有较大的弯曲刚度和弯曲强度，蜂窝夹层结构是在具有较高强度和刚度的面板之间夹以轻质、厚度较大的芯材，在质量增加较少的情况下，使构件受力面的厚度大大增加，增加夹层结构受压、受剪的稳定性；②具有较好的吸声、隔热、隔声的性能和耐声振疲劳性能；③具有光滑的气动外形，气密性较好。

蜂窝夹层结构的缺点是：①用蜂窝夹层结构制成的部件之间的连接设计比较困难，部件发生损伤修理和更换也比较麻烦，而且在蜂窝夹层结构制成的部件上进行大开口设计也比较困难；②抗湿热环境的能力差，要特别注意防潮密封。

2.2.10.3 蜂窝夹层结构在飞机上的应用

目前蜂窝夹层结构在飞机上主要用于以下几个方面：①承受局部气动载荷、起整流作用的部件，如发动机短舱、整流件、机翼前缘、翼梢整流件等；②通信导航天线上的整流件；③受力较小的操纵面和调整片，如舵面、襟翼、扰流板、调整片等。

2.2.11 复合材料

现代飞机对材料的要求越来越高，除了要求材料具有高的比强度、比模量、耐高温、耐疲劳等性能外，还对耐磨性、尺寸稳定、减震性、无磁性、绝缘性等提出了特殊要求。单一材料难以实现，于是复合材料应运而生。复合材料是由异质、异性、异形的有机聚合物、无机非金属、金属等材料作为基体或增强体，通过复合工艺组合而成的材料，它主要由基体相和增强相两部分组成。基体相是一种连续相材料，它把改善性能的增强相材料固结成一体，并起传递应力的作用；增强相起承受应力（结构复合材料）和显示功能（功能复合材料）的作用。复合材料除具备原材料的性能外，同时能产生新的性能。

2.2.11.1 复合材料的分类

按照所选用的基体材料不同，可将复合材料分为金属基和非金属基两大类。

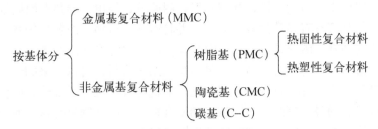

按照所选用的增强（韧）材料不同，可将复合材料分为以下几种。

按照使用性能还可将复合材料分为结构复合材料和功能复合材料。

2.2.11.2 复合材料的特性

由于复合材料能集中和发挥组成材料的优点，并能实现最佳结构设计，所以具有许多优越的特性：①比强度和比刚度高；②抗疲劳性能好；③减震能力强；④高温性能好；⑤断裂安全性好。

2.2.11.3 常用复合材料

复合材料的种类很多，在此介绍飞机和发动机上常用的几种复合材料。

1. 玻璃纤维及其增强的复合材料

玻璃纤维及其增强的复合材料中最常用的是玻璃钢。玻璃钢的组成是以合成树脂为黏结材料，以玻璃纤维及其编织物为增强填料而制成的。由于玻璃钢比重小、强度高、耐腐蚀、绝电抗磁，又有一定的隔音能力以及电磁波的穿透性，可作飞机螺旋桨、雷达罩等。航空用玻璃钢的种类有以下几种：

（1）X98-1玻璃钢。它是用改性酚醛树脂作为粘料，以厚度为0.26mm的玻璃布作为增强填料制成的一种玻璃钢。这种玻璃钢用于蜂窝结构的雷达罩。玻璃钢之所以适用于做雷达罩，一方面是因为它有一定的机械性质，可做承力的结构零件；另一方面它又可以不影响电磁波的穿过，使雷达能正常工作。

（2）环氧玻璃钢。它是用环氧树脂作为粘料，用纤维织品作为增强填料制成。环氧玻璃钢可用来制作飞机的天线罩、加温管、直升机尾桨、水上飞机机头罩、机尾罩、水上飞机机翼浮筒等。

（3）聚酯玻璃钢。它是以聚酯树脂为粘料，以玻璃布为增强填料制成。它可在-60～+200℃长期使用。它的另一特点是具有优越的电绝缘性，而且在高温下几乎保持不变。此外，还有良好的耐腐蚀性、耐水及耐油等性能。聚酯玻璃钢可用来制作高速飞机的雷达罩，以及耐高温的绝缘零件。

2．碳纤维及其增强的树脂基复合材料

碳纤维是碳元素组成的一种特种纤维，其含碳量随种类不同而异，一般在90%以上。碳纤维具有一般碳素材料的特性，如耐高温、耐摩擦、导电、导热及耐腐蚀等，与一般碳素材料不同的是其具有显著的各向异性，并且柔软，可加工成各种织物，沿着纤维方向表现出很高的强度。碳纤维比重小，因此具有很高的比强度，主要缺点是脆性大。

碳纤维增强的树脂基复合材料是一种新型的结构材料，可以用来制造航空发动机压气机的转子叶片和静叶片、直升机旋翼和飞机的机身以及机尾零部件。应用较多的是碳纤维增强的环氧、酚醛、聚酯和聚四氟乙烯复合材料。碳纤维复合材料的特点有：①弹性模量高；②比模量比强度高；③摩擦磨损性能好。

3．硼纤维及其增强的树脂基复合材料

硼纤环氧复合材料具有优越的弹性模量、较高的强度和一定的耐热性。铝合金、钛合金的拉伸、压缩、剪切比强度都不及硼纤环氧复合材料好。但是这种材料的各向异性十分明显，横向力学性能差，纵向性能好，主要用于制造飞机垂尾、机翼零部件和方向舵等。

4．金属基复合材料

金属基复合材料常用的有硼纤维增强铝合金和石墨纤维增强铝合金。金属基复合材料与树脂基复合材料相比有以下优点：横向力学性能和层间剪切强度高，工作温度高，尺寸稳定，不老化，不吸湿、不放气。缺点是工艺复杂、难度大、成本高。在金属基复合材料中，硼纤维增强铝（合金）复合材料应用最广。硼-铝复合材料比重比钛小，刚度比钛合金大，比强度也高，而且还有良好的抗蚀性，可安全地用于300℃或更高的温度。目前硼-铝复合材料主要用来制造航空发动机叶片、飞机蒙皮的大型壁板以及一些长梁和加强肋等。

2.2.12　隐身材料

隐身材料指用于减弱装备的特征信号、使装备被发现的距离缩短或概率降低的一种功能材料。随着隐身机制和材料技术的不断发展，隐身材料种类、形式也不断增多，这里主要介绍雷达隐身材料、红外隐身材料和红外/雷达兼容多频谱隐身材料。

2.2.12.1 雷达隐身材料

雷达隐身材料，即雷达吸波材料，它是一种能够吸收电磁波而反射、散射和投射都很小的功能材料，按其工作原理可以分为以下基本类型：复磁导率与复介电常数基本相等的吸收体、1/4波长"谐振"吸收体、阻抗渐变"宽频"吸收体、衰减表面电流的薄层吸收体。按材料应用形式，航空雷达隐身材料可以分为寄生型隐身材料与结构型隐身材料，其中，寄生型隐身材料包括各种不同类型的涂层材料、黏贴性片材（如柔性贴片、薄膜、轻质泡沫等）以及镀膜（如座舱透明件镀膜）。结构型隐身材料主要类型有层合型吸波复合材料、夹层型吸波复合材料等。

雷达隐身材料主要组分包括吸收剂和基体材料，吸收剂提供吸波性能，基体材料提供黏结或承载等性能。对于吸波/承载一体化吸波复合材料，通过电特性与承载特性一体化设计，可赋予材料在具有承载能力的同时，具有较好的吸波效果。

2.2.12.2 红外隐身材料

航空红外隐身材料应用较多的是低红外发射率材料、控温材料等。这里主要介绍4类。

（1）低红外发射率涂料。低红外发射率涂料能降低目标自身的热辐射，同时具有使用方便、施工工艺简单等特点。

（2）低红外发射率薄膜。低红外发射率薄膜是一种有发展前景的红外隐身材料，按照结构可分为金属膜、掺杂半导体膜、电介质/金属多层复合膜等。

（3）控温材料。控温材料通过控制材料表面温度来调节其红外辐射强度，包括各种隔热材料、有源制冷材料和相变材料等，其中隔热材料在红外隐身领域已得到广泛应用。

（4）智能型红外隐身材料。智能型红外隐身材料即主动式红外隐身材料，它是一种具有感知功能、信息处理功能、自我指令并对信号做出最佳响应功能的材料系统或结构，代表了隐身材料技术研究的最先进方向。

2.2.12.3 红外/雷达兼容多频谱隐身材料

由于雷达隐身材料与红外隐身材料的隐身激励不同，使得它们的性能要求在一定程度上相互制约。雷达隐身材料要求高吸收率、低反射率；而红外隐身材料要求低吸收率、高反射率。目前，材料实现红外和雷达兼容有两种技术途径：一是雷达波高吸收、热红外低辐射的隐身材料；二是通过结构设计，将高性能雷达波吸收和热红外低辐射材料复合起来。

2.3 航空油料

航空油料主要有航空燃油（航空汽油、喷气燃料）、润滑油、润滑脂、液压油、洗涤油、防冰液和航空特种液（罗盘油、航空冷却液）等种类。

2.3.1 航空油料的理化性质

航空油料的理化性质应当符合一定的标准，并根据各种油料的质量标准，决定拟用油液是否合格。以航空燃油为例，对油料的主要理化性质进行介绍。

航空燃油的主要理化性质包括密度、热值、馏程等 14 项内容。

1. 密度

在规定温度下，单位体积内所含物质的质量，称为密度，用 ρ 表示，单位为 g/cm^3 或 kg/m^3。温度 t℃时的密度用 ρ_t 表示。石油及石油产品在标准温度（我国规定为 20℃）下的密度，称为标准密度，用 ρ_{20} 表示。

2. 热值

热值是燃料的重要质量指标之一，热值高的油品在相同条件下能产生更大的动力。飞机的性能很大程度上取决于发动机推力的大小。而发动机的推力则随着燃料热值的升高而增大。当燃料的热值增大 1%时，发动机的推力可相应增加 1.12%。

3. 馏程

馏程是指油品在规定条件下蒸馏所得到的，以初馏点和终馏点表示其蒸发特征的温度范围。馏程是评定液体燃料蒸发性的重要质量指标，它既可以说明液体燃料的沸点范围，又能判断石油产品组成中轻重组分的大体含量。

4. 饱和蒸气压

饱和蒸气压是指在规定条件下，油品在适当的试验仪器中气液两相达到平衡时，液面蒸气所显示的最大压力，以 mmHg 表示。液体燃料的饱和蒸气压是评价液体燃料蒸发性好坏的重要指标。饱和蒸气压越大，轻质组分含量越多，蒸发性越好。

5. 闪点、燃点和自燃点

闪点是指在规定条件下，加热油品所逸出的蒸气和空气组成的混合物与火焰接触发生瞬间闪火时的最低温度，以℃表示。闪点是评定油品着火安全性的重要指标。

燃点是在规定条件下，当火焰靠近油品表面的油气和空气混合物时即会着火并持续燃烧到规定时间所需的最低温度，以℃表示。

自燃点是指在规定条件下，油品在没有火焰时自发着火的温度，以℃表示。燃料的自燃点主要决定于燃料的化学组成。

6. 辛烷值

辛烷值代表点燃式发动机燃料抗爆性的一个约定数值，是汽油抗爆性的表示单位，数值上等于在规定试验条件下与试样抗爆性相同的标准燃料（异辛烷、正庚烷混合物）中所含异辛烷的体积百分数。辛烷值越高，抗爆性越好。

7. 实际胶质、诱导期、碘值和溴值

实际胶质是在规定条件下测得的发动机燃料的蒸发残馏物，以 mg/100mL 表示。实际胶质含量是液体燃料在储存过程中的重要控制指标之一，也是石油炼制过程中控制的指标之一。

汽油在压力为 689kPa（7kgf/cm^2）的氧气中以及在温度为 100℃时未被氧化所经过的时间，称为诱导期，以 min 表示。诱导期愈长，一般表示汽油的抗氧化安定性愈好。

在规定条件下和 100g 油品起反应所消耗的碘或溴的克数，称为该燃料的碘值或溴值，有时也叫碘价或溴价。

8. 结晶点和冰点

结晶点是在规定条件下油品冷却时，最初出现蜡结晶时的温度，以℃表示。

冰点是油品被冷却所形成的蜡结晶，在升温时，其结晶消失一瞬间的温度，以℃表示。

9. 腐蚀试验、酸度和水溶性酸及碱

直接用金属片检查燃料对金属有无腐蚀性的试验称为腐蚀试验。试验目的是判断燃料中有无活性含硫物质（包括元素硫、硫化氢和硫醇），如果有，则金属片上呈现腐蚀斑点或变色，可用肉眼观察出来。

酸度是中和100mL石油产品中酸性物质所需氢氧化钾的毫克数，以mgKOH/100mL表示。喷气燃料的酸含量也可以用总酸值来表示。总酸值是指中和1g石油产品中的酸所需氢氧化钾的毫克数，以mgKOH/g表示。

水溶性酸及碱是指燃料中能溶于水的酸或碱，如硫酸、盐酸、低分子有机酸或氢氧化钠等。

10. 水分和机械杂质

油品中的水分通常以三种形态存在：游离水、悬浮水和溶解水。精制良好的液体燃料一般不含水分，但在贮存、运输和加注过程中可能由于各种原因而混入水分。另外，烃类燃料本身有一定的溶水性，并会因温度的变化析出水分，形成悬浮水或游离水。液体燃料标准中通常要求不含水分，通常是指不含游离水与悬浮水，因为燃料中的溶解水是很难去除的。

石油产品的机械杂质是指油品中所有不溶于油和规定溶剂的沉淀或悬浮物质，如泥砂、尘土、铁屑、纤维、某些不溶性盐类等。这些杂质大多是在贮存、运输、加注等过程中混入的。

11. 水反应试验和水分离指数

水反应试验是评定喷气燃料洁净度的指标之一。它是在室温下将喷气燃料和磷酸盐缓冲溶液混合后按规定条件摇动，以其水相体积变化、界面现象和两相分离程度来检查喷气燃料中的表面活性物质（水溶性组分）及其对燃料和水的界面的影响的一种试验方法。

水分离指数是用过滤型聚合器表示从喷气燃料中分离水的难易程度的数值，是评价喷气燃料洁净度的一项指标，它可以反映燃料中是否存在磺酸盐和环烷酸盐等表面活性物质。

12. 色度

在规定条件下，油品颜色最接近于某一号标准色板（色液）的颜色时所测得的结果称为色度。油品颜色的深浅与胶质含量有直接关系，从色度的大小可以判断原油的性质、加工工艺、精制深度和混油污染等情况。

13. 无烟火焰高度和辉光值

无烟火焰高度又称烟点，是评定喷气燃料和灯用煤油燃烧时积炭生成量的指标。喷气燃料和煤油的无烟火焰高度是控制燃料中的化学组成，保证燃料正常燃烧的主要质量指标，与发动机中燃烧时生成的积炭量也有密切的关系。无烟火焰高度高，表示喷气燃料中芳烃含量低，发烟性低，燃烧性好。

辉光值是指在固定火焰辐射强度下（于可见光谱的黄绿带内），喷气燃料火焰温度的相对约定值。喷气燃料的辉光值愈高，表示燃料的燃烧性能愈好，燃烧愈完全，燃烧时生成积炭的倾向愈小。燃料的辉光值过低，火焰筒的使用寿命将缩短。

14．电导率

物质传导电流的能力称为电导率。喷气燃料的电导率很低，一般为 0.1～5pS/m。在装卸和加注作业中，燃料与管壁、罐壁、过滤介质等发生表面摩擦，出现电荷分离，产生的静电若不及时导出，容易发生静电失火。通常认为，燃料的电导率大于 50pS/m，聚积的电荷就不致造成危险。

2.3.2 航空汽油

2.3.2.1 航空汽油的组成

航空基础汽油，是航空汽油的基本组分，含量 50%以上。可作为航空汽油的基础汽油有催化裂化汽油、加氢汽油、重整汽油和抗爆性很好的直馏汽油，而热裂化及焦化汽油由于安定性差则不能用。各种航空汽油的元素组成差异不大，通常氢占 14.4%～15.5%（m/m），碳占 84.5%～85.5%（m/m），但各种航空汽油的烃族组成因原油、加工工艺、基本组分不同而有较大的差异。

2.3.2.2 航空汽油的性能要求

航空汽油主要用于航空活塞式发动机。为了获得较大的功率，航空活塞式发动机广泛采用增压装置，并常采用浓混合气工作，此外，飞机要在高空飞行及低温下起动。因此，对航空汽油的质量要求较车用汽油更为严格。要求：①平均蒸发性好；②抗爆性高；③安定性好；④低温性能良好；⑤腐蚀性小。

2.3.2.3 航空汽油的品种牌号

按国家标准 GB 1787—79（88），航空汽油分三个牌号：75 号、95/130 号和 100/130 号航空汽油。

2.3.3 航空煤油

航空煤油也叫喷气燃料。

2.3.3.1 喷气燃料的组成

喷气燃料的主要组成元素是碳和氢，此外还有少量的硫、氧、氮元素及微量金属元素。喷气燃料的性质主要取决于其中的烃族组成，烃族组成则取决于原油的性质和加工工艺。喷气燃料中的主要成分是烷烃和环烷烃，芳香烃含量次之，烯烃最少。

2.3.3.2 喷气燃料的性能要求

由于飞机的飞行速度快，升限高，高空气温低，而飞机燃料系统构造精密，要求工作可靠。因此，对喷气燃料提出以下性能要求：①适当的蒸发性；②良好的燃烧性能；③良好的安定性；④无腐蚀性；⑤良好的低温性；⑥应当清洁；⑦较高的热值；⑧较小的起电性；⑨适当的润滑性。

2.3.3.3 喷气燃料的品种牌号

喷气燃料按生产方法分为直馏和二次加工喷气燃料，按馏分的宽窄、轻重分为宽馏分型、煤油型、重煤油型，国外又将民用和军用分开，分为民用喷气燃料和军用喷气燃料，我国是军民通用。

1．1号喷气燃料

1号喷气燃料的结晶点不高于-60℃，通常在严寒区冬季使用。1号喷气燃料在我国喷气燃料产量中一直未占主导地位，进入20世纪80年代以来，由于高辛烷值汽油需要量增加，宽馏分重整装置逐渐增多，又出现了喷气燃料与宽馏分重整原料之间的矛盾。2号及3号喷气燃料标准推广后，1号喷气燃料已很少生产。

2．2号喷气燃料

2号喷气燃料属煤油型喷气燃料，结晶点不高于-50℃，闪点为28℃，曾是我国大量使用的一种喷气燃料，可在国内一般地区常年使用。随着国际交往和民航事业的发展，喷气燃料作为全球性产品，要求其产品标准具有国际通用性。2号喷气燃料的闪点不低于28℃，不适应国际标准要求，国内现已停止生产2号喷气燃料。

3．3号喷气燃料

3号喷气燃料的国家标准代号是GB 6537—1994，属煤油型喷气燃料，目前广泛用于出口、民航飞机和军用飞机。

4．宽馏分喷气燃料和4号喷气燃料

1995年国防科学技术委员会发布了适用于由天然原油或其他馏分油制得的馏程宽、性能可靠的宽馏分喷气燃料规范。我国的宽馏分喷气燃料，采用天然原油或其他馏分油制得。

5．高闪点喷气燃料

高闪点喷气燃料又称为5号喷气燃料，与美国JP-5类似。高闪点喷气燃料的馏程加重，芳烃含量增加，烟点下降，冰点上升。我国目前生产高闪点喷气燃料的原料油是分子筛脱蜡油。

6．大比重喷气燃料

大比重喷气燃料又称为6号喷气燃料，产品性能应符合大比重喷气燃料规范要求。大比重喷气燃料的产量不可能很多，显然不能作为常规喷气燃料使用，而且加工成本也高，只用于特殊用途。

2.3.4 航空润滑油

航空润滑油是用来润滑发动机、传动装置、运动机械和飞机仪表的一种液体。它主要用于金属的摩擦面，其主要作用是润滑机件，减小金属之间的摩擦。此外，它还有冷却（发动机润滑油循环带走摩擦热）、保护（油膜可以防止金属表面的腐蚀）、密封（如密封活塞发动机的汽缸壁与活塞间的间隙）和清洁（润滑油带走金属屑等杂质经过滤器除去）等作用。

2.3.4.1 航空润滑油的组成与分类

1．航空润滑油的组成

航空润滑油的种类很多，都是由基础油和添加剂组成。基础油包括石油基基础油和合成油两类，是润滑油的主要成分。添加剂是为了提高润滑油的某种性能而加入的，主要有抗氧、抗腐、抗磨、抗沫、油性、黏性等添加剂。

2．航空润滑油的分类

航空润滑油按组成可分为石油基润滑油和合成润滑油。

目前使用最多的润滑油是从石油中提炼生产出来的,通称为石油基润滑油。制取这类润滑油的原料充足、价格便宜,质量能满足各种机械设备的使用要求,且可以利用加入各种添加剂的方法,不断提高质量,因而得到广泛应用。

合成润滑油是通过合成方法得到的油品。这类润滑油通常具有石油基润滑油所不具备的独特性质。合成油的用量尽管只占润滑油总量的3%左右,但性能优异,在航空和航天等润滑条件特殊的重要场合发挥了重要作用。

航空润滑油按用途可分为航空燃气涡轮发动机润滑油、航空活塞式发动机润滑油、直升机传动系统润滑油、航空机件仪表润滑油等。

2.3.4.2 航空润滑油的性能要求

航空润滑油根据不同的用途和工作条件,有不同的性能要求。

(1) 航空燃气涡轮发动机润滑油的性能要求:①适当的黏度和良好的低温流动性、黏温性能;②良好的高温抗氧化安定性和热安定性;③低挥发性、闪点高;④不腐蚀各种金属;⑤不引起橡胶制件过度的膨胀或收缩;⑥良好的消泡性;⑦良好的水解安定性;⑧良好的贮存安定性;⑨毒性低;⑩润滑油在涡桨发动机润滑系统中工作时,具有很高的承载能力和良好的抗磨、抗擦伤性能。

(2) 航空活塞式发动机润滑油的性能要求:①较大的黏度、良好的黏温特性(高的黏度指数)以及较低的倾点;②润滑油中的有机酸等腐蚀性物质含量应限制在最低程度;③良好的热安定性、积炭倾向小;④使用温度下应有较大的黏度。

(3) 直升机传动系统润滑油的性能要求:①良好的润滑和抗磨性;②允许含有胶质、高分子有机酸、硫化物等化合物,因为这些化合物具有良好的润滑性能;③对润滑油的氧化安定性要求不高。

(4) 航空机件仪表润滑油的性能要求:①摩擦阻力小,黏温特性好,凝点低;②抗氧化安定性好;③高温下不易蒸发;④油品洁净。

2.3.5 航空润滑脂

航空润滑脂是将一种或几种稠化剂分散到一种或几种液体润滑油中,形成的一种半流体至固态状产物。为了改善其使用性能还需加入一些添加剂或填料等其他组分。

2.3.5.1 航空润滑脂的组成与分类

1. 航空润滑脂的组成

航空润滑脂由基础油、稠化剂、添加剂和填料所组成。

基础油是润滑脂的主要成分之一,是润滑脂的分散介质,含量占润滑脂的70%~90%(m/m)。稠化剂是润滑脂中的固体组分,占10%~30%(m/m)。稠化剂在基础油中分散和形成三维空间的网状骨架结构,使大部分基础油被吸附和固定在骨架结构之中。为了改善润滑脂的某些特性,提高其使用性能,延长使用寿命,同燃料油和润滑油一样,采用加入添加剂的方法,常用的添加剂有稳定剂(结构改进剂)、抗氧剂、油性剂、抗磨剂、防锈剂、拉丝增强剂等。

2. 航空润滑脂的分类

航空润滑脂按其所含稠化剂的种类分为皂基脂、烃基脂、无机脂和有机脂四类。

航空润滑脂按其使用类型分为航空机械润滑脂、航空机件仪表润滑脂、航空防护润滑脂和航空密封润滑脂四类。

2.3.5.2 航空润滑脂的使用部位

1．航空机械润滑脂的使用部位

（1）飞机和发动机操纵系统的各个活动关节，收放襟翼、起落架、副翼等的摇臂、螺栓、支承机构和其他机械零件，减少摩擦，防止生锈，并避免尘土、杂质进入机械中。

（2）飞机机轮轴承，起润滑作用。

（3）飞机的螺旋桨套筒轴承，直升飞机的螺旋桨毂轴套、自动倾斜装置构件、旋翼支承机构，防止磨损擦伤。

2．航空机件、仪表润滑脂的使用部位

（1）飞机安装的特设机件与仪表，如发电机、起动机、起动箱、起动油泵和电动机构以及转弯仪、地平仪、自动驾驶仪、转速表、航行指示器、罗盘、三用表和时钟等。

（2）无线电和雷达设备，如无线电台、信标机、应答机与各型雷达。

3．航空防护润滑脂的使用部位

（1）飞机操纵系统的钢索、活塞杆表面、机身结合处、各安装点以及没有保护层的金属表面，防止生锈。

（2）直升机旋翼的连接皮或皮革。

（3）封存飞机发动机、各种飞机金属零件和机件，保护金属，避免生锈。

4．航空密封润滑脂的使用部位

（1）耐油密封润滑脂用于密封飞机燃料系统、润滑系统和液压系统的连接部位，防止漏油。

（2）耐醇、耐水密封润滑脂用于密封飞机防冰系统、空气系统等的连接部位，以保持其密闭性能。

2.3.5.3 航空润滑脂使用中的注意事项

（1）根据机械设备各部位的要求，使用合适的润滑脂。按机械设备说明书规定的润滑脂的种类、牌号使用，防止用错。在选用代用润滑脂时，要先经试验、试用、鉴定，并经上级有关部门批准后方可使用。

（2）注意防止不同种类、牌号及新、旧润滑脂的混合，避免装脂容器、工具及在润滑部位上随意混用。

① 不同种类的润滑脂，由于组成、结构和性质不同，如果机械地混合在一起，许多性质便会发生变化，如滴点下降、锥入度增大、机械安定性下降，剪切强度极限、黏度等也可能改变。

② 同一种类不同牌号的润滑脂，如果是不同生产厂家的产品，混合后也可能因原料、工艺不同而产生性质的变化。

③ 新润滑脂和废润滑脂无论是否同一种类，都不允许混合。因为废润滑脂中含有氧化产物和机械杂质，容易加速新润滑脂的氧化和对金属的腐蚀、磨损。在机械上更换新润滑脂时应先清除废润滑脂，将部件清洗干净，然后加入新润滑脂。

（3）领取和加注润滑脂前要严格注意容器和工具的清洁，机械设备上的供脂口也要事先擦拭干净，严防混入机械杂质，加注润滑脂时还要严防尘土砂粒混入。

（4）填充适量的润滑脂。润滑脂的填充量对轴承的运转和润滑脂的消耗量影响很大，填充量过大，会使轴承摩擦转矩增大，引起轴承升温过高，并导致润滑脂的漏失；反之，填充量不足或过少会发生轴承干摩擦而损坏轴承。通常对密封轴承，润滑脂的填充量以轴承内部空腔的 1/3～2/3 为宜。

（5）根据使用情况或按期更换润滑脂。润滑脂发生变质后，会对润滑脂的使用性能产生很大的影响。

2.3.6 航空液压油

2.3.6.1 航空液压油的组成

航空液压油主要由基础油和添加剂组成。基础油包括石油基基础油和合成油两类，是航空液压油的主要成分。添加剂是为了提高或改善液压油的某种性能而加入的，主要包括黏度指数改进剂、抗氧剂、染色剂、抗磨剂和防锈剂等。

2.3.6.2 航空液压油的分类

航空液压油按其化学组成和制造方法可分为石油基液压油和合成液压油两类。

1）石油基液压油

石油基液压油是飞机上应用最多的液压油，目前有 10 号、12 号和 15 号航空液压油。石油基液压油最大的缺点是易燃和热稳定性不适用于未来飞机的需要，一旦飞机液压系统被损坏，油液流到发动机热部件上容易引起燃烧而导致失火。

2）合成液压油

合成液压油可满足现代大型客机和高性能军用飞机的液压系统工作温度范围扩大、工作压力提高的要求，其性能比石油基液压油要好。合成液压油的种类很多，常见的有磷酸酯抗燃液压油、硅酸脂液压油、氯苯基硅液压油和合成烃液压油。

2.3.7 航空洗涤汽油

2.3.7.1 航空洗涤汽油的性能要求

航空洗涤汽油是以原油经蒸馏所得的直馏汽油馏分或重整抽余油制成的。主要用于航空机件等精密机件的洗涤，以除去油污和机械杂质。由于飞机的各种零部件大多数是金属制成，精度要求高，洁净度要求严，因此，航空洗涤汽油必须具备如下性能：①不腐蚀金属材料；②去污性强，挥发速度快；③洁净度良好；④对人体毒性小。

2.3.7.2 航空洗涤汽油的品种牌号

航空洗涤汽油为无色透明液体，有强烈刺激汽油味，手感发涩，去油垢的能力比煤油强，渗透力强，挥发性好，洗涤机件后晾干快，常用来擦洗机件上的锈蚀和油垢，也可用来擦洗电嘴，特别适合于精密零件的清洗。但是，它对机件的保护层特别是氧化层、油漆、橡胶有破坏作用，挥发后的油气易着火。

常用的洗涤汽油还有 70 号航空汽油（RH-70），它是无色透明的液体，能溶解油脂，对金属腐蚀作用小，对橡胶、油漆有侵蚀作用，挥发性好，容易燃烧，常用来擦洗机件上的油垢、积炭和锈蚀。

注意：95 号和 100 号航空汽油含有四乙基铁，对人体有毒害，严禁用作洗涤汽油。

2.3.8 防冰液

飞机在飞行中，特别是在穿过云层和降雨区时，往往会遇到过冷水滴。过冷水滴若附着在座舱玻璃、螺旋桨桨叶、机翼与尾翼的前缘等处，会凝结成冰。飞机结冰会给飞行带来诸多不利。座舱玻璃结冰，会影响飞行人员的视线；螺旋桨桨叶前缘结冰，使拉力降低，并且由于各桨叶质量和空气动力不平稳，还会引起螺旋桨振动等。所以，在飞机上比较容易结冰、结冰以后对飞行影响较大的部位装有防冰设备。

目前采用的防冰方法主要有加温装置、喷射防冰液的设备以及用机械方法除冰的除冰带。较为常用的是喷射防冰液防冰。这种方法是把一种冰点很低的液体（防冰液）喷在飞机上容易结冰的部位，来防止结冰或使结成的冰溶解掉。

2.3.8.1 防冰液的性能要求

根据防冰系统的工作条件和特点，对防冰液的性能有以下要求：

（1）有很低的冰点，即在低温条件下能良好地流动，以保证及时喷向使用部位。同时，应有很强的溶解水和冰结晶的能力，并形成低凝点的混合液。

（2）对不同的使用部位应有不同的要求。喷射到风挡玻璃的防冰液，要求黏度要小，易于流动，并能迅速均匀地覆盖在风挡玻璃上，以防结冰。喷向螺旋桨桨叶的防冰液，则要求黏度大一些。因为螺旋桨转动时，具有较大的离心力，如果防冰液的黏度很小，在较大的离心力作用下，螺旋桨会很快将喷射的防冰液甩光。

（3）不腐蚀金属，不侵蚀有机玻璃，在风挡玻璃上应不影响视线。

（4）性质应安定，无机械杂质。

2.3.8.2 航空防冰液的品种牌号

常用的航空防冰液有两种，即工业合成乙醇、工业合成乙醇与丙三醇的混合液。

1. 工业合成乙醇

工业合成乙醇是一种无色透明的液体，具有冰点很低（约-114℃）、溶解水和冰结晶的能力强、黏度小、不侵蚀有机玻璃、不影响视线等特点。因此，大多数飞机采用它作为座舱风挡玻璃防冰液。

通常按体积含量，乙醇含量应不低于96%，工业合成乙醇的主要缺点是腐蚀性大，特别对于锌和铝，乙醇与这些合金相互作用会形成黏稠的金属醇化物，堵塞系统；乙醇的另一个缺点是火灾危险性大，蒸发速度快。

2. 工业合成乙醇、丙三醇混合液

工业合成乙醇、丙三醇混合液由工业合成乙醇85%（m/m）与15%（m/m）丙三醇混合而成。其特点是：除低温性能较好外，冰点不高于-70℃，还具有黏度较大、黏附性强、蒸发较慢等特点。但丙三醇易氧化，析出晶体而堵塞供液孔。

2.3.9 航空特种液

飞机除了使用燃油、润滑油、润滑脂以外，还要使用一些特殊用途的石油产品或工作液体，称为特种液。

2.3.9.1 罗盘油

罗盘油是用于磁罗盘和陀螺磁罗盘感应传感器的工作液，通常又称为罗盘液。罗盘油在罗盘中作为填充液,可起到两个作用:一是使浮子产生浮力,万向支架轴承的受力和减小摩擦阻力,使地磁感应元件能够灵敏、准确地指示方向;二是通过浮子与罗盘油之间的摩擦起阻尼作用,减小地磁感应元件的摆动,保证仪表指示的稳定性。

根据罗盘油在罗盘中的作用,有以下性能要求:

(1)具有一定的密度,产生适宜的浮力。
(2)无色透明,能清楚地看到罗盘的指示刻度。
(3)无腐蚀性,防止由腐蚀造成仪表的损坏和引起零件卡滞。
(4)浊点要低,防止在寒区、冬季或高空低温时出现混浊而影响仪表的指示。
(5)黏温性好,保证在较大的温度变化范围内,油液黏度变化小,罗盘工作灵敏和稳定。

2.3.9.2 航空冷却液

航空冷却液由乙二醇、蒸馏水组成,并加有适量的抗氧剂、抗腐蚀剂等调和而成。按冰点不同,可分为 40 号和 65 号冷却液,40 号冷却液主要用于环境温度不低于-35℃的设备冷却系统中,65 号冷却液用于环境温度不低于-60℃的设备冷却系统中。

2.3.10 常用油料的识别方法

维护工作中可通过看(颜色、气泡)、闻(气味)和摸(光涩、凉热)等方法来识别常用航空油料,见表 2-3。

表 2-3 常用典型航空油液的识别

油液名称	看	闻	摸
航空汽油(RH-70)	无色透明液体	有强烈刺激汽油味	发涩
航空汽油(RH-75)	水白	有强烈刺激汽油味	发涩
航空煤油(RP-3)	无色透明液体	煤油味	有光滑感
8 号喷气机润滑油(HP-8)	浅黄色并带蓝色荧光透明液体		黏度小
20 号航空润滑油(HP-20)	深橙色液体		浓稠
4109 航空润滑油	浅黄色并带蓝色荧光液体		
特 3 号、4 号、5 号、16 号精密仪表油	透明液体		发滑、黏度小
15 号航空液压油(YH-15)	鲜红色液体		黏度小
酒精	无色透明液体	酒味浓	发凉、发涩
中性肥皂水	透明,搅动后表面易产生泡沫		
7014 号宽温航空润滑脂	乳白色至浅褐色均匀性软膏		
7254 号润滑脂	黑色均匀性软膏		
931 号高温航空润滑脂	浅黄色至淡棕色均匀性软膏		
932 号低温航空润滑脂	浅黄色至淡棕色均匀性软膏		
工业凡士林	淡褐色至褐色光滑软膏		

2.3.11 航空油料的使用与管理

按规定正确选用航空油料,对确保飞机发动机正常工作和飞行安全,有着十分重要的意义。航空油料的使用与管理必须遵守以下规定:

（1）储备的滑油、特种液体、清洗用油料、润滑油脂等附属油料，要有专门的油料房和金属储存容器（桶、壶）保管存放，并且要有明显的识别标志。

（2）擦洗航空装备，必须使用符合规定的洗涤剂和油料。

（3）航空装备使用的润滑脂（包括油封用油），其牌号必须符合规定，保持清洁。不得使用污染、变质或不同牌号混合的润滑脂。

（4）维修作业中，从飞机上放出的油料、清洗用过的油料，应分类倒入废油桶内。

2.3.12 油液防污染工作要求

飞机油液防污染工作的目的，就是为了提高飞机油液系统工作可靠性，保证飞行安全。为认真做好油液防污染工作，有效预防因油液污染诱发的故障，应重点做好以下几方面工作：

1．严把"三关"，防止系统污染

在进行系统附件的拆装、调试、清洗、分解、检修、装配及添加油料等维修工作时，必须保持工作环境的整洁，重点把好"三关"。

1）严把油料接收关

要严格按照规定程序接收油料。每次接收油料要认真检查油料品质是否符合规定，坚持做到"三不接收"：即质量证明书不符合指标不接收；油料品种不正确、油料不清洁、出现杂质、水分、冰晶、乳化混浊、变色等异常情况，或嗅测判明有异味、化验超标的油液不接收；加油装备的加油接口及其封堵物没达到清洁、完好标准的油料不接收。

2）严把维修操作关

机件、接头、导管拆开后，应及时做好封堵包扎工作，用清洁的堵帽、堵头将外露的端口封堵好，或用清洁的蜡纸、塑料薄膜进行包扎；不允许使用易脱落纤维的纸张或织物包扎，防止纤维、水分、灰尘等异物进入系统。

拆下的系统附件要摆放整齐，必要时用航空洗涤油清洗干净、晾干后无尘封装，防止机件污染、碰伤、划伤、挤压变形等。

安装前应检查封装是否完好，接头是否清洁，如发现包扎破损和堵头、堵帽脱落的情况，必须做清洁净化处理。在安装准备工作完成后，再打开封堵物进行装配工作。安装时不允许使用手套、棉布、纸张等易脱落纤维的物品擦拭管路与附件的接头、内壁。

3）严把地面试验修理关

试验修理前，应保持试验台整洁、维修人员着装整洁，清洁各堵具、试验管路接头和工具、用具，试验台的油液质量应符合要求；部附件修理时应先清洁外表，分解后元器件按顺序摆放整齐；部附件修理后要及时用专用堵头堵住各试验接口，用蜡纸或塑料薄膜包扎好试验用的导管接头。

清洗检查油滤应先检查滤芯外表应完好无异常污染物，对于纸滤芯要定期或按规定时机更换，对于金属滤芯要定期或按规定时机清洗，滤芯清洗后需按要求干燥，防止污渍残留。滤芯组装后需及时封堵接头，同时禁止把油滤壳体和滤芯放在一起清洗，防止交叉污染。

2．确保"三洁"，防止外部污染

1）保持工作环境整洁

室外作业时，尽量避开尘、烟、风、雨、雪和雾等不良环境，无法避开时采取防护措施；室内作业时，在环境污染受到有效控制的工作间内进行，地面和附近设施无尘土和油污，工作间内严禁同时进行能引起环境污染的作业，如车、铣、钻、铆和锉等。

2）保持工具整洁

各种工具、器具不能沾有油污、灰尘，防止工具、器具上的污物污染系统。清洗擦拭附件内部元器件、量油尺、断开的接头、敞开的接口、堵头、堵帽和盖板，允许使用清洁的绸布和毛刷，不允许使用纸张、棉纱、手套、毛巾、棉布、绒布和其他织物，以防止纤维和灰尘等异物污染系统。

3）保持人员整洁

各类人员应当着装整洁，佩戴工作帽，不戴脏污手套，及时清洁双手，以防止身上、手上污物和毛发污染系统。尽量避免用手直接接触油液附件内表面（如内部元器件、量油尺、断开的接头、敞开的接口、堵头、堵帽、盖板的内表面等），无法避免时，应当事先清洁双手。

3. 做好监控，消除故障隐患

要严格按液压系统污染度控制、滑油光谱监控指标及相关程序和方法，对油液进行采样、检查、分析、监控。日常维护中要严格按规定的检查周期和方法，加强对油液（气）变化情况和飞机相关系统工作状况的检查监控，发现异常情况要查明原因，采取措施。

2.4 航空导线和电缆

飞机上电能的输送和信号的传递都是依靠导线和电缆完成的。习惯上把飞机上使用的各种电线统称为航空导线。在飞机上，常见的航空导线有以下四种类型。

2.4.1 裸线

裸线是指只有导体部分而没有绝缘层和保护层结构的电线。常用的裸线有软线和型线两种：软线是由多股铜线或镀锡铜线绞合编织而成，其特点是柔软、耐振动、耐弯曲；而型线是非圆形截面的裸电线。

2.4.2 电磁线

电磁线是应用于电机、电器及电工仪表中作为绕组或元件的绝缘导线，有漆包线和绕包线两类：漆包线的绝缘层是漆膜；绕包线是用玻璃丝、绝缘纸或合成树脂薄膜紧密绕包在导线芯上，形成绝缘层的。飞机上常见的电磁线是漆包线，如 QQ 型高强度聚乙烯醇缩醛漆包线、QZ 型高强度聚酯漆包铜线等，主要用于中小型电机及微型电机、干式变压器及其他产品。

2.4.3 绝缘电线

飞机上的绝缘电线通常分为低压绝缘电线和高压绝缘电线两类。

2.4.3.1 低压绝缘电线

低压绝缘电线用于机舱内的电气布电，常见的有航空用聚氯乙烯绝缘尼龙护套电线、航空用聚酰亚胺绝缘电线、航空用含氟聚合物绝缘电线三类。每一类低压绝缘导线，由于线芯、绝缘层和护套材料的不同，又分为多个品种。

普通的聚氯乙烯绝缘尼龙护套电线和聚酰亚胺绝缘电线一般由线芯、绝缘层和护套三部分组成；而含氟聚合物绝缘电线由于绝缘层具有良好的理化性能，有些电线没有绝缘护套，只由线芯和绝缘层两部分组成。在对机载设备会产生干扰的电路上和防止受到外界电磁环境干扰的电路上，可采用屏蔽电线或有屏蔽护套的屏蔽电线。

飞机上常用的环境温度为 105℃的导线线芯主要由镀锡的多股铜丝组成，环境温度为 200℃的导线线芯主要由镀银的多股铜丝组成，环境温度为 260℃的导线线芯主要由镀镍的多股铜丝组成，屏蔽层主要由镀银、镀锡的铜丝编织成网状结构，绝缘层主要由聚氯乙烯、聚酰亚胺、含氟聚合物等绝缘材料构成。

2.4.3.2 高压绝缘电线

飞机上的高压绝缘电线多用于发动机的起动和加力点火电路，具有较厚的耐高温绝缘层，外部还包有耐高温的护套，能耐压高达 10 000V 以上。

2.4.4 航空电缆

2.4.4.1 航空电缆的分类

飞机上常见航空电缆的分类如图 2-8 所示。

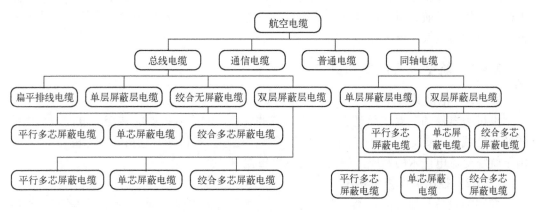

图 2-8 常见航空电缆的分类

2.4.4.2 常见电缆的识别

1. 航空用含氟聚合物绝缘电缆

该种电缆的绝缘线芯采用着色绝缘分色，一般线芯的基本颜色为白（或本色）、蓝、橙、绿、红、黑、黄、紫、灰、棕，接地（中性）线芯或类似保护目的用线芯，识别标志为绿/黄组合颜色。

2. 聚氯乙烯绝缘尼龙护套绝缘电缆和聚酰亚胺薄膜绝缘电缆

聚氯乙烯绝缘尼龙护套绝缘电缆的线芯采用着色绝缘涂料分色，线芯的基本颜色为红、蓝、黄、绿、黑、紫、橙、棕、粉红、灰。例如：2 芯电缆绝缘线芯的色序为红、蓝；3 芯电缆绝缘线芯的色序为红、蓝、黄。

聚酰亚胺薄膜绝缘电缆的线芯也采用着色绝缘涂料分色，线芯的基本颜色为本色、红、蓝、橙、棕、绿。例如，2 芯电缆绝缘线芯的色序为红、蓝；3 芯电缆绝缘线芯的色序为红、蓝、橙。

以上两种电缆接地（中性）线芯或类似保护目的用线芯，识别标志均为绿/黄组合颜色。

3．同轴电缆

同轴电缆在飞机上主要用于通信系统的高频信号传输，一对导体是按照一层圆筒式的外导体（屏蔽防波层）套在内导体（一根线芯）外面，两个导体间用绝缘材料互相隔离，外层导体和中心轴线芯的圆心在同一个轴心上，所以叫作同轴电缆。外导体可以作为回线使用，还可以起到屏蔽作用，防止外部电磁波干扰信号传递。

同轴电缆有软、硬两种。硬同轴电缆的外导体为无缝铜管或铝管，可镀锡，与空气绝缘，介质损耗较小，多用于分米波高频段和厘米波波段；软同轴电缆外导体为单层编织屏蔽防波层或双层编织屏蔽防波层，便于弯曲，但介质损耗较大，用于米波和分米波波段。

2.5 航空电气和电子器件

航空电气设备主要指飞机电源系统、操纵和控制系统等设备，航空电子设备主要指飞机的通信、导航、雷达、制导系统等设备。电气、电子设备种类多种多样，工作原理各异，但均由电气、电子元器件组成。

2.5.1 航空电气设备和器件

2.5.1.1 电机类器件

电机类器件的主要作用是进行能量方式的转换，如能从机械能转变为电能或从电能转换为机械能，或交、直流电之间的相互转换。这些设备包括发电机、电动机和变流机。由于航空交流电技术的发展，静变流设备也日益普及。

2.5.1.2 控制类设备和器件

控制类设备和器件的种类、型号比较多，主要分为电磁控制、手动控制和机械控制三种类型。

1．电磁控制类器件

电磁控制类器件在飞机上应用很广泛，它是自动控制不可缺少的基本元件，电磁控制设备可分为电磁接触器和电磁继电器两大类，它们都是利用电磁铁来操纵活动接头，以控制电路的通断和转换，二者原理相同，具体结构有差异。

1）电磁接触器

电磁接触器通常称为接触器，用来控制电流放大电路的通断或转换。根据所控制电流种类的不同，接触器可以分为直流接触器和交流接触器两种；根据接触器结构的不同，可以分为单绕组和双绕组接触器。目前飞机上应用的接触器几乎都是双绕组接触器。

直流接触器分为 MZJ、HZJ 两型。常用的 MZJ 型主要有 MZJ-50A、MZJ-100A、MZJ-200A、MZJ-400A、MZJ-600A；常用的 HZJ 型主要有 HZJ-50A、HZJ-400A、HZJ-600A，如图 2-9（a）所示。

(a) 常见电磁接触器　　　　(b) 开关电磁继电器

图 2-9　常见电磁接触器和开关电磁继电器

2）电磁继电器

电磁继电器习惯上简称为继电器。它是用在电流较小电路中的电磁控制装置，是飞机上使用最广泛的电磁控制类器件。根据其工作特点和用途不同，继电器可分为反映电压输入信号的电压继电器，反映电流输入信号的电流继电器，起信号放大作用的开关继电器，用来反应电源极性或者用于交流电路中有整流器的极性继电器，输出信号落后于输入信号一定时间的延时继电器等五种。飞机上大量使用的是开关继电器。

开关继电器是中性继电器，无论电压极性如何，只要达到吸合电压便动作。开关继电器的种类较多，有 JKA、JKB、JKC、JKM 和 JK 等系列，如图 2-9（b）所示。

2. 手动控制设备

手动控制设备包括开关和按钮。开关一般用于电流在 35A 以下的电路中，各型开关的基本结构相同，由手柄、弹簧、活动触头、固定触头和接线钉等组成，它一般用于电源和控制信号的电路中。按钮用于短时接通的电路中。按下按钮后，活动触头将几个固定触头同时接通；松开按钮，活动触头在恢复弹簧作用下与固定触头断开。

3. 机械控制设备

机械控制设备是由机械设备操纵的一种电路控制设备，它用在要求机械设备操纵触头通断的电路中。常用的机械控制设备有 WK 型、DK 型、WWK 型、AK 型和 BK 型微动开关及 QLK 型起落架终点开关等。

2.5.2　航空电子器件

航空电子设备组成的器件常见种类主要有真空管器件、半导体器件、电阻元件、电感器、电容器和航空指示器件等。

2.5.2.1　真空管器件

真空管器件包括电子管、磁控管和行波管三大类。电子管在早期的各种机载设备中都有应用；磁控管是雷达的功率发射管；行波管主要用于雷达和电子对抗设备中。由于半导体技术的发展，真空管器件在现代机载设备中的应用越来越少。

2.5.2.2　半导体器件

用半导体做成的器件种类十分繁多，其中最主要的是半导体电子器件、半导体光电器件和集成电路三大类。

1. 半导体电子器件

半导体电子器件主要有晶体二极管和晶体三极管，晶体管主要用于信号放大、电子开关等。二极管主要用于整流、信号解调、稳压等。晶体管可分为双极型晶体管和场效应晶体管两大类。双极型晶体管即晶体三极管，可分为 NPN 型和 PNP 型两类；场效应晶体管可分为结构型场效应管、MOS 场效应管和 MES 场效应管三种。其中 MOS 场效应管使用最广泛，尤其在大规模集成电路的发展中，MOS 大规模集成电路具有特殊的优越性，MES 场效应管一般用在微波晶体管上。

2. 半导体光电器件

半导体光电器件，大致可分为 4 类：光电探测器、发光二极管、半导体激光器和光电池。

3. 集成电路

把晶体二极管、三极管以及电阻都制作在同一块硅芯片上，称为集成电路。

集成电路由于电路复杂程度不同，可根据集成规模分为小规模集成电路、中规模集成电路、大规模集成电路和超大规模集成电路。集成电路是当前发展航空电子技术所必需的基础电子器件。根据用途不同，集成电路还有模拟和数字集成电路之分。

2.5.2.3 电阻元件

电阻元件在电路中具有调节电流、电压和信号大小的作用，其实质是以发热的形式消耗电能，分为电阻器和电位器两大类。

电阻器即"电阻"，可分为薄膜电阻器、实芯电阻器和线绕电阻器三大类，在机载设备中广泛使用的是薄膜电阻器和实芯电阻器。

电位器是一种可变电阻器，其主要用途是用于信号大小或电路参数的调整。分类方法与电阻器相同，可分为薄膜电位器、实芯电位器和线绕电位器三大类。

2.5.2.4 电感器

用导线绕成一匝或多匝以产生一定自感量的电子组件，称为电感线圈或简称线圈。电感器在电子线路中应用广泛，为实现振荡、调谐、耦合、滤波、延迟、偏转的主要组件之一。电感器主要有固定电感器（又称色标电感，是最常用的一种电感器）、可变电感器和罐形磁性电感器三种。

2.5.2.5 电容器

电容器是各类电子设备大量使用的基本组件之一。各种电容器在电路中能起不同的作用，如耦合和隔直流、旁路、整流滤波、高频滤波等。电容器应根据电路中电压、频率、信号波形、交直流成分和温湿度条件加以选用。

2.5.2.6 航空指示器件

航空指示器件是为飞行员提供有关飞行器及其分系统信息的设备。飞行器仪表和指示器件与各种控制器一起形成"人—机"接口，使飞行员能按飞行计划操纵飞机。仪表和指示器件提供的信息既是飞行员操纵飞机的依据，同时又反映出飞机被操纵的结果。航空指示器件分为指针式、机械电动式和电子指示器。这里主要介绍电子显示器，包括阴极射线显示器、液晶显示器、数码管式显示器等。

1. 阴极射线显示器（简称 CRT）

阴极射线显示器也叫阴极射线管，它是一种电真空器件。主要由电子枪、偏转系统和荧光屏三部分组成，其结构和工作原理与电视显像管基本相同。按电子束偏转方式的不同，CRT 可分为两类：一类是通过电场控制电子束偏转的，称为静电式 CRT；另一类是利用磁场控制电子束偏转的，称为电磁式 CRT。航空机载设备上常采用电磁式 CRT。

CRT可分为单色CRT和彩色CRT。单色CRT在荧光屏上涂敷单一颜色的荧光粉，只能发单一的白光、蓝光或绿光等。彩色CRT在荧光屏上涂敷能发红、绿、蓝三种基本颜色的荧光粉，利用色度学的相加混色原理和人眼视觉、色觉生理特点产生出各种各样的颜色。彩色CRT主要用于平视显示器和多功能显示器上。

2．液晶显示器（简称LCD）

液晶就是液态晶体，它是介于固体和液体之间的一种状态，故称液晶。液晶本身并不发光，而是产生光散射、光学密度的调制或色彩的变化。液晶显示器在显示中有液晶热光显示和数字显示两种。液晶显示器的特点是工作电压低，功耗很小，大小和形状有伸缩性，不受外界光的干扰。缺点是视角小、速度慢、门限低、性能与温度有关。

3．数码管式显示器

数码管主要有冷阴极辉光数码管和荧光数码管两种。飞机上基本不使用冷阴极辉光数码管。荧光数码管是一个半导体器件，由具有多个极板和一个公共阴极及栅极的"三极管"组成。阴极发射的电子在正栅压的作用下加速奔向加有正压的阳极，阳极表面涂有荧光物质，这些物质在电子的激发下发出荧光。计数器控制不同的阳极板工作，即可组成不同的数字。

2.6 航空轴承

轴承是飞机系统的重要组成部分，主要用于支承轴及轴上零件，并保持轴的旋转精度，同时也减少转轴与支承间的摩擦和磨损。在飞机、发动机系统和电机类设备中，轴承数量较多，其工作好坏直接影响系统的工作性能。

2.6.1 航空轴承的种类与构造

2.6.1.1 航空轴承的种类

飞机上常见的轴承，根据结构形式不同可分为滚珠轴承和滚棒轴承两种。

1．滚珠轴承

滚珠轴承的滚动体为圆形滚珠，能承受径向和轴向负荷。

根据轴承内外环是否能相对偏转，滚珠轴承可分为可调位轴承和非调位轴承，前者外环滚道表面是以轴承中点为中心的球面，内外环允许有较大的相对偏转（2°~3°），具有自动调位的特性；后者轴承的内、外环不能相对偏转。

根据密封与否，滚珠轴承又可分为密封轴承和非密封（开式）轴承，前者的滚珠外面有密封盖，可防止外部尘土进入轴承内部和轴承内部的润滑脂渗出；后者的滚珠外面没有密封盖。

2．滚棒轴承

滚棒轴承的滚动体为圆柱形，能承受较大的径向负荷，不能承受轴向负荷，滚棒与内、外环滚道为线接触。轴承的内、外环不能相对偏转。

2.6.1.2 航空轴承的典型构造

航空轴承通常由内圈、外圈、滚动体（如滚珠、滚柱等）和保持架组成，如图2-10所示。

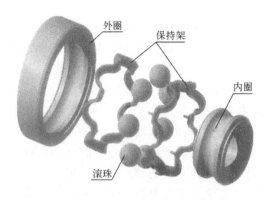

图 2-10　滚珠轴承的构造

内圈、外圈分别与轴颈及轴承座孔装配在一起，多数情况是内圈随轴回转、外圈不动，但也有外圈回转、内圈不转或内、外圈分别按不同转速回转等使用情况。在滚动轴承的内、外圈上都有凹槽滚道，它起着降低接触应力和限制滚动体轴向移动的作用。

滚动体是滚动轴承中的核心元件，它使相对运动表面间的滑动摩擦变为滚动摩擦。常见滚动体类型有球形、鼓形、圆锥形、针形和圆柱形等，如图 2-11 所示。

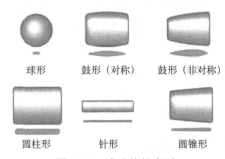

图 2-11　滚动体的类型

保持架把滚动体均匀地隔开，并减少滚动体间的摩擦和磨损。

2.6.1.3　轴承的润滑与密封

1．轴承的润滑

由于轴承承受大负载、高转速和高温（温度可达 200～260℃），因此必须要有良好的润滑。润滑的目的主要是减小摩擦和磨损，降低功率损耗。同时，润滑剂还可以起冷却、防尘、防锈和吸振等作用，因此必须合理选用润滑剂、润滑方法，并用密封的方法防止灰尘、水分、杂质等侵入轴承，同时阻止润滑剂流失。

轴承润滑使用的润滑剂有润滑油、润滑脂、固体润滑剂（如石墨、二硫化钼）等。润滑的方法主要有滴油润滑、油环润滑、压力润滑等。

2．轴承的密封

密封的作用是防止灰尘、水分、杂质等侵入轴承，并阻止润滑剂流失。密封装置的种类很多，常用形式为毡圈式，主要用于润滑脂润滑；皮碗式，可用于润滑脂或润滑油润滑，密封性能较好；迷宫式，主要用于润滑油润滑，间隙曲折层次多，密封性能好。

2.6.1.4　自润滑轴承

自润滑轴承分为复合材料自润滑轴承、固体镶嵌自润滑轴承、双金属材料自润滑轴承以及特殊材料自润滑轴承。自润滑轴承承载能力高、耐冲击、耐高温，特别适用于重载、低速，往复或摆动等难以润滑和形成油膜的场合。自润滑轴承的特点有：①适用于无法加油或很难加油的部位，可在使用时不保养或少保养；②耐磨性能好，摩擦系数小，使用寿命长；③有适量的弹塑性，能将应力分布在较宽的接触面上，提高轴承的承载能力；④静动摩擦系数相近，保证机械的工作精度；⑤能使机械减少震动、降低噪声、防止污染；⑥在运转过程中能形成转移膜，起到保护对磨轴的作用；⑦对于磨轴的硬度要求低，降低了加工难度；⑧薄壁结构、质量轻，可减小机械体积；⑨可电镀多种金属，可在腐蚀介质中使用。

2.6.2 轴承的常见损伤及原因

1. 轴承的常见损伤形式

在足够的光线下对轴承进行目视检查，可使用放大镜或显微镜，以检查缺陷。航空轴承常见的损伤形式有以下几种，如图2-12所示。

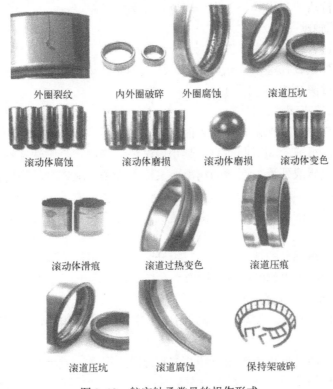

图2-12 航空轴承常见的损伤形式

（1）滚动体：腐蚀、过热变色、起鳞片、剥离、裂纹、破碎。
（2）滚道：腐蚀、过热变色、压痕、打痕。
（3）保持架：磨损、裂纹、变形。
（4）内、外圈：剥离、裂纹、蠕变、腐蚀。

2．轴承损伤的主要原因

（1）维护的问题：包括不正确的配合、运输过程中的损伤、错误的操作方法、拆装过程中的损伤（刻痕、划痕、使用工具后留下的印记）、错误的装配程序（过力矩或安装不平整）等。

（2）轴承部件的污染：与杂质、腐蚀性物质、脏的工作场所、不正确的包装或不当的储存环境等有关。

（3）轴承润滑问题：包括润滑油脂流失、被污染，高温，冷却不足等。

（4）轴承材料的缺陷：材料杂质过多、材料硬度等问题。

（5）轴承工作状态：如高载、高震动区域。

2.6.3 防止轴承损伤的措施

轴承的损伤主要是锈蚀和磨损。为防止轴承的锈蚀和磨损，应对轴承进行定期清洗检查和润滑，并保持活动接头合适的紧度。

1．保持轴承及其周围环境的清洁

即使肉眼看不见的微小灰尘进入轴承，也会增加轴承的磨损、震动和噪声。轴承及其周边附件应保持清洁，工具及工作环境也必须保持干净。

2．正确装配轴承

（1）使用合适、正确的安装工具。

（2）安装时要认真仔细，不允许强力冲压，不允许用铁锤、铝棒、铜棒等直接敲击轴承，不允许通过滚动体传递压力。

3．保持轴承接头润滑良好

（1）维护工作中，发现密封轴承表面有脏物，先用干净的擦布将脏物擦去，再在密封盖外表涂上一层很薄的润滑脂即可。禁止用洗涤油清洗，否则洗涤油进入密封轴承内部会引起润滑脂变质或外渗，而新的润滑脂又涂不进去，造成轴承因锈蚀或缺油而加速磨损。

（2）非密封轴承的接头，应用洗涤油清洗，再擦净晾干；经检查后，给轴承内涂满润滑脂。

（3）发动机操纵部分的球形接头，应拆开清洗，并用放大镜检查球形接头是否有裂纹和磨损。应特别注意颈部的检查，检查后在转动部分涂上润滑脂。

4．保持各活动接头的紧度适当

活动接头工作正常时，滚珠应在轴承的内、外环滚道上滚动，连接螺杆与轴承内环不应有相对运动。

（1）操纵系统活动接头的轴承内环通常高出轴承平面，或者在叉形接耳上有一个凸圈。拧紧连接螺栓的螺帽，不会将轴承外环压住，也不会妨碍接头的转动，而只会使螺栓、叉形接耳和轴承内环三者互相压紧，从而保持轴承内环不能在螺杆上转动。因此，对这样的活动接头，螺帽应当拧紧，紧度与固定机件的同尺寸螺帽的紧度相同。如果螺帽拧得过松，螺杆就会在轴承内环中转动，不仅会增大接头的摩擦力，而且会加速轴承的磨损，使轴承内环与螺杆之间的径向间隙增大。

（2）活动接头的轴承内环与轴承平面齐平，叉形接耳又没有凸圈时，连接螺栓不能拧得过紧，否则会使叉形接耳的平面与轴承的外环压紧，增大活动接头的摩擦力，妨碍接头的转动。

（3）对球形接头紧度的要求是接头没有轴向间隙，但又可以灵活转动。安装球形接头螺塞的方法是先将螺塞拧紧，再将螺塞反拧 60°即可。

（4）机轮轴承的紧度要符合各型飞机的技术要求，拧紧固定螺帽后应反拧一定角度，以保持轴承滚棒与滚道之间有一定的间隙，防止飞机在着陆滑跑过程中因轴承温度过高而损坏。因为在着陆滑跑中，轮毂的温度比轮轴的温度高，镁铝合金制品的轮毂膨胀系数比钢制的轮轴大，轮毂膨胀较多，轮轴膨胀较少。若轮毂和轴承之间未留出适当间隙，势必使滚棒与滚道之间压得很紧，滚棒与滚道之间的摩擦增大，热量急剧增大，极容易使轴承磨损，严重时会导致轴承、轮轴等熔焊在一起。对于装有轴承支撑衬套的机轮，安装时拧紧到没有轴向间隙即可，不必反拧固定螺帽。

2.7 飞机静电的产生与预防

2.7.1 飞机静电的产生

飞机上静电的产生主要有两种：摩擦起电和感应起电。

1. 摩擦产生静电

飞机上静电的产生主要是摩擦起电。两种不同性质的物质互相摩擦就会产生静电。这是因为在摩擦过程中，一种物质会失去电子而带正电荷，另一物质得到电子而带负电荷。飞机在飞行中与空气相摩擦，并不断遭到尘埃及其他悬浮微粒的撞击。这些微粒与飞机蒙皮相摩擦失去电子带正电荷，在飞机上就留下了等量的负电荷，如图 2-13 所示。

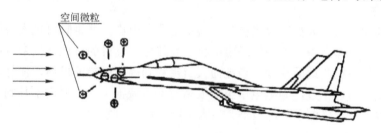

图 2-13　飞机摩擦起电示意图

飞机静电不仅产生在飞机的金属蒙皮上，同样也产生在座舱有机玻璃、雷达罩等非金属材料上。

2. 感应产生静电

当飞机在带电云层附近飞行时，飞机也会由于静电感应而带电，如图 2-14 所示。

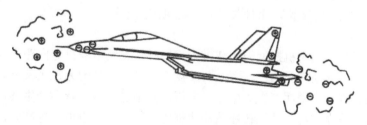

图 2-14　飞机感应起电示意图

飞机上带电量的多少与飞机的大小、飞行环境和飞行速度有关。飞机在阴天、下雨、下雪或云层中飞行，遇到空间微粒比较多，飞机所带的电量就大。在相同的环境条件下，飞机飞行的速度大，飞机的面积大，单位时间内飞机所遇到的微粒就多，飞机的带电量也大。此外，在飞机的燃料系统中，燃油的流动也会产生静电电荷，飞机在加油时尤其严重。因为，燃油流进油箱时，电荷便附积在油箱壁上。

静电的产生在各种类型的飞机上都会发生。但是，当飞机上的电位达到一定数值时，飞机上的一些比较尖锐突出的部位，就会发生电晕放电，把飞机上的电荷泄放掉。在电晕放电泄散电荷的同时，飞机又不断地产生电荷，直到飞机产生的电荷与泄放的电荷相等时，飞机上的带电量、电位处于某一相对稳定值。

通过飞行试验，飞机的静电电流一般为几十微安，最高可达上千微安。飞机相对于周围环境的电位可高达几十万伏。

2.7.2 静电对飞机的危害

在飞机的使用与维护过程中，静电可能产生以下危害：

1. 静电起火

飞机带静电飞行，就其本身来说是处在等电位状态的。但是当它和其他电位不等的物体接触时，将产生较大的电位差而引起火花放电现象。譬如，在进行空中加油时，由于两架飞机的电位不等，相互接触时，就可能发生火花放电而引起燃烧。又如，直升机进行海上救生或悬停装卸货物时，由于直升机带电可能使人员遭受电击或使易爆物体燃烧、爆炸。

2. 电击伤人

飞机着陆后，机务人员接收飞机时，偶尔会遇上电击，严重时可把人击倒。这是因为飞机飞行时，机体上积聚很高的静电电势，着陆后，飞机的接地线尚未接地把静电导走，橡胶轮胎使飞机与地面绝缘。当地面人员接触到高压电势的机体，使静电经人体导入地下而遭受电击。不过，静电电压虽然很高，但电流很小，一般为十几到几十微安，并且一经放电，电压立即下降，故不会对人员产生致命的危险。

3. 干扰无线电

早在1939年前后，就有人发现飞机飞行时，静电起电和放电过程对飞机上的无线电设备产生严重的射频干扰，特别是对中、长波导航系统的干扰尤为严重。飞机在飞行过程中，静电不断产生、积累，使飞机电压上升。当电压达到足够高时，在机体突出部位的周围空间形成的电场强度超过了空气的击穿场强，便会发生电晕放电。这种电晕放电，犹如一台无线电发射机，不断向空间发射频带宽度达 10～20MHz 的无线电波，不但对机上无线电通信产生杂音干扰，而且对导航系统也产生干扰。

4. 罗盘不定向

复杂气象飞行，当飞机接近云层或进入云层时，无线电罗盘定向距离大大缩短，指示器的指针大幅度摆动或晃动性转圈，即罗盘不定向。这是因为在飞机外表的高阻介质面上，受摩擦和撞击作用而产生静电，当电压达到足够高时，就会产生横跨介质表面的闪光放电。这种闪光放电，开始在座舱盖边框周围发生，静电电位更高时，向座舱盖中部发展，形成淡蓝色的闪光。在这种火花放电的作用下，将罗盘置于"接收机"工作状态，耳机内无导航台信号，只有一片噪声，而在"人工定向"位置，导航台信号仍可清晰地听到。这说明，飞机入云后，无线电罗盘不能自动定向是由于垂直天线接收的导航台信号被干扰噪声所淹没的缘故。

5．遭遇雷击

雷电是带不同电荷的云层之间或带电云层与地面不同电荷的建筑物、树木之间的放电现象。当飞机进入雷雨云中，在很强的外电场作用下，使飞机感应起电。带电的飞机又能在很大程度上影响周围大气中的电场强度，可能造成放电现象。在雷雨区飞行的飞机，飞行速度越大，飞机带电量也越大，越有可能被闪电击伤。闪电击中飞机后，通过飞机内部的闪电，在爆炸点或搭铁不良的部位跳火，可能引起火灾，甚至击毁飞机。放电通过飞机的金属结构部分，可使飞机的机械坚固性减弱，甚至破坏有铆接的地方，烧伤、损坏飞机比较突出的机件。另外，闪电还能击伤飞行人员和损坏仪表、电气装置等。

6．油箱起火

由于飞机在飞行和着陆滑跑过程中，油箱内的剩余燃料不断晃动，燃料与油箱壁及其他机件剧烈摩擦，以及燃料本身分子之间的剧烈摩擦，都能产生大量的静电荷。油箱中的静电荷电势一般能达数千伏甚至数万伏的高压。由于烃类燃料（航空煤油、汽油属于烃类）是电的绝缘介质，导电系数很小，静电在油箱中消失慢、积聚快。燃料中积聚的静电荷能否引起静电起火，必须同时具备三个条件：一是静电跳火的最低能量要达到 0.25 MJ，才能点着可燃混合气；二是燃料蒸气的着火浓度在 0.3%～7.8%（体积）；三是燃料蒸气的着火温度在 24～75℃（随使用燃料牌号而不同）。因此，在夏季气温较高、温差较大的情况下，个别飞机上由于油箱中的某个金属导体接触电阻很高，着陆后不久油面静电积聚，就可能发生油箱起火烧毁飞机的事故。

2.7.3 飞机静电的防护措施

防止静电起火的措施主要是从减少静电荷的产生、将其产生的静电荷迅速带走以及避免形成可燃混合气三个方面着手，归纳起来主要有以下几点：

1．设置放电器

飞机在穿云飞行时，有可能使全机带静电。第二次世界大战后期，有人使用沾上导电液的棉线做放电器，装在机翼或飞机的其他突出部位，使飞机在较低的电压下，通过棉花纤维向大气放电，降低了干扰程度。以后又出现钢针式和横针式放电器。根据试验，钢针式放电器比较好，所以，目前广泛使用的是钢针式放电器。飞机机翼、水平尾翼、垂直尾翼的翼尖及其后缘，最容易大面积积聚静电荷，在这些部位设置静电放电器可以有效地降低飞机机体表面的电晕门限电压。例如，安装在飞机的机翼翼尖、平尾翼尖和垂尾顶部的放电刷（如图 2-15 所示），基本功能在于以低噪声方式平稳地释放机体上的静电荷。

2．安装搭铁线

在飞机各连接部位之间，如每根操纵拉杆的两端，都安装有金属搭铁线（如图 2-16 所示）。金属搭铁线一般用很细的金属丝编织而成，质地柔软，既不妨碍操纵，又可将各连接件构成整个导体，消除连

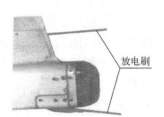

图 2-15 飞机上的放电刷

接处的接触电阻，减少连接点之间的电位差，从而消除静电放电的干扰。在维护工作中，应加强搭铁线的检查，若松动应及时拧紧，若搭铁线折断、磨损、接头氧化，则应及时更换。

在安装和更换搭铁线时应注意三点：一是安装搭铁线时，要除净接触处的绝缘物，如油漆等；二是安装位置应符合要求，严格按照机件、梅花垫圈、搭铁线、弹簧垫圈、螺钉的顺序进行安装，防止出现顺序不对或漏装的问题，尤其是梅花垫圈，一定要安装在机件和搭铁线之间，保证机件和搭铁线可靠接触，如图 2-17 所示；三是搭铁线的长度应以不妨碍机件的活动为准，过短将限制机件的活动范围，过长又可能妨碍其他机件的工作。

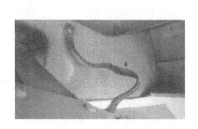 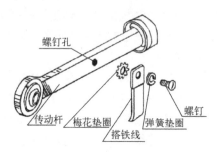

图 2-16　飞机上的搭铁线　　　　　图 2-17　搭铁线的安装位置

3．安装接地线

飞机都安装有接地线（如图 2-18 所示），飞机停放时，应及时将接地线可靠接地，以便飞机上的静电荷迅速导入地下。

 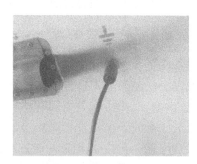

图 2-18　飞机接地线

4．抗静电油漆

对飞机外表的高阻介质表面，特别是靠近天线系统的高阻介质表面，如天线罩，涂以表面电阻为 $10^7 \sim 10^9 \Omega$ 的抗静电油漆，可以大大减弱闪光放电。但抗静电油漆不能用于需要透明度好的座舱盖上。这些特殊部位的抗静电问题，还有待进一步研究解决。

5．铺设导电纤维

飞机上的地毯中夹杂有直径为 0.05～0.07mm 的不锈钢丝导电纤维，消除静电的效果很好。如果人员穿的鞋子与导电纤维直接接触，人体上电荷靠纤维传导立即降低电压。如果不直接接触，导电纤维可通过电晕放电效应来消除人体上的静电。

6．抗静电添加剂

抗静电添加剂能增大燃料的导电率，使静电荷消失较快，不至于积聚到火花放电的程度。为了提高燃料的导电率，加入燃料中的添加剂是一些电离物质，它一方面和油箱摩擦而增加电荷，但另一方面由于其导电率提高而使电荷消失加快。因消失的电荷远远大于增加的，从而得到的净效应仍可减少燃料所带的电荷量。抗静电添加剂的加入量一般为1t燃料含1～3g。

7．其他措施

（1）为了减少飞机静电放电对机上无线电设备的干扰，天线应尽可能安装在远离发生电晕放电的地方。

（2）加、放油时，应使飞机、油车和加油管路进行可靠的电气搭铁和接地，使加油和受油设备连成一体，与大地形成等电位。

（3）高温季节飞行，发动机停车后，可视情立即打开发动机舱盖和机身油箱加油口盖，降低油箱内的燃料蒸气浓度和温度。

（4）发动机起动或者试车后，没有冷却时严禁用汽油、煤油擦洗。用汽油、煤油擦洗过的发动机，必须在汽油、煤油挥发完后，才能试验点火或者起动发动机。

（5）用汽油、煤油擦洗飞机，应当露天进行，保证通风良好，飞机接地线必须可靠接地，并多备抹布轮流使用，经剧烈摩擦过的抹布放入汽油中清洗前，应当对地放电。

（6）用绸布或者毛刷擦洗机件时，动作要柔和、缓慢，防止剧烈摩擦。禁止使用化学纤维制作的抹布、刷子。

（7）用汽油、煤油清洗机件时，应当通风良好，容器接地可靠，机件放在油中慢慢清洗。在机库、厂房、工作间及其他房间内不准用汽油、煤油清洗抹布。

（8）飞机维修作业中，禁止使用容易产生和积聚静电的塑料容器盛装汽油、煤油。

2.8 飞机地面防火与灭火

2.8.1 灭火器的使用

2.8.1.1 火的种类

按照国际防火协会分类，火基本有4种类型。

A类火：由普通燃烧物，如木材、布、纸、装饰材料等燃烧引起的火。

B类火：由易燃石油产品或其他易燃液体，如汽油、煤油、乙醇、石蜡、润滑油、溶剂、油漆等燃烧引起的火。

C类火：通电的电气设备燃烧引起的火。

D类火：由易燃金属，如钾、钠、镁、钛、锂、铝镁合金等燃烧引起的火。

2.8.1.2 灭火剂的种类和选择

灭火剂是指能够有效终止燃烧的物质。常用的灭火剂有水系、泡沫、二氧化碳、干粉、卤代烷等。表2-4列举了几类典型灭火剂的性能。

表 2-4 灭火剂种类

类　别	性　能	备　注
水系	冷却终止燃烧，受热汽化，体积增大，阻止空气进入燃烧区，使燃烧因缺氧而窒息熄灭	油类、金属、电器和高温设备不能使用
泡沫	在液体表面生成凝聚的泡沫漂浮层，起窒息和冷却作用，主要有化学泡沫和空气泡沫	用于可燃、易燃液体
二氧化碳	液态二氧化碳汽化产生燃烧物表面窒息，同时吸收热量产生冷却	用于电气设备及油类的初期火灾
干粉	干燥易于流动的微细固体粉末，具有灭火作用的基料，如碳酸氢钠、磷酸盐等	用于石油、有机溶剂、可燃气体和电气设备的初期火灾
卤代烷	对燃烧反应进行化学抑制，同时也有一定的冷却和窒息作用	用于各种易燃液体火灾和电气设备火灾

为了能迅速扑灭火灾，必须按照现代防火技术、着火物质的性质、灭火剂的特性及取用是否便利等原则来选择灭火剂。表 2-5 是灭火剂的选择方法。

表 2-5 灭火剂的选择

火的种类	灭火剂的选择	备　注
A 类	水类灭火剂	
B 类	二氧化碳、卤代烷或化学干粉灭火剂	不能用水来扑灭 B 类火，水易使火焰扩散
C 类	二氧化碳灭火剂	水或泡沫灭火剂不适用于 C 类火
D 类	化学干粉或细沙灭火剂	不能用水来扑灭 D 类火，水可助长燃烧，引起爆炸

2.8.1.3 灭火设备的使用

灭火设备的种类很多，如图 2-19 所示。按其移动方式可分为手提式和推车式；按驱动灭火剂的动力来源可分为储气瓶式、储压式、化学反应式；按所充装的灭火剂可分为泡沫、干粉、卤代烷（"1211"灭火器和"1301"灭火器）、二氧化碳、酸碱、清水等。

(a) 干粉灭火器　　(b) 二氧化碳灭火器　　(c) "1211"灭火器　　(d) 水基型灭火器

图 2-19 常见灭火设备

1. 灭火设备的使用方法

灭火设备的开启方法有压把法、颠倒法和旋转法。手提式和推车式的操作流程有所区别，典型灭火设备的使用方法见表 2-6。

表 2-6　灭火器使用方法

名　　称	手提式灭火器使用方法	推车式灭火器使用方法
泡沫灭火器	平稳将灭火器提到火场，用手指压紧喷嘴；然后颠倒器身，上下摇晃；松开喷嘴，将泡沫喷射到燃烧物表面	将灭火器推到火场，按逆时针方向转动手轮，开启瓶阀，卧倒器身，上下摇晃几次；抓住喷射管，打开阀门，将泡沫喷射到燃烧物表面
二氧化碳灭火器	拔掉保险销或铅封，握紧喷筒的提把，对准起火点；压紧压把或转动手轮，二氧化碳自行喷出，进行灭火	卸下安全帽，取下喷筒和胶管；逆时针方向转动手轮，二氧化碳自行喷出，进行灭火
干粉灭火器	撕掉铅封，拔去保险销，对准火源；一手握住胶管，一手按下压把，干粉自行喷出，进行灭火	先取出喷管，放开胶管，开启钢瓶上的阀门；双手紧握喷管，对准火源；用手压开开关，灭火剂自行喷出，进行灭火

2．灭火注意的问题

不同类型灭火器所充装的灭火剂不同，在灭火时，不同的灭火剂可能会发生反应，导致不利于灭火的反作用。因此，选用两种或两种以上类型的灭火器时，应采用灭火剂相容的灭火器，以便充分发挥各自的作用。

（1）灭火前应尽快关闭电源。

（2）有些灭火剂遇热会分解出有毒气体，注意不要吸入灭火时产生的气体。因此，灭火时要站在上风或侧上风的地方，并保持适当的距离（通常 2～3m）。

（3）使用灭火器时，一定不要忘记拔掉保险销，并压下压把。除化学泡沫灭火器外，使用中应直立使用，忌颠倒使用灭火器，如图 2-20 所示。

拔出保险销　　对准火源根部　　握压把手灭火　　禁止倒立

图 2-20　正确使用灭火器的情形

（4）对准火焰根部（泡沫除外），由远及近，水平扫射，火焰未灭，不轻易放松压把。

（5）在发动机上，只有紧急情况下才使用泡沫灭火器灭火。在使用泡沫灭火剂后，要及时清洗发动机。

（6）机轮灭火要使用化学干粉灭火剂，从机轮的前后方向接近机轮灭火，不要站在机轮的侧面（防止轮毂破裂伤人）。一般不使用水、二氧化碳和泡沫灭火剂（避免轮毂破裂、轮胎爆破，部分机型的轮毂采用镁合金，应严禁使用水灭火）。火焰熄灭后，要等机轮冷却后，才能接近机轮和进行检查。

（7）人体着火时，受害人应尽快撤离火区。撤离时不要奔跑，尽可能屏住呼吸，可在地上打滚，裹以毡布，或用水喷灭火。使用化学干粉、泡沫或高压水龙头灭火时，要避免直接喷射受害人身体，以防受伤。明火扑灭后，应立即送往医院救治。

2.8.2　预防飞机失火的措施

（1）在距离飞机 25m 内禁止明火和吸烟，不得点燃喷灯。

（2）每架飞机至少配备一个灭火器，按照规定定期进行检查。

（3）厂房内必须按照规定的标准配备大容积灭火器、砂箱和抢救工具等，并定点摆放，经常保持良好。

（4）厂房内禁止进行发动机起动、加温和磁电机等机件的跳火花试验。

（5）发动机试车前应检查灭火瓶压力、检验有效期、铅封符合要求，消防车不到场不允许试车。

（6）每次发动机起动时，都应当注意检查燃油、滑油、液压系统的附件、导管的密封性，从飞机外表和机身下部最低处查看有无渗漏的迹象。

（7）做好电气线路的维护工作，保持电气线路具有良好的绝缘性能，所有的导线、电缆、防波套、搭铁线、负极线要经常保持完好，固定牢靠，以防摩擦。经常保持插头的清洁，防止各种杂物、油料、水分进入。

（8）安装油液系统导管前，应检查喇叭口与接管嘴的光洁度及角度是否合乎要求，长度、弯度是否合适，不得强行安装，安装后应按规定打好保险，并试验密封性。

（9）安装夹布胶管前，应检查两金属导管的长度、同心度、间距是否符合规定，夹布胶管是否老化。安装时，胶管内壁不得涂油，钢衬管要放正，金属导管插入夹布胶管的长度应符合要求，搭铁片的宽度、长度、厚度应符合规定，卡箍的固定紧度应适当，不得卡在硬导管的凸缘上。安装后应按照有关技术要求，加压检查密封性。

（10）向飞机油箱重力加油后，要确实判明油滤是否放平、加油口盖是否盖好，并擦净加油口周围的积油。

2.8.3 飞机着火的处置

发现飞机失火，要果断、沉着地采取灭火措施，首先断电、断油和断气，然后迅速按下列步骤处理：

（1）发动机在工作状态时失火要迅速停车，必要时关闭燃料开关。

（2）立即堵上堵盖，关闭各通风窗口，并根据情况打开机上灭火瓶。

（3）关闭"电源"电门、氧气开关。

（4）选择一个近火源处的窗口往机内喷灭火剂。

（5）如果油液大量流出在地面起火，要尽快地堵塞流油部位，并迅速将飞机推离失火地点，将机头迎风停放。

（6）迅速移开失火飞机附近的易燃物，用砂土或泡沫灭火瓶扑灭飞机表面和地面上的油火。

（7）灭火后，应迅速用净水冲洗飞机，并进行清洁、润滑保养工作，以防附件和机件损坏。

2.9 飞机图纸的识别

机务人员在进行飞机维修工作时，会接触到许多种图纸，每一种图纸都包含一些具体信息。最常用的图纸是工作图，工作图包括零件图、装配图、安装图、原理图、简图和线路连接图解等；其他类型的图包括部件分解图、分解/装配图、剖面图、方框图、逻辑关系图、排故流程图、配线图和电气形象示意图等。这里介绍几种常用图纸。

2.9.1 装配图

当所有的零件制作完成后，根据装配图装配成各种部件。装配图是表示部件中零件间的相对位置、连接方式、装配关系的图纸，如图 2-21 所示。装配图给出了多个零件、组合件或装配件中的装配关系。一个装配图中可能包括一些或全部这个装配图中的零件图。如果零件图画在装配图纸上，这个零件在装配图上可以用符号表示或只给出零件的位置，而不画出实形。

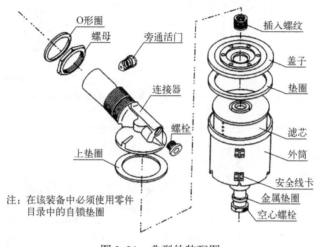

图 2-21 典型的装配图

2.9.2 方框图

电气和电子系统及元件的维修涉及识别和替换失效部件两个步骤，维修人员通过用方框图（如图 2-22 所示）分析某个系统的工作原理，可以更方便快捷地检查系统故障、确定故障位置及正确地更换模块、排除系统故障。

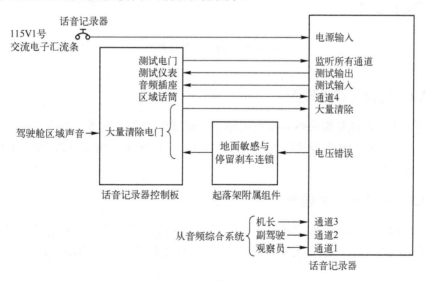

图 2-22 典型的方框图

2.9.3 电气形象示意图

电气形象示意图中,用各种符号形象地表示元件,而不是使用国际上通用的标准符号,如图 2-23 所示,电气形象示意图可以帮助维修人员方便快捷地了解相应系统的原理和工作情况。

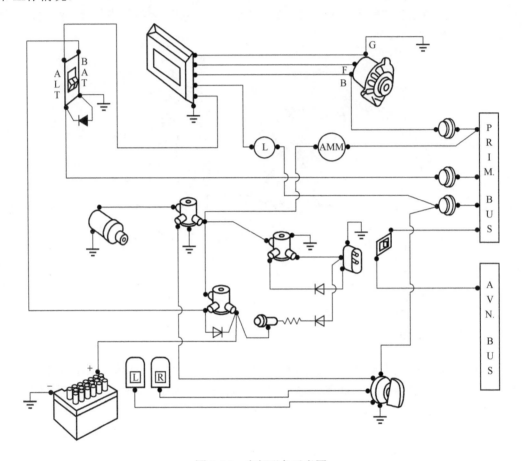

图 2-23 电气形象示意图

2.9.4 机械工作原理图

机械工作原理图是用来解释某个机械系统或部件的工作原理,不给出这些部件的实际形状以及结构和安装的详细情况,如图 2-24 所示。维修人员可以通过原理图查找故障,对排故工作的帮助非常大。

2.9.5 电气工作原理图

电气工作原理图是用来解释某个电气系统或部件的工作原理,不给出这些部件的形状,如图 2-25 所示,维修人员在排故时可以通过电气工作原理图进行系统分析和故障隔离。

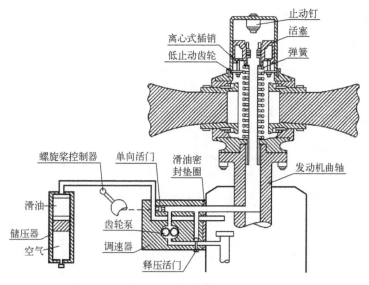

图 2-24 机械工作原理图

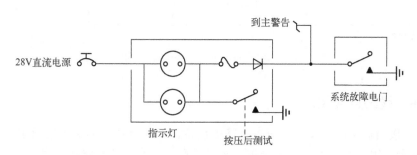

图 2-25 电气工作原理图

2.9.6 逻辑关系图

逻辑关系图是主要介绍某个飞机系统或子系统部件内部之间逻辑控制关系的简图，如图 2-26 所示，主要用于维修人员了解系统的功能和故障隔离。

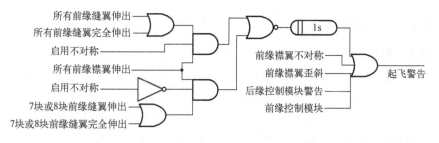

图 2-26 逻辑关系图

2.9.7 电气系统简图

电气系统简图显示飞机某个系统的完全功能，如图 2-27 所示。通过系统简图可以了解系统功能和执行功能的部件之间的关系、飞机部件的参考位置，为系统故障隔离提供详细的功能、部件、连接线路和接口图。

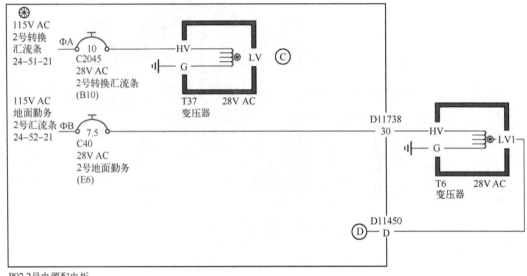

图 2-27 电气系统简图

2.9.8 线路连接图解

线路连接图解是记录飞机上所有系统的设备、终端设备和连接导线的相关图纸，如图 2-28 所示，用于维修人员系统维护、故障隔离、更换设备和修理导线。

2.10 安 全 工 作

安全工作是各项工作质量的综合体现。机务人员必须增强安全观念，把安全工作贯彻到飞行机务保障和维修工作的全过程。

2.10.1 安全规则

2.10.1.1 安全作业的基本条件

（1）机务人员思想稳定、情绪正常，精力、体力充沛。机务人员在飞行日和维修工作日之前睡眠时间不少于 8h，连续工作时间通常不超过 12h。

（2）机务人员业务技术水平胜任，安全观念强，熟知并遵守安全规则和规定。

（3）飞机的重要维修部位有清晰醒目的防差错警示标识。

（4）工具、仪器、设备完好，符合作业要求，给作业人员配备必要的安全防护装具。

（5）维修场所符合维修作业的基本要求，并能满足维修质量和安全作业的需要。

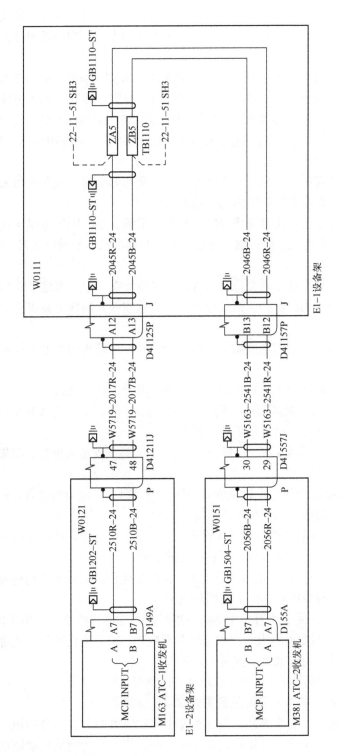

图 2-28 线路连接图解

2.10.1.2 用电安全规则

（1）交流电线路的敷设和电气设备的安装与检修工作必须由专职电工或者电气人员进行。检修线路或者电气设备时，必须断开电闸并由专人看守或者悬挂醒目的"禁止合闸"标牌。

（2）定期检查用电设备的完好状况。潮湿地区和多雨季节，应当加强检查。电闸、开关、插销、插座和导线的绝缘层破损、老化时，必须立即修复或者更换。

（3）电闸、电源插座必须有明显的标识，标明其电压值，直流电源要标出正负极。交、直流电源使用不同规格的插座，防止插错。电闸还应当标明用途，使用高于110V交流电源的工具、设备必须接地。

（4）禁止超负荷用电。常用总电量不准超过变压器容量。安装电气设备必须按照功率大小，选用相应载流量和耐压量的导线及电闸。

（5）按照导线额定载流量选用保险丝，严禁用铜、铁、铝等金属丝代替。

（6）电动机、发电机、整流器、变压器等温升过高时，及时停止其工作，查明原因，正确处置。

（7）敷设电路时，禁止将交流电和直流电线路混在一起。离地2m以下的固定线路用绝缘槽板或者导管加以防护，活动电源应当用软皮线，机床外露部分的导线应当套入蛇形管内。

（8）电闸、电源开关应当有防护罩或者配电箱，总配电箱内装有照明灯，灯开关装在配电箱外侧。

（9）电源开关附近禁止放置油料、油抹布、棉纱等易燃物品。

（10）活动工作灯、机床照明灯的电压不得超过36V，灯泡必须装保护罩。检查飞机燃油箱和酒精箱内部时，只许用手电筒照明。

（11）喷漆、电动油泵、液压附件和氧气工作间必须安装防爆灯、防爆开关、防爆电动机。

（12）雨雪天在露天使用电钻或者其他用电设备时，防止雨雪浸入，在潮湿地面进行工作时，应当穿胶鞋或者垫上干燥木板等绝缘物。

（13）禁止将带电的电源馈线接入设备或者从设备上拔下。使用分段连接的电源馈线时，先将馈线组合好，再接入设备，然后接通电源。

（14）使用用电设备时，先接通总电闸，再接分电闸，最后接通用电设备的电门，停止工作时按照上述相反的顺序断开电门和电闸。

（15）用电设备停用3个月以上重新使用时，应当进行检查，判明正常才可以使用。

（16）因短路、漏电而着火时应当立即断开电源，用二氧化碳气体或者干粉型灭火器和干砂子灭火。禁止用水或者泡沫灭火器灭火。

（17）电源总闸应当专人负责，收班后及时断开电源。

2.10.1.3 易燃、易爆、有毒及放射性物品安全规则

（1）易燃、易爆、有毒物品应当保存在密闭的容器中，有明显标识，存放库房应当远离火源并指定专人保管。氰化物、荧光粉等剧毒和放射性物品存放地点应当采取防盗措施。

（2）建立进出库制度。领发数量应当及时核准登记，使用后剩余的部分应当及时收

回,账物必须相符。

(3) 禁止使用敲击的方法开、闭盛放易燃、易爆、有毒物品的容器。使用场所严禁烟火,并配有足够的消防器材。使用有毒和放射性物品的人员,工作前必须戴好防护装具,工作后及时清洗消毒。

2.10.1.4 工作间安全规则

(1) 工作间的所有工具、仪器、设备、器材,应当放置恰当,摆放整齐统一。仪器、设备、工作台必须保持一定的安全操作距离,必要时可设置防护网。

(2) 工作间应当经常保持清洁。不准随地泼洒油液和酸、碱等腐蚀物。工作中的废弃物应当专门盛放,随时清理。用过的抹布、棉纱等物品妥善放置,不得堆积存放。工作后及时打扫卫生,经常保持工作间及其周围的清洁。

(3) 室内如果洒有挥发性的易燃物,应当及时打开门窗并擦净。确实判明易燃气体已基本除尽,才可以开始工作。

(4) 除特殊规定的工作间外,其他工作间不准使用明火。工作间内禁止吸烟。

(5) 工作间不允许存放易燃易爆品,清洗用的少量油料必须盛于密闭容器中,存放于专用的油料房,使用时取出,收班时送回。高温和使用明火的工作间,不允许使用易燃易爆的物品。

(6) 收班时及时关闭电源、水源、气源,清扫工作场所,关好门窗。

(7) 非工作时间和无关人员不得随意进入工作间。

(8) 工作间按照规定的标准配备灭火器,并定点摆放,经常保持良好。

(9) 焊接工作间不得与检修飞机的厂房相连,专用的油料房和有毒物品、腐蚀品房与厂房、工作间应当间隔一定的安全距离。

2.10.1.5 油料房安全规则

(1) 只允许存放少量常用油料,并指定专人负责管理。

(2) 保持清洁,经常通风。禁止随地泼洒油料,乱扔杂物,做到地面无油迹。

(3) 各种油料容器标识清楚、定位放置、整齐摆放,密封和过滤装置应当完好。

(4) 按照规定的标准配齐灭火器,定期检查,保持良好。

(5) 禁止安装照明线路和用电设备。25m 范围内禁止使用明火,禁止吸烟。

(6) 禁止用容易产生和积聚静电的塑料容器盛装汽油、酒精等。

(7) 防止金属物品相互摩擦、撞击产生火花。

(8) 不准在房内进行无关的工作和放置无关的物品。

2.10.2 安全问题的调查

2.10.2.1 安全问题调查的基本要求

(1) 坚持实事求是的原则、严肃认真的态度、群众路线的方法,深入调查研究。

(2) 以事实为依据,运用科学分析的手段,客观公正地做出结论。不得以主观推断代替科学分析、以唯一原因解释复杂的问题。

(3) 调查工作要彻底查清原因,明确责任,找到教训,采取措施。

(4) 对每起安全问题的调查,都必须有详细的记录,并按要求整理成规范性的资料存档。

2.10.2.2 安全问题调查的一般程序

（1）调查准备。组织人员，明确任务；确定调查内容，提出工作要求；准备必要的资料、器材和用具。

（2）实施调查。听取汇报；勘察现场；询访当事人、见证人；搜集与问题有关的资料。

（3）分析查证。对搜集到的情况和资料进行整理分析，对可能导致问题的疑点进行查证和检验；组织研究，为判明原因提供充分的事实依据。

（4）做出结论。根据查证的事实，确定问题的直接原因和相关因素，明确责任。

（5）提出建议。针对导致问题的直接原因和相关因素，提出建议和预防措施，进行总结和讲评，写出调查报告。

2.10.3 安全防护

2.10.3.1 油漆的防护

（1）喷漆作业时，戴好防护帽、口罩（防毒面具）、橡胶手套和防护眼镜，防止油漆进入眼睛或溅到皮肤上。

（2）每次喷漆作业时间应当控制在 10～15min。

2.10.3.2 滑油（滑油蒸气）的防护

（1）合成滑油溅到蒙皮表面时，应及时清洗干净，防止掉漆。

（2）滑油蒸气有毒，避免吸入体内。

（3）加油过程中溅出的滑油应立即清除干净或用吸附材料覆盖，以免着火或使人体受到伤害。

（4）滑油通常不会自燃。但是滑油一旦着火，会产生比汽油更热的火焰。滑油蒸气与一定比例空气混合后在某种火源点燃时会发生爆炸。

（5）尽可能避免直接与滑油接触，如果滑油与皮肤接触时间过长，会由于皮肤吸收而导致中毒。

（6）发动机使用的滑油对零件表面的涂层和橡胶件有害，所以这类零件不得与滑油接触。在维护工作中，应将渗漏出的滑油立即清除干净。

2.10.3.3 液压油的防护

（1）液压系统工作后，打开液压油箱的重力加油口盖前，要采取措施防止增压空气喷出伤人。

（2）拆装液压系统附件前，应先确认液压系统无剩余压力，防止液压油在压力作用下喷溅，并采取措施接好渗漏的液压油。

（3）液压油对人体黏膜和皮肤有很低程度的毒性，操作时应采取防护措施，并避免液压油溅入眼睛内或皮肤上。

（4）紧急处理措施。

① 皮肤接触：应更换受污染的衣服，并用水和肥皂冲洗受影响的皮肤。若发生持续刺激，则需就医。如果使用高压设备，可能会造成油液伤害皮肤，应立即将伤者送往医院救治，以免症状恶化。

② 眼睛接触：用大量清水冲洗眼睛并向医生求助。

③ 吸入：应将患者移到有新鲜空气的地方，如有需要应求助医生。化学品吸入肺中会导致化学性肺炎。

④ 食入：用水漱口并马上就医，严禁催吐。

2.10.3.4 雷达辐射的防护

飞机在机库或其他覆盖物内时，不得接通雷达。雷达工作时，天线要避开规定范围内的障碍物，如其他飞机或大的金属物体，否则会损坏接收机。使用雷达时还要注意如下防护问题：

（1）在100ft（30m）内有飞机加（放）燃油，在天线50ft（15m）内有人，不准打开气象雷达，处于射频（RF）状态。

（2）在进行雷达试验时，应安排专人监控飞机周围，射线影响范围以内不允许人员进入。

2.10.3.5 电气安全

（1）地面电源向飞机供电的电压、频率和相位，必须符合各型飞机维修手册的规定。

（2）飞机维修工作中，当断开有关电路时，应挂警示牌；重新接通电路时，应通知机上正在工作的其他人员，防止人员伤害或损坏设备。

（3）机务人员结束工作离开飞机时，应将机上和地面电源关断。

（4）对油箱进行维修时，要使用良好的防爆工作灯或手电筒。

（5）正在进行充氧、喷漆（退漆）或其他需要使用易燃液体的工作时，禁止接通电源。

（6）一旦发生触电事故，应立即切断电源或隔离电源，现场保护伤员生命，减轻伤情，并根据伤情迅速联系医疗部门救治。

2.10.4 维修差错

2.10.4.1 维修差错的定义

航空维修差错是指在维修活动中，维修人员受内在、外在因素的影响，发生偏离维修目的、要求的行为偏差，这些行为将导致秩序、状态的异常，装备损坏或人员伤亡等结果。

航空维修差错在航空维修活动中具体表现为丢、错、漏、损、忘等。

2.10.4.2 维修差错的特点

（1）客观性（也称必然性）。一项维修工作，无论发生差错的概率多么小，只要存在发生差错的可能，那么差错迟早就会发生。即使是再先进的装备、再成熟的人员，也会发生维修差错。比如，2005年美国一架F-22战斗机在夜间起动过程中，就发生过发动机吸入指挥旗和保险销的维修差错。

（2）继发性（也称累积性）。在机务工作中，前一个差错可以诱发后一个差错，后一个差错可以扩展前一个差错或者发展成另一个差错。即差错可以积累，如果不能得到及时纠正，可能会形成差错链，从而导致严重后果。

（3）可控性（也称可逆性）。是指差错在未导致严重后果前，可以被后面的行为自觉或不自觉地发现和纠正，避免后果的发生。在机务工作中，通过自检、互检等方式，能够提前发现和纠正差错。另外，随着自动化系统越来越多的应用，飞机的人机界面大多具有差错告警功能，帮助机务人员及时识别和纠正差错。

（4）复杂性（也称多原因性）。一方面，维修差错产生机理具有复杂性。差错往往不是由某一个因素导致的，而是多个因素共同作用的结果。这些因素中，既有直接原因，也有诱发原因，还有组织因素，涉及人员的生理、心理、智力，飞机的维修性、工作环境、组织管理等多方面。另一方面，维修差错的预防具有复杂性。由于维修差错产生的多因素性，决定了预防维修差错工作是一个复杂的工程，需要运用系统的思维，从人、机、环境、管理等多个方面采取措施。

2.10.4.3 维修差错的分类

（1）按维修差错产生的主要原因，可以分为维护作风型差错、技术技能型差错、组织管理型差错。

（2）按维修差错的性质，可以分为过失性差错、违章性差错、技术性差错、障碍性差错、继发性差错、季节性差错、责任性差错、管理性差错。

（3）按维修差错发生的时机，可以分为检查功能和测试参数时的维修差错、检修机件时的维修差错、使用仪器设备和工具时的维修差错、质量检查时的维修差错。

2.10.4.4 预防维修差错的措施

（1）正确认识维修差错。维修差错研究最初从人的因素开始，认为人是导致差错发生的根本原因。后来，通过对大量人为因素问题的深层次分析，发现人的因素只是导致差错发生的直接原因，只是问题的表象，而不是根本原因，发生维修差错后，要立足从多角度多因素去认真查原因、找漏洞，特别要主动从组织管理层面上去预防，力争从根本上消除差错产生的温床。

（2）努力提高业务技术水平。古人讲"勤学如春起之苗，不见其增日有所长；辍学如磨刀之石，不见其损月有所亏。"从以往的案例剖析和统计数据可以看出，因技术上不懂不会发生的差错不在少数。机务人员必须要下功夫努力提高自身的业务技术水平，防止因不懂不会遗留安全隐患。

（3）加强心理生理品质锻炼。机务工作任务重、压力大、要求高，航空机务人员要注意学习一些心理学、生理学、行为学等方面的知识，加强体能锻炼，培养阳光的、健康的心理，学会自我排解，强化生理心理品质，提高身心状态自我调控能力，始终以稳定、饱满的精神状态投入到维修工作之中，减少维修差错的发生。

（4）积极改善维修保障环境。维修保障环境不仅仅是指工作的物理环境，保证维修作业所需的空间、时间和良好的作业条件，还包括社会环境等因素，这些因素直接或间接地引发维修差错。因此，要为机务人员创造良好的保障环境，要保证机务人员必要的休息、生活和娱乐时间，关注心理诉求，加强针对性疏导帮助。

2.11 飞机的检查

2.11.1 飞机检查的目的

飞机检查的目的是及时发现飞机上存在的故障缺陷。

2.11.2 机件外部常见的故障和缺陷

1. 机件固定或连接处松动

飞机上机件固定或连接处松动多产生在螺纹零件连接处和铆钉铆接处。

（1）螺纹零件连接处松动。螺纹零件在工作中，由于受震动和温度变化的影响，会在连接处产生松动。螺纹零件连接处松动的现象是：保险损坏；螺钉或螺帽轻轻用力即可拧动；连接处出现不正常的间隙；机件的固定位置发生了变化；漏油或漏气等。

（2）铆钉铆接处松动。飞行中，由于空气动力的作用，铆钉受到过大的拉伸、挤压、剪切等力而产生松动。铆钉松动后的现象是：铆钉凸出或凹入蒙皮，铆钉头卷边；铆钉周围出现黑圈（说明铆钉头与构件表面贴合不紧），铆钉杆与构件孔之间产生间隙等。

2. 机件锈蚀

金属机件受到水分、酸、碱等液体或潮湿空气的侵蚀后，会产生氧化和电化腐蚀，使机件的表面产生一层氧化物，即锈蚀。锈蚀后的机件，其强度会降低，严重时会使机件提前损坏。

金属机件锈蚀后的特征是：钢制机件的氧化物为红褐色；铝合金机件的氧化物为暗淡的灰白色斑状物质；镁合金机件的氧化物为光亮的灰白色斑状物质；铜合金机件的氧化物为绿色物质。有油漆的金属机件锈蚀时，油漆层会鼓起或裂开。

3. 机件变形

机件变形后，机件表面会出现凸起、凹陷、弯曲或伸长等现象。有些机件变形后还会引起机件的活动范围、开度和间隙等发生变化，使机件不能正常工作。

引起机件变形，通常有下列三种原因：

（1）机件因受温度变化或温度分布不均引起变形。飞机上由不同材料组成的机件很多，这些机件在温度变化时，由于各种材料膨胀或收缩的程度不同，便会产生变形。如果温度变化过于剧烈，使材料产生的热应力过大，机件就会产生永久变形，甚至产生裂纹。即便是同一种材料制成的机件，在温度急剧变化或温度分布极不均匀时，也会产生变形。

（2）机件被外来物打伤引起的变形。例如：发动机工作时，砂石等如被吸入发动机内部，便会打伤压气机叶片和涡轮叶片；飞机滑跑时，机轮卷起的砂石可能打伤襟翼等。

（3）机件因受力过大引起变形。例如：粗猛着陆或减震装置的性能变差时，起落架和机件会因受力过大而变形；飞机作大载荷飞行动作时，机翼和各舵面的蒙皮可能产生局部变形。

4. 机件裂纹

机件产生裂纹后的现象是：机件表面出现形状不规则的细缝；涂有漆层的机件，漆层上会出现细小的纹路，或者漆层鼓起，或者漆层成片地脱落；内部有油液通过的机件，裂纹处会有渗油的痕迹；有高温气体通过的，裂纹处会出现烟迹，等等。机件内部的裂纹，会在探伤仪器上留下特征。

机件有了裂纹，工作的可靠性就变差，甚至危及飞行安全。发现裂纹如不及时处理，在使用中裂纹就会逐渐发展扩大。当扩大到一定程度时，机件就会发生突然变化而折断，以致造成严重的后果。由此可见，裂纹是机件折断的预兆，及时发现机件裂纹是非常重要的。

机件容易产生裂纹的部位是：

(1) 温度容易发生急剧变化或温度分布很不均匀的部位。这些部位，由于机件内各部分的膨胀、收缩程度相差较大，将产生较大的热应力，因而容易产生裂纹。

(2) 受外力较大机件的拐角和焊缝处。机件承受的外力过大时，在机件截面几何形状急剧改变的地方，容易形成应力集中而产生裂纹。机件上产生应力集中现象的典型部位有切口、小孔、浅槽和阶梯杆。由于焊缝的强度低于基体的强度，机件承受的外力过大时，机件的焊缝处也容易产生裂纹。

(3) 强度降低的部位。机件有了锈蚀、磨损或划伤之后，在损伤处会出现应力集中现象，使机件承受载荷的能力减弱，因而也容易产生裂纹。

(4) 受重复载荷的机件，经长期工作后，材料产生疲劳，强度降低，工作中也易产生裂纹。

5．机件磨损

机件磨损的现象是：被磨损的部位表面粗糙，保护层被损坏，或者出现划痕和凹陷等。被磨损的机件强度降低，接合处的间隙变大，会影响机件的正常工作，甚至造成机件损坏。例如：操纵系统的活动接头磨损，会引起活动连接处间隙变大，从而造成翼面和拉杆振动；流体系统的导管磨损，可能引起导管爆破，使系统工作失灵。因此，在维护工作中应及时发现并处理机件间不正常的摩擦和磨损。

为避免机件活动连接处磨损，应该做到：经常保持连接点处有良好的润滑，及时更换有了沙土或变了质的润滑脂；保持连接处螺栓的紧度合适，及时处理连接处的松动；更换已损坏的减震垫或减磨橡皮，使相邻的机件间有足够的间隙等。

为了防止摩擦，比较长的导管中间都有固定卡子。飞机上各导管卡子的位置是经过计算后确定的，维护中不应随便移动或取掉，以防止导管产生共振，将导管接头损坏。导管的固定卡子内应有减震减磨垫，这样可以把振动产生的应力大大降低。

6．液体、气体系统的外部渗漏

通有油液的机件渗漏时，渗漏处会有发潮、发亮和油迹。渗漏较严重时，渗漏的部位会出现油珠，渗漏处的下方会积存油液。冷气系统的机件渗漏时，一般是压力保持不住，严重时会有漏气的声音。造成机件渗漏的主要原因是：

(1) 导管螺纹接头的装配质量不好，即结合面不光滑、不清洁，结合处松动等。

(2) 导管受到腐蚀、磨损，喇叭口变形，导管的弯曲度过大等。

(3) 由于温度的变化和材料热胀冷缩的程度不同，使结合处产生间隙。

(4) 密封装置损坏。

以上是机件外部常见的不正常现象。这些不正常现象是互相联系、互相依赖的。如机件的变形，进而可以引起机件产生裂纹；机件的松动，可以引起摩擦、磨损、裂纹、渗漏等。因此，在检查中如果发现了某一个不正常现象时，就应当对这个不正常现象进行分析，找出可能引起的其他变化，做进一步检查。

2.11.3 机件外部检查的基本方法

要做好机件的外部检查，并能及时准确地发现问题，不仅要了解掌握机件正常时的要求及常见故障缺陷的现象，还要有正确的检查方法。各种故障缺陷的基本检查方法如下：

1．检查机件外部是否清洁的方法

检查方法主要是察看。看不到的地方可用手摸，也可用干净布擦拭，或用毛刷扫，以判明有无尘土、雨水或油污。对电触头可用白布轻轻擦拭，以判明有无积炭。

2．检查机件是否完好的方法

判明电触头是否烧坏，可观察它的表面有无凹凸不平的现象。

机件锈蚀后，表面会产生一层氧化物。用察看的方法即可发现，看不到的地方可用手去摸。涂有油漆层的机件有了锈蚀，油漆层会鼓起或裂开。若怀疑涂有油漆层的机件有锈蚀时，可将油漆层刮去，再仔细察看。

检查机件变形，主要是用"看""摸""测量"等方法，即察看机件表面有无局部鼓起或下陷；手摸机件表面有无高低不平的感觉；用千分垫测量两个机件之间的间隙有无变化（例如涡轮叶片与涡轮外环之间的间隙是否变化）等。

检查机件裂纹，主要是用"看""摸"和"探伤"。检查裂纹时，首先应擦去被检查部位的脏物，然后仔细观察。对可疑之处，可用放大镜辅助观察，看不到的地方，可用手摸或用反光镜间接察看。对目视发现不了的裂纹，可用探伤仪进行探伤。

检查机件磨损的方法主要是"看""摇"和"测量"。机件外表有无磨损可以直接看出。操纵机构活动连接处如有磨损，用力摇晃该连接处时，会感到有较大的活动间隙。机件与机件之间的间隙是否正常，可用量具测量来判明。

3．检查机件连接处是否松动的方法

对装有保险的螺纹零件，可通过察看保险是否完整牢靠来判断是否松动。保险良好时，开口销、保险丝不应松动、折断；保险片的凸瓣应紧靠螺帽和机件，弹簧垫圈应被压平，它与螺帽、垫片的结合不应有缝隙，冲点保险的冲点不应错开。必要时可用工具检查其紧度。

窗盖的螺钉是否松动，可用察看、拍打和拧转的方法检查。螺钉松动时，可以看到窗盖与飞机蒙皮贴合不紧或螺钉高出蒙皮；用手拍打窗盖，能听到窗盖跳动的声音。必要时，还可用解刀拧转，以检查其是否松动。

电缆插头，可观察插头和插座上的号码是否一致，标记线有无错开，也可用手按照拧紧方向拧一拧连接螺帽或外壳，以判明是否松动。对固定的小机件，可用手轻轻摇晃，如果摇晃时连接处有活动间隙，则说明其连接处可能松动。对于机件的减震状况，可相对于固定位置轻轻摇动机件，在水平和垂直方向，不应与结构和其他机件相碰。减震架的锁扣应在止挡位并锁紧。减震垫应无破损和较大的裂纹，减震垫裂纹深度超过规定时应更换。

铆钉铆接处是否松动，可用察看、按压、拍打等方法检查。如果看到铆钉凸出或凹入蒙皮，或蒙皮有变形时，则铆钉可能有松动。此时可用手按压铆钉处的蒙皮，如果蒙皮能被压动，或有金属摩擦的响声，即说明该处铆钉已经松动。铆钉松动严重时，用手拍打蒙皮可看到铆钉跳动。

对做有定位标记的连接部位，可通过察看标记是否错开来判明其是否松动。对于看不见的机件或零件，可用手摸一摸或抬一抬，必要时可摇一摇，以判明它们是否松动。

4. 检查油液、气体是否渗漏的方法

检查漏油的主要方法是"看""摸""嗅"。有漏油时，可在蒙皮、机件、导管的表面看到发潮、发亮、沾上尘土或者有浊迹、油珠等现象，看不到的地方可用手摸。发现漏油后，应通过油液的颜色和气味判明是什么油，液压油是红色的，煤油呛鼻子，滑油黏度比煤油大。判明是什么油液后，可顺藤摸瓜、追根溯源找出漏油的部位。如果用以上方法仍不能准确地找出漏油的部位时，可使系统工作，在有压力的情况下检查。

检查漏气的主要方法是"听""摇""摸"和"涂水"。漏气较大时，可以听到漏气的声音，把耳朵贴近可疑的地方，即可判明漏气的部位。当漏气声音不大时，可用手轻轻地摇动导管，用手指在可疑的地方来回活动，根据声音的断续变化和手指的感觉，找出漏气的部位。如果漏气微小，用上述方法找不出漏气部位时，可用中性肥皂水涂在可疑的地方，如有气泡产生，则说明该处漏气。检查漏气，最好在夜深人静时进行，这样检查听得清。

以上介绍的一些检查方法，对检查工作有普遍的指导作用。这些检查方法，主要适用人的眼、耳、手、鼻等感官的感觉，用比较的方法来鉴别机件的好坏，归纳起来，是"看、摸、摇、拍、听、嗅"六个字：

看——是检查中用得最多的方法。除直接用眼睛观察外，必要时可根据故障缺陷的部位或程度，借助放大镜、反光镜等辅助工具和无损探伤仪器来观察。

摸——不易看到或不易看清的地方，就要依靠手摸来判断机件是否渗漏和损伤等。

摇——轻轻摇动附件或导管接头，感觉固定连接处有无松动，判明活动连接点处的间隙有无明显变化。

拍——通过拍打蒙皮，观察表示铆钉有无跳动或内部有无异常声音，判断机件是否有松动等异常现象。

听——根据声音来判断机件是否正常，如"漏气""摩擦""撞击"等，都可以用听的方法来发现。

嗅——从气味来区别是何种油液，以判明是哪个系统及部位漏油，还可以判断机件的易燃材料（如橡皮制品）是否烧焦。

此外，还可以用无损探伤设备判明机件是否裂纹，以及用直尺、千分垫和压力表等测量工具测量开度、间隙、气压等是否符合规定的数据，以弥补看、摸不够准确的部位。

在使用上述方法进行检查时，应特别注意以下两点：

（1）使用的目的要明确，内容要清楚，即解决看、摸、摇什么部位，达到什么目的。例如检查机件的固定情况时，如果使用看的方法，就应明确要看保险有无折断、翘起，机件位置有无变化，记号或标志是否错开等；如果用摇的方法，就应清楚是摇导管看接头螺帽有无活动，摇拉杆凭感觉检查连接点间隙有无变化，摇附件看结合座间有无轻微位移，保险丝看保险的两端有无隐蔽的断头，等等。总之，要避免盲目地去看、摸、摇、拍，或者看不到、摇不到要害的地方，甚至是摇东看西，达不到发现问题、鉴别好坏的目的。

（2）要注意检查内容上的程序和路线。即要遵循由外到内、由上到下、由前到后检查的原则，或者反过来进行。要一部分一部分地检查，一片一片地检查，做到有头有尾、有始有终。切不可东看一眼西摸一把，前摇摇后晃晃，一眼一大片、一摇一大段。这样既发现不了问题,还会遗漏检查内容或重要故障现象。

2.12 飞机故障的诊断与排除

2.12.1 故障机理

1．故障机理的概念

故障机理是引起故障的物理、化学或其他过程,是故障的内因。故障机理依产品的种类、使用条件而异,不能一概而论,但往往以磨损、疲劳、腐蚀、氧化等简单形式表现出来。

故障机理的显露程度也随情况不同而变化。有的从外表看一目了然,有的则必须通过精密的测试和分析后才能了解,有的甚至经多方试验、分析,仍不明其机理。

2．故障机理与故障模式的关系

以人生病为例,故障机理相当于病理,而故障模式相当于病症。即使故障机理不明,而故障模式(故障现象)总是可以观察到的。因此可以说,故障机理是故障的内因,故障模式是故障的现象,而环境条件则是故障的外因。

实践证明,不同的故障机理可能引起同一种或类似的故障模式。相反,同一种故障机理也可能引起不同的故障模式。一种故障机理还可能诱发另一种故障机理而产生二次故障。例如,发动机振动,往往可以引起进气不稳定,导致燃烧室不稳定而产生的二次故障。

人们在使用和维护过程中,总希望能观察到产品或系统结构上出现故障的实际情况,如故障出现的部位,发生的时间、现象(故障模式)及原因(故障机理)。但是在实践中,人们未必都能明确区分故障模式和故障机理,在这种情况下,只有根据不同的对象来规定各自特定的分类。

3．常见故障机理的分类

由以上分析可以看出,一种故障机理还会诱发出另外的故障机理,从而产生复杂的交互作用。例如,由于其他部分蒸发出来的物质,磨损的粉末或者是发热、振动等导致的二次故障,就是这类情况。

根据资料统计,机械电子器械零件部分所发生的故障机理有下述分类,如表 2-7 所示。

表 2-7 机械电子器械零件部分的故障机理分类

1	蠕变或应力断裂	(S)
2	腐蚀	(C)
3	磨损	(W)
4	冲击断裂	(I)
5	疲劳	(F)
6	热	(T)

上述分类方法简称为"SCWIFT"分类。

4. 故障机理的演变过程

除了产品本身产生故障的外因，导致发生故障的物理、化学和其他过程，还会宏观显现出若干故障现象，如图 2-29 所示。

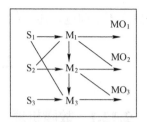

图 2-29 故障发生的原因和现象

图 2-29 中表示的产品往往在各种应力（S_1，S_2，S_3，……）作用下，分别同时产生某些故障机理（M_1，M_2，M_3，……），进而还会由某一故障机理衍生出另一个故障机理（如 $M_1 \rightarrow M_2$），随着时间的推移，这种衍生将会增多，最后就表现出若干个故障模式（MO_1，MO_2，MO_3，……）。还需指出，即使是同一应力，也能够同时诱发两个以上的故障机理。例如温度应力，既可促使表面氧化，电气特性退化，又可使结构的强度下降。

以涡轮轴为例，仍按 SCWIFT 分类，其应力故障机理及其故障模式如图 2-30 所示。

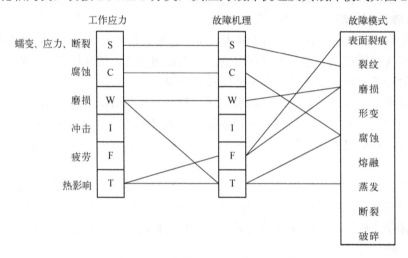

图 2-30 涡轮轴故障机理的演变过程

另外，产品的故障机理与故障模式一样，都不是固定不变的，具有不定的性质。它也是贮存、使用维护等条件以及时间的函数，也与设计、制造、试验等因素密切相关。

2.12.2 故障诊断的一般程序

故障诊断的一般程序大致可分为：弄清故障情况，分析判断故障可能发生的部位，通过检查、测试找出故障的具体部位三个阶段。

1. 弄清故障情况

弄清故障情况的目的，是防止盲目性和片面性，为分析、判断故障提供比较丰富、可靠的资料。

对于已发生的故障，需要弄清两方面的情况：一是弄清故障的现象，如机件的形状、颜色、温度、声音、数据、工作状态等方面所表现出来的不正常现象；二是弄清产生故障的条件，包括故障发生前出现过什么征兆、进行过哪些工作、机件的履历以及产生故障时的气候特点、飞机的飞行状态和飞行人员的操纵情况等。

通常可以从以下两个方面着手进行了解：

1）向飞行员了解飞机的使用情况

飞行员最了解飞机在空中的工作情况，特别是对那些只有在飞机滑跑和飞行中才能暴露出来的不正常现象。要了解故障发生时的飞行高度、速度、飞机的状态、有关仪表的指示和信号指示，以及飞行员的感觉等。如果有关情况不够清楚，可根据需要再次进行试飞。

2）检查飞机上与故障有关的机件的情况

飞机某一部分（机件）产生故障后，该部分机件的外部状态或内部状态就会发生变化。这种变化，有的可能反映在外部损伤，有的反映在工作参数变化或性能不符合要求，有的则两者兼有。检查时，一般先检查机件外部有无损伤，然后进一步检查机件在地面工作时参数的情况。

2．分析故障情况，判定故障可能存在的部位

分析判断故障的原因，是从认识故障现象到认识故障本质的过程，这是排除故障整个过程中最关键的一步。

分析判断故障原因时，应根据故障的现象和有关情况，结合机件的工作特点、构造特点、材料性质等进行分析。把可能引起故障的内部原因和外部原因全部列出，并在此基础上，充分运用已有的经验，比较其可能性的大小，确定进一步查找故障具体部位的检查顺序，取其可能性大的部位做进一步的检查，以逐步缩小分析判断范围，便于查明故障的具体部位。

3．通过检验、测试找出故障的具体部位

按已确定的可能存在故障的具体部位的顺序逐个检验测试下去，直到找到系统的故障部位。查找故障具体部位所采用的方法通常有比较法、突出法、分段法、换件法、测量法等。

1）比较法

比较法是与正常机件的工作状态相比较的方法。例如：通过声音、温度、速度、压力、颜色等的比较，视其有无异样。这些异样在一定程度上可以作为判断故障的依据。

2）突出法

在检查、试验某一部分或某一机件的工作时，有时会受到其他部分或其他机件工作的干扰，特别是当需要通过工作声音来判断故障部位时，其相互干扰就更大。在此情况下，可用突出法，使其他发出声音的机件暂时停止工作，以便迅速查出故障的具体部位。

3）分段法

当已知故障在某系统（管路或线路），但又难以断定其具体部位时，可采用分段法。分段法就是把该系统分成若干段，每段为一单元，然后逐段检查。分段法在实施过程中比较麻烦，但在检测液压系统、冷气系统、电路断路、短路等故障部位时，准确性较高。

4）换件法

换件法就是把被怀疑有故障的机件卸下来，换上良好的机件进行工作。如果换件后，故障消失，说明原机件有故障。

5）测量法

检查飞机的某一系统（管路、电路）、某一机件（附件、设备）的性能参数是否符合

规定时，可采用测量法。即用专用的仪器设备和测量工具来测量其压力、间隙、摩擦力、电压、电流、电阻、频率等参数，以判明故障的具体部位。

在进行检验、测试时，除了要注意检测设备和仪器的准确性外，操作者还应特别仔细地自始至终把一个检查项目做完，并要得出是与否的结论。

在进行检验、测试查找故障具体部位时，如果检查顺序安排得非常合理，则经一次检查就可找出故障部位。若安排不当，则一个由 n 个机件组成的系统，就要检测 $n-1$ 次才能找出故障件。因此，合理确定查找故障部位的顺序，对缩短排除故障时间是十分重要的。

2.12.3 故障排除的一般方法

故障排除的一般方法有修理和更换机件等。

1. 修理

修理是航空装备不符合技术要求或者已经损坏时所采用的一种排除故障的方法。

机件进厂修理前和修理后必须完成以下工作：

（1）将机件的故障情况记入履历本（证明书）或机件标签上。

（2）按规定进行油封和包装，以防止机件锈蚀和损坏。

（3）修理后应全面细致地检查修理质量。检查修理质量的工作，应在安装前及安装后两次进行，并在以后的使用中定期或不定期地全面检查。

（4）将修理情况记入履历本（证明书）。

2. 更换

更换通常是在航空装备损坏后，需较长时间修理或无法修理的情况下所采用的一种排除故障的方法。

（1）更换的机件与原机件应属于同一型号和规格，对于有长度要求的机件还应使它与原来长度一致。

（2）为了保持飞机上各机件工作的协调性，防止改变原有的性能，一般情况下，不允许将装在这架飞机上的机件，串换到另一架飞机上使用。禁止串换对号配套的和不能互换的机件。

（3）安装新机件前，应清除机件外部和内部的油封物，并按规定认真地进行质量检验，判明机件的技术情况确属良好，符合与飞机上的设备、系统配套的要求，方可装机使用。安装后应检查安装质量和工作性能，并记入履历本。

（4）换下的机件需要送修时，应按规定进行油封和包装，并将故障情况记入履历本。

3. 排除故障时应注意的问题

（1）排除故障要彻底，不要只排除故障的表面现象，否则故障还会重复发生。

（2）排除故障后，要做全面检查、试验，在检查试验过程中，如果故障现象虽有减轻，但仍未完全消失，说明引起故障的原因不只一个，还应继续深入分析判断，以求彻底排除。

第 3 章 基 本 技 能

3.1 常用工具量具的使用

飞机维护工作离不开工具，工具的正确使用与管理在飞机维护工作中十分重要。机务人员规范和熟练使用工具和量具，是保证维护质量、提高工作效率、确保人机安全的前提条件。

3.1.1 常用工具的使用

维护工作中常用的工具有解刀、钳子、扳手、榔头、冲子、加力杆等。

3.1.1.1 解刀

在飞机的日常维护中，解刀是应用最多的工具。解刀，又称为螺丝刀、改锥或起子，主要用来拆装螺钉，如图 3-1 所示。

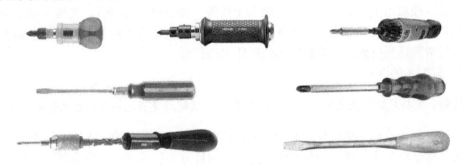

图 3-1 各种解刀

解刀的种类很多：按解刀头刀口的形状不同，可以分为一字解刀和十字解刀；按手柄的材料不同，可以分为木柄解刀、塑料柄解刀和铁把解刀；按操作形式，可以分为手动解刀、电动解刀和风动解刀等；另外，根据特殊用途，还有快卸解刀等。

解刀的一般使用方法如图 3-2 所示。使用时，应用右手握住解刀，手心抵住刀柄端部，让解刀的中心轴与螺钉轴共线，使解刀头与螺钉头端面处于垂直顶紧状态（要诀："三点一线"——即手心、解刀轴心、螺钉轴心共线）。如果使用刀杆较长的解刀时，可用左手扶住刀杆，以防止解刀滑出螺钉的槽口。然后，通过手腕扭转，带动解刀转动，从而旋拧螺钉，施力要求是"七分顶，三分拧"——即先用七分的压力将解刀顶紧在螺钉头上，再用三分的旋转力拧转解刀。注意施力的先后顺序，应是"先顶后拧"，必须顶紧、顶住、顶牢解刀之后，方可拧转解刀，否则解刀易滑出螺钉槽而划伤机件。

一般来说，在开始拧松或最后拧紧螺钉时，螺钉的阻力较大，此时应用力将解刀压紧后再用手腕力拧转解刀；当螺钉松动后，即可使手心轻压解刀柄，用拇指、中指和食指快速转动解刀。

目前，在航空维修中，充电电动解刀（典型充电电动解刀如图 3-3 所示）的使用越来越广泛，以下详细说明其一般使用方法。

图 3-2　解刀的使用方法

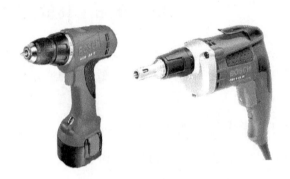
图 3-3　充电电动解刀示意图

1．充电电池的拆装

在插入或取出电池盒之前，一定要关上电源。要取出电池盒时，先按下电池盒上下两边的锁扣，然后将其拿出。要插入电池盒时，先将电池盒上的舌簧与解刀手柄内的沟槽对齐后滑到适当位置，然后将锁扣按回原来的位置。

2．解刀头的拆装

注意：在拆装解刀头之前，一定先确认充电电动解刀是否已关掉，电池盒是否已取出。

安装：握住套环，然后朝逆时针方向旋转解刀头安装套筒来打开夹头。将解刀头装入夹头，尽量将其推到底。握紧套环，然后顺时针方向旋转安装套筒来紧固夹头。

拆卸：握住套环，然后逆时针方向旋转安装套筒，打开夹头，即可取出解刀头。

3．扳机开关的使用

注意：在将电池盒插入电动解刀之前，务必检查扳机开关动作是否正常，放开后是否能够返回到关闭位置。

要启动电动解刀时，只要简单地扣动扳机开关即可。解刀的转速随扣动扳机的压力增加而加快，放开扳机则停止旋转。

4．转动方向的调节

使用转动换向开关调节电动解刀的旋转方向。使用电动解刀之前，首先要确认旋转方向。不使用时，应当将转动换向开关置于空挡（中间）位置，此时无法扣动扳机。

注意：一定要在解刀完全停止后，再使用转动换向开关，否则，会导致解刀损坏。

5. 转速高低的变换

通过转速开关，控制解刀转速。转速开关有前、中、后三个位置，低速位在前，高速位在后。

6. 转动力矩大小的调节

如果充电解刀的力矩挡位是"1、2、3、4、5、MAX"六个挡位，则装螺钉一般选择"3"挡位，拆螺钉一般选择"4"挡位；如果充电解刀力矩挡位是"1、2、3、4、5、6、…、15、16、MAX"17个挡位，则装螺钉一般选择"8"挡位，拆螺钉一般选择"10"挡位；其他情况，则根据工作实际拆装力矩的需要选择力矩挡位。拆装螺钉时，禁止选用最大力矩挡位。

7. 拆装螺钉的操作

操作时手心、解刀头轴心、螺钉杆轴心"三点共线"，两手同时下压，将解刀顶紧在螺钉头上。

3.1.1.2 钳子

常用的钳子有尖嘴钳、平口钳、鱼口钳和斜口钳等，如图 3-4 所示，主要用于夹持扁形或圆形零件、弯曲小的金属材料、切断金属丝、扭绕保险丝等。

图 3-4 各种钳子

尖嘴钳用来夹持零件，斜口钳用于剪断保险丝、开口销和钢索等，平口钳则兼有以上两种钳子的功能，鱼口钳用于夹持电缆插头等较大的零件。

剥线钳，为电气专业常用的工具之一，是一种手动操作的导线绝缘层去除工具，如图 3-5 所示。它由刀口、压线口和钳柄组成，有的还带有断头长短控制器，只需更换不同类型的刀片就可完成多种类型导线的绝缘层去除工作，适用于塑料、橡胶绝缘电线、电缆芯线的剥皮。

图 3-5 剥线钳

剥线钳的使用方法：①根据缆线的型号，选择相应的剥线刀口。②将准备好的缆线放在剥线钳的刀刃中间，选择好要剥线的长度。③握住钳柄，将缆线夹住，缓缓用力握紧钳柄使缆线外表皮慢慢剥落。④松开工具钳柄，取出电缆线，这时电缆线金属整齐露出外面，其余绝缘塑料完好无损。

注意：剥线时，选择合适的刀口，过大则剥不掉导线的绝缘层，过小则会剪断部分线芯。另外，为了不伤及周围的人员和物品，确认断头飞溅方向后再进行切断。

卡圈钳，是一种用来安装和拆卸内卡圈和外卡圈的专用工具，外形上属于尖嘴钳一类，钳头可采用内直、外直、内弯、外弯几种形式，如图 3-6 所示。

图 3-6　卡圈钳

卡圈钳有孔用和轴用两种，即内卡圈钳和外卡圈钳（常态时钳口打开的是内卡圈钳，常态时钳口闭合的是外卡圈钳），分别用来拆装孔内用卡圈和轴外用卡圈。内卡圈钳通过钳嘴插入卡圈耳孔，使卡圈收缩变形，以完成卡圈的拆卸和安装；外卡圈钳通过钳嘴插入卡圈耳孔，使卡圈扩张变形，以完成卡圈的拆卸和安装，如图 3-7 所示。

图 3-7　卡圈钳的使用方法

注意：使用卡圈钳时，要特别小心，不要让卡圈弹出伤人或掉入飞机、发动机内，也不要让卡圈变形过大而断裂。

保险丝钳，又称拉丝钳，是一种保险丝专用工具，如图 3-8 所示。

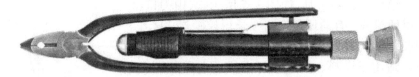

图 3-8　保险丝钳

保险丝钳集夹持钳（鱼口钳）和斜口钳的功能于一身，并且具有旋转手柄，可以自动扭瓣结，打出来的辫结十分均匀美观。使用时，首先在已固定好一端的保险丝上确定所需编织的保险丝长度，然后用钳口夹住另一端并用锁紧机构锁紧。用手抓住钳子尾端的旋转手柄，向后拉动，即可使保险丝编花，其编结的密度取决于拉动的次数。可以使用保险丝钳的刃口，在打保险前后，剪去多余的保险丝。

注意：使用保险丝钳打保险时，确保保险丝钳夹紧面的边缘有足够大的圆角，以防损伤保险丝。

冷压接钳，是专门用于在不加热状态下连接金属导线的工具，如图 3-9 所示。其原理是通过施加足够大的压力,在金属导线的接触面上,借助压力引起的金属塑性形变,使金属原子相互接近获得牢固的挤压连接。冷压接钳一般用于直径较小的各种材质金属导线的连接,并能将两种不同材质的金属导线连接在一起,使用方便有效。在航空维修中,常用的冷压接钳有端子压接钳和接触偶压接钳两种。

图 3-9　冷压接钳

3.1.1.3　扳手

常用扳手有开口扳手、梅花扳手(分闭口和开口两种)、套筒扳手、棘轮扳手、定力扳手等,如图 3-10 所示。

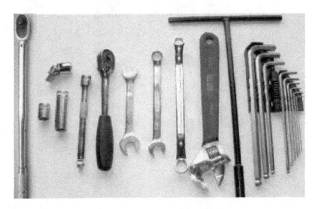

图 3-10　各种扳手

扳手是用来拆装螺帽的。扳手上刻有标号,表示扳口的宽度(单位为 mm)。选用时,扳口的宽度应与螺帽的尺寸相符,以免损坏螺帽的棱角。

开口扳手的扳口一般向手柄的一侧偏 15°,如图 3-11 所示,有利于在狭窄的空隙内用反复翻转扳手的办法来拧转螺帽。

图 3-11　开口扳手

梅花扳手的头部较薄,如图 3-12 所示,适用于拆装空隙狭窄地方的螺帽。它有闭口和开口(适用于拆装导管接头的螺帽)两种。梅花扳手的孔一般为十二边形,在扳转螺帽时，扳手与螺帽的接触面较大，受力较均匀，不易滑脱和损坏螺帽的棱角。

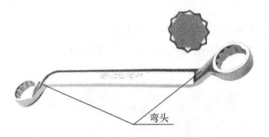

图 3-12　梅花扳手

套筒扳手适用于拆装狭窄而又深陷部位的螺帽，如图 3-13 所示。套筒扳手和梅花扳手一样，也具有接触面大、受力均匀、不易滑脱和损坏螺帽等优点。

图 3-13　套筒扳手

棘轮扳手的扳口和主体用棘轮和离合子相连，如图 3-14 所示，棘轮扳手的特点：使用时，扳口可以一直不离开螺帽，只要来回扳动扳手，就能使螺帽不断地向同一方向转动。因此，使用方便，拧转螺帽的效率较高。

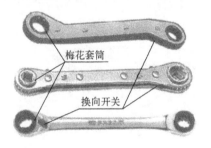

图 3-14　棘轮扳手

力矩扳手，又称扭矩扳手或扭力扳手，如图 3-15 所示，是一种常用的带有力矩测量功能的专用工具，主要对飞机上的螺栓进行定力，可测量作用在紧固件上的扭力，从而防止由于力矩过大破坏紧固件或机件。由于力矩扳手的头部均为方榫式结构，所以通常与专用套筒或扳头配合使用。

图 3-15　力矩扳手

3.1.1.4　榔头

榔头通常由锤头和木柄两部分组成。常用的榔头有钢榔头、铜榔头、铝榔头、橡皮榔头、胶木榔头和木榔头等，如图 3-16 所示。

图 3-16　常用的榔头

工作时，应根据机件的材料特点正确选用榔头。钢榔头和铜榔头常用于从安装孔中打出螺杆或打入螺杆，但钢榔头不能用来直接打击螺杆尾端，而应与铜冲子或铝冲子配合使用，以免打伤螺纹。橡皮榔头和胶木榔头可用来直接敲打机件的外表。

3.1.1.5　冲子

冲子有钢冲子、铜冲子、铝冲子等，按形状可分为平头和尖头两种，如图 3-17 所示。平头冲子用来配合榔头冲打机件安装孔内的螺杆，尖头冲子用来进行螺帽的冲点保险等。

图 3-17　冲子

3.1.1.6　加力杆

加力杆通常用钢制成，主要用来增加套筒扳手的力臂或用来撬拨机件。

3.1.1.7　电烙铁

电烙铁的主要用途是焊接元件及导线，按结构可分为内热式电烙铁和外热式电烙铁，按功能可分为焊接用电烙铁和吸锡用电烙铁，根据用途不同又分为大功率电烙铁和小功率电烙铁，如图 3-18 所示。

图 3-18　电烙铁

3.1.1.8 手持电动刻字机

手持电动刻字机如图 3-19 所示,用于在金属工具上雕刻工具的编号和标识。操作使用方法:①接通电源,右手握住电刻笔;②像拿笔一样的姿势,稍微倾斜一个角度(45°),并将手放在台面上,手指按住微动开关即可刻写,松开即停止刻写。刻写时不要硬往下压,比平常书写速度稍慢。

图 3-19 刻字机

3.1.2 常用量具的使用

为保证飞机、发动机工作良好,一些机件、零件都有间隙、长度、压力和张力的规定要求。在维修过程中,需要借助量具进行检测以判明间隙、长度、压力和张力是否符合规定。常用量具有千分垫、弹簧秤、钢板尺、卷尺、游标卡尺、压力表和钢索张力计等。

3.1.2.1 千分垫

千分垫又名塞尺是测量间隙的量规,如图 3-20 所示。它由一组不同厚度的钢片组成,用以测量机件之间的间隙。每个钢片上的刻字,表示该钢片的厚度,单位为 mm。

图 3-20 千分垫

3.1.2.2 弹簧秤

弹簧秤用来测量对机件加力时加力的大小。维护工作中常用的弹簧秤有拉力计和推力计两种,如图 3-21 所示。拉力计用来测量拉力,推力计用来测量推力。

(a)拉力计　　　　　　(b)推力计

图 3-21 弹簧秤

3.1.2.3 钢板尺和卷尺

钢板尺和卷尺如图 3-22 所示,主要用来测量机件的长度或机件间的距离。

(a)钢板尺　　　　　　(b)卷尺

图 3-22 钢板尺和卷尺

3.1.2.4 游标卡尺

游标卡尺简称卡尺主要用来测量机件的外径、内径、长度、宽度、厚度、深度和孔距等，如图 3-23 所示。

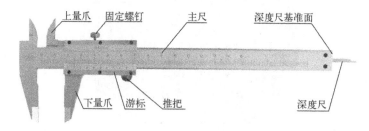

图 3-23 游标卡尺

3.1.2.5 压力表

维护工作中，常用的压力表有轮胎压力表、缓冲器压力表等，如图 3-24 所示，分别用来测量轮胎气压、缓冲器和蓄压器气压等。

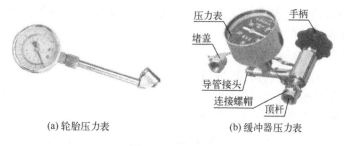

图 3-24 压力表

使用压力表时，注意以下事项：

（1）压力表只允许在无损坏，并有检定合格标签及未超出检定周期条件下使用。

（2）选择压力表，要考虑被测压力的量值和特定要求，以保证测量精度。在固定式均匀变化负荷下，一般应在仪表标度的 1/3～3/4 使用。

（3）使用前应了解所用压力表的指示误差。压力表上任一刻度值的误差=精度级数×最大量程。例如，1.5 级最大量程为 150kgf/cm^2 的压力表，它的指示误差为：150×1.5%=2.25kgf/cm^2。

（4）在使用时，压力表接管应垂直安装，读数才准确。

（5）测量脉动压力时，应在压力表前加装缓冲器或阻尼器，以减少仪表指针的摆幅，提高仪表使用寿命，同时使读数准确。

（6）轮胎压力表不使用时，应使压力指针回零。氧气压力表禁油。

（7）压力表应保管在专用盒子内，防止压碎或碰撞，影响测量的准确性。

3.1.2.6 钢索张力计

钢索张力计如图 3-25 所示。用于测量飞机操纵系统钢索的预紧力，主要由砧块、弹簧片、传动机构、指针及止动复零拔杆等组成。其工作原理是通过在钢索两点之间施加一个力，使弹簧片变形产生垂直位移，经传动机构带动指针指示读数，再通过所附的张力对照表来查得所测钢索的准确张力值。

图 3-25 常用的钢索张力计

钢索张力计是一个定度而不是定级的测量器具,故需根据所使用的钢索张力计的校准数据来修正测量结果。不同的张力计,不同时间它们的修正值都有所不同,这也就是要周期性地校准张力计的原因。

钢索张力计使用注意事项:
(1) 使用前估测钢索张力,选择适当量程的张力计。
(2) 必须使用在校准周期内的张力计和张力对照表,并对所测得的钢索值加以校验。
(3) 应根据测量时的大气温度,在钢索张力-温度关系曲线图上修正该钢索应有的张力。
(4) 为了测量准确,可在同一根钢索的三个不同位置连续测量三次,然后取其平均值。

3.1.3 常用工具量具的保管

1. 常用工具量具的保管要求

常用工具量具的保管应当统一编号,建立电子档案,实行计算机管理。工具、小型设备、测试设备和其他不常用的保障装备应当集中存放和保管(如图 3-26、图 3-27 所示)。

图 3-26 工具架和工具推车

图 3-27 工具箱

2．工具设备的标识和编号

各种工具设备必须有醒目的管理标识，编号统一规范。金属工具应当打印耐磨标识，非金属工具应当刻印标识，抹布、绸布、绒布等应当缀钉标识。地面保障设备表面应当喷涂颜色、字样、规格、位置统一的标识。

3．工具的清点制度

（1）工具设备保管员发放或者收回工具设备时，必须与领取人或者归还人共同逐件清点。

（2）每次工作前、工作后必须清点工具。清点工具应当有两人参加，对照工具清单进行。

（3）安装发动机、油箱或者其他部件前，在飞机上修理封闭蒙皮前，必须清点工具。

（4）转移工作场地、工作部位或者到另一架飞机工作前，必须清点工具。

（5）相互借用工具，必须打借条或在借用登记本上签字，一般应于当日归还。

4．工具设备的使用

（1）在飞机上工作时，工具应当放在非金属工具盘（盒）内，不得随意放置，不得放在衣袋内。使用完毕应当擦拭干净。

（2）在工具容易掉入飞机内部不易取出的部位工作时，应当采取措施防止工具掉入飞机内部。

（3）正确使用工具、量具，不得相互替代，有限力规定的操作必须用限力工具。禁止用卡尺、千分尺测量旋转的工件。

（4）维护氧气设备必须使用洁净的专用工具，不准与其他工具混用，禁止与油品接触。

（5）使用设备必须遵守操作规程，禁止设备带故障或者超负荷运转，不允许用精密设备加工粗糙工件。

（6）使用托架、吊车、拖车、千斤顶等地面设备前，必须检查其完好状况。发现异常应当查明原因，必要时，对主要承力件进行探伤检查。

（7）只有经过训练、考核合格的人员才允许独立使用相应的设备。精密、贵重设备使用者，必须是具备该设备操作资格的人员。

3.2 常用电子电气测试设备的使用

3.2.1 指针式万用表

指针式万用表是一种多用途的测量电表,如图 3-28 所示。表的型号虽然很多,除精度和测量范围以及灵敏度等有所区别外,其用途和使用方法基本相同,现以 500 型万用表为例,说明其使用方法和使用注意事项。

1. 500 型万用表的组成

500 型万用表由表盒和表面板两大部分组成。表盒内装有表头(动圈式电流表)、电阻器、半导体二极管和干电池等。表面板上有刻度盘、量程开关、机械调零螺钉、零欧姆调节旋钮和插接孔等。

图 3-28 指针式万用表

1)刻度盘

刻度盘上有四条标度尺。

第一条标度尺"Ω":测量电阻的专用标度尺。

第二条标度尺"≃":测量电压、电流的标度尺。在标度尺下面有 0~50 和 0~250 两个数值范围,它表示量程开关所置不同挡位时电压、电流两个不同的读数。

第三条标度尺"10$\underline{V}$":测量 0~10V 交流电压的专业标度尺。

第四条标度尺"dB":测量电平(分贝数值)的专用标度尺。

2)量程开关

表面板上有两个量程开关。右面的量程开关上"$\underset{\sim}{V}$"位置是测量电压的功能位置;"Ω"位置是电阻的量程挡位;"mA"位置是测量直流电流的量程挡位。左面的量程开关"$\underline{A}$"和"Ω",分别为测量直流电流和电阻的功能位置;"$\underline{V}$"为测量直流电压的挡位;"$\underset{\sim}{V}$"为测量交流电压的挡位。

3)机械调零螺钉

刻度指针不在零位,可拧动机械调零螺钉,使指针调到起点零位。

4)零欧姆调整旋钮

在测量电阻前,短接表笔,旋转零欧姆调节旋钮,使指针指零欧姆位置。

5)插接孔

表面板上有四个插接孔。

"✲"孔是负极插孔,黑色表笔插入此孔。

"⊕"孔是正极插孔,红色表笔插入此孔。

"dB"孔是测量电平的插孔,测电平时,红色表笔插入此孔。

"2500$\underline{V}$"孔是高电压插孔。

2. 500 型万用表的使用方法

500 型万用表在使用前应检查指针是否在起点零位,如有偏差可用解刀调整机械调零螺钉,将指针调至起点零位。

1）测量电阻的方法

将左面的量程开关放在电阻"Ω"位置，右面的量程开关拨在电阻量程"Ω"的所需挡位上，短接两支表笔，旋转零欧姆调节旋钮，使指针对准零欧姆位置（每换一挡都要调零）。然后将表笔分别置于被测量电路或电子元件的两端，此时，指针在标度尺上指示的数值，乘以"Ω"量程开关的挡位数值即为该电路或电子元件的实际电阻值。若"Ω"挡位是"1"，指针在标度尺上的指示值为10，则实际测量的电阻值应为1×10Ω；若"Ω"挡位是"100"，则实际测量的电阻值应为100×10Ω，其他依此类推。

若在某挡量程上测量电阻值时，指针指示在标度尺的两端附近位置，即指针的偏角很小或很大，可增大或减小量程开关的挡位，使指针指示在标度尺的中间区域内，以提高测量的准确性。

2）测量直流电流的方法

将左面的量程开关拨在电流"A"位置上，右面的量程开关拨在电流量程"mA"的所需位置上，表笔按电流的极性串接在被测电路内，指针指示的数值即为电路的电流值。

3）测量直流电压的方法

将右面的量程开关拨在电压"$\underset{\sim}{V}$"位置上，左面的量程开关拨在大于被测电压的直流量程"V"挡位上，红表笔接正极，黑表笔接负极，此时指针指示的数值即为该电路的直流电压值。

4）测量交流电压的方法

将右面的功能开关放在"$\underset{\sim}{V}$"位置，左面的量程开关拨到"$\underset{\sim}{V}$"量程的合适挡位上，表笔不分极性跨接在被测电路的两端即可。

5）测量高电压的方法

在测量500～2500V的交直流电压时，应将红表笔插入"2500$\underset{\sim}{V}$"插孔内，右面量程开关拨在"$\underset{\sim}{V}$"位置上，左面量程开关拨在"$\underset{\sim}{V}$"或"V"的任何挡位上；切断被测电路的电源，电路中有固定大电容器的应先短路放电，然后将表笔与电路的测试点连接好，再接通电源，此时指针在0～250标度尺的数值乘以10，即为该电路的电压值。

测试高电压时，应待手离开表笔后，再接通电源，防止触电伤人。

6）测量电平的方法

测量电平时，应将红表笔插在"dB"的插孔内，右面量程开关拨在"$\underset{\sim}{V}$"位置上，左面量程开关拨在交流电压10V的挡位上，此时在电平标度尺上读出的数值即为实际分贝值。当600Ω负载阻抗上的电压超过交流电压最低挡10V的量程时，应换用交流电压较高量程挡位。此时的实际分贝数，应为电平标度尺上的指示值加上附加的分贝数。500型万用表用50$\underset{\sim}{V}$、100$\underset{\sim}{V}$、250$\underset{\sim}{V}$挡测量电平时，附加的分贝数依次为+14dB、+20dB、+28dB。

3．使用注意事项

（1）万用表应平放使用，并且在测试时，不应随意旋转开关旋钮。

（2）事先不能判断被测电路的电流或电压值的大小时，应先放在最大量程挡试测，然后改用适当挡位测量。

（3）严禁将万用表的量程开关拨在电流挡上测量电压，以免通过较大电流而烧坏万用表。

（4）在有感抗的电路中测量电压时，切断电源前应把万用表的表笔移开，否则自感产生的高压会损坏万用表。

（5）测量电路中的电阻时，应将被测电路中的外电源切断并焊开电阻的一端，使电阻脱离其他电路。在高阻挡测量高电阻时，不应用手指捏住表笔导体的两端，使人体电阻也并联在电表上，而产生测量误差。

（6）交流电压挡不适宜测量较高频率的信号电压，也不适宜测量非正弦波或波形失真很大的电压，否则会造成很大的误差。因为该型万用表没有低于 1V 的交流电压挡，毫伏、微伏级的信号电压也无法测量。

（7）在存在着强大的高频电磁场的无线电发射机附近使用万用表时，应在表头的两端并联一只 0.005~0.01μF 品质优良的云母固定旁路电容器来保护表头。

（8）每次测量完毕后，应将两个量程开关放在规定的"·"位置，使表头两极短路，外部电路呈开路状态，防止因误置开关旋钮位置测量而使万用表损坏。也可以把量程开关放到最高电压挡上，这样不管用表笔去测电流或电压一般都不会将表头烧坏。

4．日常维护

（1）如果万用表结构完整，工作正常，不要乱拆乱卸。
（2）要防止万用表的表头受到强烈震动和磁场的影响。
（3）防止万用表受潮，造成元件发霉、变质、绝缘性能下降，影响测量的准确度。
（4）万用表较长时间不用时，应将电池取出，过一段时间，再装上电池测试。

3.2.2 数字式万用表

数字式万用表与指针式万用表在测量原理上有很大区别，它是先把被测电量变成电压信号，再经"模—数（A/D）"转换，最后以数字形式反映在显示器上，如图 3-29 所示。指针式万用表则是把被测电量转变成电流信号，使表针偏转。

1．数字式万用表的特点

（1）采用数字显示，读数准确、迅速、直观，能消除人为的读数误差（视差）。

（2）测量精度高，远远超过指针式万用表。

（3）采用大规模集成电路，提高了整机的可靠性，也减小了体积。

（4）耗电少，LCD 液晶显示器的平均消耗功率仅为几 μW。整机耗电一般不超过 10μW。

（5）测量种类多，一般均可测二极管正向压降，三极管的放大系数值，检查线路通断（带蜂鸣器），显示被测电流、电压或电流的正负极性。

图 3-29 数字式万用表

高档数字式万用表由微处理机控制，可编程，具有遥控、巡检、自动切换量程、数据输出等功能。数字式万用表都具有越限显示（显示出 1 或-1）或报警功能。当表内电池电压过低时也有符号显示。

（6）输入阻抗高达 10MΩ，测量时从被测信号吸取的电流极小，不会改变电路状态，适合测量高内阻的信号源电压，如电子管栅压等。

（7）电阻挡的测试电流很小，高阻挡仅为几 μA，200Ω 挡也不超过 1mA，对只允许通过很小电流的元器件，也不会造成损坏，还适合测量热敏元件的电阻。

2．使用注意事项

（1）注意使用环境。不能在高温、阳光、高湿度环境中使用或保存，否则容易损坏数字显示的液晶材料。修理时，电烙铁外壳应良好接地，避免因漏电损坏集成电路，烙铁还应尽量远离液晶显示器，以减少热辐射。

（2）数字式万用表的输入阻抗很高，当拨至高灵敏度挡，特别是在测量200mV挡时，由于周围空间的杂散电磁场的干扰信号会窜入机内，则会显示一定的数值。因此，在测量前应将两表笔短路，以消除干扰。通常测低内阻电压信号时，干扰信号可忽略不计。测微弱的高内阻电压信号时，表笔导线应用屏蔽线。

（3）使用 200Ω 挡测电阻时，应先将两表笔短路后测出两表笔导线的电阻值（一般为 0.2Ω），正式测量结果应减去此值。

（4）数字式万用表一般只能测 45～500Hz 的低频信号，不能测高频信号。如果工作频率超过 2kHz，测量误差就迅速增大，无法保证精度指标。若需测高频，应选用配有高频测试头的机型，可将频率扩展到 200MHz。

3.2.3 兆欧表

兆欧表是一种测量高电阻的直读式仪表，一般用来测量电机、变压器、电缆、电气设备及绝缘材料的绝缘电阻。因为表盘上刻度读数的单位为兆欧，所以叫作兆欧表（也叫摇表、高阻表等）。

最常见的兆欧表，是由作为电源的高压手摇发电机（交流或直流发电机）、指示读数的磁电式双动圈流比计和三个分别标有接地（E）、电路（L）及保护环（G）的接线柱等组成。

新型的兆欧表用交流电作电源或采用晶体管直流变换器及磁电式仪表来指示读数。

通常用的兆欧表型号有 ZC7、ZC11、ZC25 等系列。图 3-30 是 ZC25-3 型兆欧表的面板图。

1．使用方法

1）测量电路绝缘电阻

将其被测端接于电路（L）的接线柱上，地线接于接地（E）的接线柱上，然后转动摇柄，此时指针指示的读数即为该电路的绝缘电阻值，如图 3-31（a）所示。

图 3-30 ZC25-3 型兆欧表的面板图

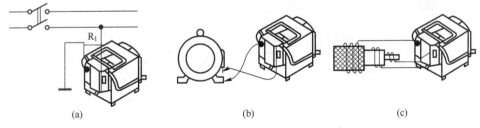

图 3-31 用兆欧表测量绝缘电阻的接法

2）测量电机绝缘电阻

将电机绕组接于电路（L）的接线柱上，机壳接于接地（E）的接线柱上，如图 3-31（b）所示。

3）测量电缆缆芯对缆壳的绝缘电阻

将缆芯和缆壳分别接于（L）和（E）的接线柱上，再将电缆壳芯之间的内层绝缘物接保护环（G）的接线柱上，以消除因表面漏电所引起的误差，如图 3-31（c）所示。

2. 使用注意事项

（1）在测量电气设备的绝缘电阻之前，先要根据被测设备的性质和电压等级，选择适当电压和量程范围的兆欧表。额定电压在 500V 以下的设备，选用 500V 兆欧表；额定电压在 500V 以上的设备，选用 1 000V 以上的兆欧表。测量低电压电气设备，选择绝缘电阻为 0～200MΩ 的兆欧表；测量高压电气设备或电缆，可选用 0～2 000MΩ 的兆欧表。

（2）测量前要先切断电源，被测设备一定要进行充分放电（3～5min），以确保设备及人身安全。

（3）接线柱与被测设备间连接的导线，应用单股线分开，单独连接，不能用双股绝缘线或胶质线，避免因胶质线绝缘不良引起误差。

（4）测量前先将兆欧表开路和短路一次，检查兆欧表是否良好。开路时摇动手柄，指针应指在"∞"处，再将两连接线短接，指针应指在零位。

（5）被测设备靠近大电流导体或磁物质时，不宜使用兆欧表。

（6）对于双回路高压线路，被测电路已停电时，另一路未停电，则被测电路可能有较高的感应电压存在，易损坏兆欧表。此时，对另一路应采取相应的措施，以消除被测电路的感应电压。

（7）摇动手柄时应由慢渐快，转速控制在 2rps 左右。当指针已指零时，就不能再继续摇动手柄，以防表内线圈发热损坏。

（8）遇有雷电时，或在高压导体设备的邻近处，禁止用兆欧表进行测量。只有在设备不带电也不会受其他电源感应带电时才能进行测量。

3.3　地面保障设备的使用

3.3.1　工作梯的使用

3.3.1.1　座舱工作梯

座舱工作梯用于飞行员、机务人员工作时进出飞机座舱。它以铝管焊接为主，由梯架、挂钩、橡胶靠头、小轮等组成，如图 3-32 所示。

图 3-32　座舱工作梯

1．使用方法

座舱工作梯使用前，应先将座舱盖打开并锁牢，然后按飞机座舱边沿上指示的座舱工作梯安放位置，将座舱工作梯的挂钩轻轻地挂在座舱口框上，并检查、确认座舱工作梯挂靠稳妥后方可使用。

2．注意事项

（1）座舱工作梯仅供单人使用。

（2）如铆接处铆钉松动，应及时更换。

（3）搬运时，只能两个小轮着地。

3.3.1.2　液压工作梯

液压工作梯是多用途工作梯，可供擦拭飞机、盖上或取下蒙布及维护机翼等部位时使用，由工作平台、剪式活动支臂、液压系统、梯架、上梯等部分组成，如图3-33所示。

图3-33　液压工作梯

1．使用方法

（1）工作梯使用时应首先将轮子止动器拧紧，支脚打开、撑好。

（2）工作梯上升时，打开液压开关，摇动手摇泵，使液压油通过单向阀进入作动筒，工作台面上升，由极限位置卸荷阀控制上升高度。工作梯下降时，用脚踩下降操纵卸荷阀进行卸荷，在节流阀作用下作动筒缓慢收缩。

（3）工作梯在某一升起高度较长时间工作时，将液压开关关闭，以防止工作台下降。

2．注意事项

（1）工作梯的活动部分应经常注润滑油，以保证操纵灵活和防止锈蚀。

（2）经常检查液压系统有无损坏、漏油等，如发现应立即修复。应定期更换液压油。

（3）工作梯有损坏、踏板螺栓有松动等现象，应及时修复和拧紧；梯子掉漆、划伤和锈蚀时，应及时补漆。

（4）工作梯使用后应存放在干燥通风的库房内。

3.3.1.3　1.0m 工作梯

1.0m 工作梯用于机务人员对飞机较低部位维护时使用，由上梯架、下梯架、工作平台、梯阶、弹簧销等部分组成，如图 3-34 所示。

1．使用方法

（1）工作梯由最低高度变换至最高高度时，同时抽拉两边弹簧销，上梯架向上旋转 90°，然后松开两边弹簧销，使销轴复位（即插入钢管内）。

（2）工作梯由最高高度变换至最低高度时，同时抽拉两边弹簧销，上梯架向下旋转 90°，然后松开两边弹簧销，使销轴复位（即插入钢管内）。

注意：工作梯在工作状态下切勿抽拉两边弹簧销。

2．注意事项

（1）该工作梯仅供单人使用。

（2）使用完毕后，应及时清理工作台上的脏物并用抹布擦干净。

（3）应经常检查工作梯各构件及其连接部分，若有损坏、变形应及时修理更换，发现锈蚀应及时除锈喷漆。

3.3.1.4　1.5m 工作梯

1.5m 工作梯主要用于机务人员给飞机装阻力伞时使用；也可用于维护飞机其他适宜部位时使用，由前梯架、后梯架、工作台、斜撑杆、梯阶等部分组成，如图 3-35 所示。该工作梯装有两个运输小轮，将梯子倾斜使梯子的尖梯脚脱离地面，即可将工作梯移动。

图 3-34　1.0m 工作梯

图 3-35　1.5m 工作梯

1．使用方法

（1）使用前，检查各连接处是否牢靠，工作梯有无损坏，如发现有故障，排除后方可使用。

（2）插好两边快卸销。

（3）将工作梯放置在飞机工作部位合适距离，人员可以上梯工作。

2．注意事项

（1）使用完毕后，应及时清理工作台上的脏物并用抹布擦干净。

（2）定期给运输小轮的轴承涂润滑脂，必要时拆卸下来，洗涤脏物并更换新的润滑脂。

(3) 应经常检查工作梯各构件、连接部分，如发现有裂纹、损坏、变形时，应及时修理更换；发现螺栓松动应及时拧紧；发现锈蚀应及时除锈涂漆。

(4) 工作梯长期停放保存时，应放置在机棚或厂房内。

(5) 工作梯在工作状态下，务必插好两边快卸销。

3.3.1.5 垂尾工作梯

垂尾工作梯主要在飞机垂尾部分比较高的地方操作维护时使用；也可在维护飞机其他适宜部位时使用，如图 3-36 所示。采用框架式结构，主要由底部骨架、前梯架、后梯架、可卸连接杆、升降梯、工作台以及升降机构和牵引机构等部分组成。

图 3-36 垂尾工作梯

垂尾工作梯装有 4 个运输小轮，通过牵引机构进行牵引和运输，前、后梯架、升降梯、工作台均为可以拆卸的活连接，以便于分解运输。为使梯子在工作状态时保持稳定，轮子附近装有支脚。

1．使用方法

(1) 使用前应仔细检查梯子的构件、钢索、保险器、绞车、滚轮机构、导轮机构及其活动部位是否处于良好工作状态，工作台的连接杆、连接螺栓、保险器等重要受力构件有无裂纹、松动、变形等。

(2) 在进行垂尾维护时，首先将工作台升至所需高度，使保险器处于保险状态，并将绞车手柄上的止动销插入箱体的孔内。

(3) 在专人指挥下，将工作梯从机身尾部沿着飞机对称轴线慢慢推近垂尾，并使垂尾进入左、右工作台之间的间隙内，调整好梯子的位置，使支脚着地。

(4) 当垂尾的维护工作结束后，使支脚离地，沿飞机对称轴线慢慢拉出梯子到停放位置，支脚着地；拔出绞车手柄上的止动销，操作绞车使升降梯上升一定距离再下降，当保险器处于开启状态后，再操作绞车使升降梯慢慢下降到最低位置，直到支撑撑在阻止器上,再将手柄上的止动销插入绞车箱体上的孔内。

2．注意事项

(1) 定期给滚轮机构、导轮机构、绞车及轮子中的轴承涂润滑脂,以保证操纵灵活和防止锈蚀。

(2) 应注意经常检查工作梯各构件、连接部分,如发现有裂纹、损坏、变形时,应及时修理更换;发现锈蚀应及时除锈涂漆,必要时整个梯子重新涂漆,发现螺栓松动应及时拧紧。

(3) 工作梯在靠近和离开垂尾时,动作应缓慢,防止碰坏飞机;工作时,应仔细检查保险器是否处于可靠的保险状态,以免升降梯突然下滑发生事故。

(4) 工作台上有人时严禁操作绞车;工作台上的工作载荷不允许超过额定工作载荷。

(5) 工作梯不使用时,应使升降梯下降到最低位置,并保险可靠。

(6) 工作梯长期停放保存时,应放置在机棚或厂房内。

3.3.2 轮挡的使用

3.3.2.1 停放轮挡

停放轮挡用于飞机停放时挡住主机轮,如图 3-37 所示。

图 3-37 停放轮挡

1．使用方法

飞机停放时,用两个停放轮挡按"左前右后"的原则分别挡住左、右主机轮的前方、后方。

2．注意事项

飞机飞行前,必须将停放轮挡移开,以保证飞机的安全。

3.3.2.2 试车轮挡

试车轮挡用于飞机发动机地面试车时挡住主机轮,如图 3-38 所示。

1．使用方法

飞机试车时,用两个试车轮挡挡住左、右主机轮的前方,机轮要压住轮挡下沿,轮挡后部卡入试车场地卡槽内。

图 3-38　试车轮挡

2．注意事项

试车前，必须检查轮挡按照要求挡好机轮。

3.3.3　堵盖的使用

以进气口堵盖为例，介绍堵盖的使用方法及注意事项。

飞机进气口堵盖如图 3-39 所示，用于飞机在地面停放时，堵住进气道端口，防止砂尘、雨水、小动物进入进气道。

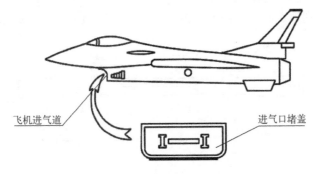

图 3-39　进气口堵盖

1．使用方法

双手握住进气口堵盖手柄，将堵盖均匀推入进气道，推至堵盖挡片接触进气道唇口为止。

2．注意事项

（1）手推堵盖时，不能用力过猛。

（2）应避免日晒雨淋。

3.3.4　脚踏布的使用

脚踏布又称机翼垫子，用于在机翼上工作时防滑和保护机翼，如图 3-40 所示。

1．使用方法

将 4 块垫子分成两组，每组两（也可一）块，用带子连在一起，左、右机翼上各铺一组。左、右机翼的两组垫子之间用麻棉带绕过机背系在一起，并铺在机翼根部即可使用。

图 3-40 机翼垫子

2．注意事项

（1）工作前，必须检查麻棉带是否系牢、可靠，以免垫子滑落而摔伤人。

（2）使用时应防止尖锐物划伤垫子表面。

3.3.5 牵引装置的使用

典型的牵引装置如图 3-41 所示，用于飞机的牵引，具体使用方法如下：

（1）将牵引装置倒推至前起落架前，并对准前起落架，两边同时拉动星形把手，将轴销插入前起落架轮轴两端的孔内。

（2）将拉环与牵引车上的挂钩相连，并连接牢靠。

（3）做好飞机的牵引前准备工作。

（4）飞机牵引到地点后，从牵引车挂钩上取下牵引装置拉环，并通知司机开走牵引车。

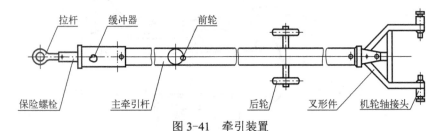

图 3-41 牵引装置

3.3.6 手牵引杆的使用

手牵引杆如图 3-42 所示，用于推飞机，具体使用方法如下：

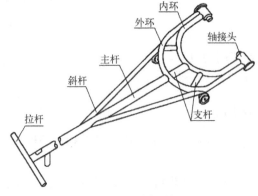

图 3-42 手牵引杆

（1）将手牵引杆对准飞机前轮轴，拉动轴接头处的拉手帽，将轴销插入飞机前轮轴孔中。

（2）一人掌握牵引杆（兼指挥），操纵飞机移动的方向，其他人员分配好位置，按统一指挥推飞机。

3.3.7 千斤顶的使用

1．千斤顶的组成

1）机械千斤顶

机械千斤顶如图 3-43 所示，它主要由升降螺杆、螺帽、升降转换卡子、摇把、支架和防尘套等组成。使用时，将升降转换卡子扳向摇把的转动方向，并使它卡入螺帽缺口内，顺时针方向转动摇把，可使升降螺杆升起；逆时针方向转动摇把，可使升降螺杆降下。

2）液压千斤顶

液压千斤顶如图 3-44 所示，它主要由支架、壳体、手摇泵、卸压开关（油路开关）、大小顶杆、保险卡箍、注油螺塞等组成。当需要升起千斤顶时，先关闭卸压开关，再摇动手摇泵摇把，使储油室的油液经过手摇泵加压后进入活塞室，将顶杆升起。当需要放下千斤顶时，打开卸压开关，活塞室的液压油经卸压开关回到储油室，大小顶杆在重物的作用下即可降下。

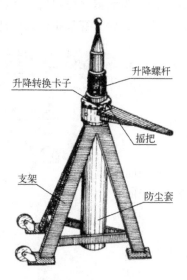

图 3-43　机械千斤顶

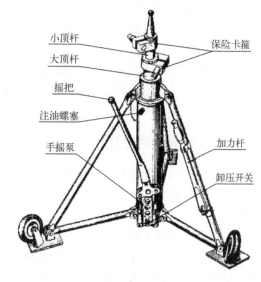

图 3-44　液压千斤顶

2．千斤顶的使用

1）顶起飞机

（1）检查千斤顶是否良好，取下系留飞机的钢索，移开障碍物。

（2）升起 3 个千斤顶，使千斤顶的头部和飞机的千斤顶座对正并接触。

（3）摇动手摇泵，使 3 个千斤顶协调一致将飞机顶起到需要的高度。

（4）把千斤顶的大小卡箍拧紧，以防卸压开关不密封时飞机下沉而发生危险。

（5）摇动手摇泵，使千斤顶的顶杆再升高 1~2mm，便于及时发现卸压开关是否密封，以避免在放千斤顶过程中发生危险。

2）放下飞机

（1）移开妨碍飞机放下的物体，判明机轮确已解除刹车。

（2）放下千斤顶。先判明卡箍与千斤顶壳体之间确实有 1~2mm 的间隙，若无此间隙，应摇动手摇泵把手，使千斤顶活塞杆升高 1~2mm，再松开保险卡箍，然后柔和地打开卸压开关，飞机即可缓慢下降。

（3）待飞机完全放下后，将千斤顶从飞机下移出。

3）顶放飞机的注意事项

（1）放置千斤顶的地面应平整、无冰雪；顶起飞机的过程中，注意观察千斤顶是否滑动，有无倾斜。

（2）如果单独使用前千斤顶顶起机头时，应当在主轮后面挡好轮挡，防止飞机滑动。

（3）当风速达到顶起该型飞机所允许的限值时，禁止顶起飞机；如果处于顶起状态时，应立即放下飞机。

（4）放下千斤顶前，要将飞机工作梯架等地面设备移出机外，以防放千斤顶时损伤飞机和设备。

（5）在顶起千斤顶时，如果小活塞杆先升起，一般情况下应停止使用，并进行检修。

3．千斤顶的维护

（1）千斤顶使用结束后，应将大、小顶杆下压到底，防止表面镀铬层损伤或锈蚀。还应将卸压开关关闭，注油嘴拧紧，并用罩布盖好，防止水分、砂土等杂质进入内部堵塞油路和磨损机件。

（2）定期维修千斤顶。应定期更换或补加液压油。外表油漆层脱落时要及时补漆，对未涂漆的部件要涂润滑油（脂），防止生锈。

3.3.8 地面电源的使用

在地面对飞机进行通电检查或起动发动机时，一般应用地面电源供电。常用的地面电源有固定地面电源设备、起动车和地面电源车等。

1．固定地面电源的使用

固定地面电源设备是将民用电或工业用电经变电所变压整流为供飞机使用的直流电源，经地下电缆敷设到专用地点，它是一种永久性设施。使用时，只需通知变电所供电，然后将电缆插在飞机上的地面电源插座内即可，如图 3-45 所示。

2．起动车的使用

地面起动车（如图 3-46 所示）在使用前，须分别检查两组电瓶的电压和加负载的电压应符合规定，转换继电器的工作应正常，保证在进行升压起动时，能及时由低压供电转换为高压供电。使用时，将起动车的电缆插头插入飞机上的地面电源插座，打开机上蓄电瓶电门，起动车即可向飞机供电。

图 3-45　固定地面电源

3．地面电源车的使用

地面电源车使用时，将地面电源车上的电缆插在飞机上，向操作人员发出"供电"口令，由司机操作电源车发电并向飞机供电。当汽车驾驶室顶盖上的绿色信号灯亮时，表示电源车可以向飞机供电。

4．使用地面电源的注意事项

（1）使用地面电源前，应检查电压符合规定。电压低于或高于规定值均不能使用。

（2）给飞机插地面电源插头前，应检查飞机各电门在断开或规定位置。

（3）插电源插头时，应对正定位销，判明正、负极标志（有的飞机有正、负极标志，一般正极涂有红色标记，负极涂有白色或蓝色标记），插头一定要对正插牢，防止接反、接触不良而损坏设备、插头。

（4）飞机在加添燃料、充放氧气、拆装电源系统机件或飞机地面电源插座处有"禁止通电"字样堵盖或牌子时，禁止插地面电源。

（5）拔下地面电源插头时，应先通知在座舱内工作的人员或有关专业人员将所有电门放在规定位置。

3.4 专用车辆的使用

3.4.1 电源车

电源车是进行航空维修工作的主要保障车辆之一，分为拖车式和机动式两大类。拖车式一般称为起动车，机动式一般称为电源车。但其主要用途均是用于飞机地面通电检查和起动发动机。

1．起动车

LS-810C 型航空起动车是目前使用较多的地面起动车，如图 3-46 所示。

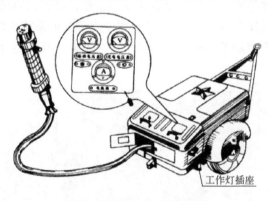

图 3-46　LS-810C 型起动车

该起动车内装 4 块 7HK-182 型蓄电池组成两组电源，车身上装有地面工作灯插座、检查起动车电压的电压表、开关及接触器、继电器、保护电路等辅助设备，两组并联时供给 28V 的直流电源，用于飞机低压起动和通电检查，两组串联时供给 52～56V 直流电源，用于飞机升压起动。

2. 电源车

地面电源车是指将一台或数台发电机固定装于改装汽车或挂车上的独立供电的可移动电站，它通常用于飞机发动机地面起动或飞机地面通电检查。目前，地面电源车的种类比较多，常用的是 426 型地面电源车，如图 3-47 所示。

图 3-47　426 型地面电源车

该地面电源车可提供交、直流电，由双绕组直流发电机、旋转变流器、两组（或三组）蓄电瓶以及电磁式电压调节器、反流割断器、电压继电器、接触器、电缆等组成。为了便于控制和了解电源车的供电情况，在驾驶室内设有电源车仪表板。它可以输出 28V 或 52~56V 的直流电和 115V、400Hz 的交流电，可同时满足两架飞机的通电检查或发动机起动用电的需要。

3.4.2　空调车

现代飞机电子设备越来越多，其在工作时要放出大量的热能，这些热能如不能及时散发，将直接影响飞机正常工作，同时飞行员也需要舒适的乘机环境，为此设计有空调系统。但是飞机在地面停放时，机上空调系统不工作，这就需要地面空调设备进行环境温度的控制。空调车（如图 3-48 所示）主要用于飞机空调系统在地面不工作的情况下，为飞机设备、座舱、专用隔舱等进行空气调节。在不同的环境温度下，分别提供冷气、暖气和进行通风去湿。

图 3-48　空调车

飞机在空气湿度很大（大于 90%）的情况下进行通电时，不管环境温度多高，在设备接通前，应用空调车热空气（60℃）对机载电子设备进行加温除湿。在潮湿气候条件下进行飞行前准备时,无论是否通电,都应使用空调车进行除湿。

3.4.3 充氮车

充氮车(如图 3-49 所示)用于贮存高压氮气,用来向飞机气动系统灌充氮气。充氮车进入或退出规定停放位置时,必须按规定路线行驶,在接近飞机 50m 时,车速不得超过 5km/h,并应注意观察,充气完毕经机务人员认可后方可离开。

图 3-49 充氮车

3.4.4 充氧车

充氧车(如图 3-50 所示)用于贮存高压氧气,主要用于向飞机氧气系统灌充一定压力的氧气。充氧车进入或退出规定停放位置时,必须按规定路线行驶,充气完毕经机务人员认可后方可离开。

图 3-50 充氧车

3.4.5 送冷车

送冷车配备有多个贮存高压冷气(压缩空气)的气瓶,如图 3-51 所示,主要用来向飞机冷气系统灌充冷气。随着飞机的更新换代,冷气已逐渐不适应新型飞机的需要,正逐步被氮气所取代。

3.4.6 液压油泵车

液压油泵车主要是在地面向飞机的液压系统提供液压压力,分为拖车式和机动式两大类。拖车式一般称为地面液压泵,机动式一般称为液压油泵车。

1. 地面液压泵的使用

地面液压泵如图 3-52 所示。

图 3-51　送冷车　　　　　　　　图 3-52　地面液压泵

1）准备工作

（1）检查座舱内各收放开关、电门应在规定位置，液压系统压力表应指示为"零"。

（2）检查液压油箱油量，应符合规定。

（3）清洗地面液压泵的接头。

2）液压泵的连接与使用

（1）连接液压泵的导管：先接高压（细管）接头，后接低压（粗管）接头。

（2）连接电源导线：先连接油泵车上的插头，后连接电源插头。

（3）试泵：接通油泵车上的电源开关，使液压泵工作，系统压力应上升到最大规定值。

3）液压泵气塞的处理

液压泵气塞的现象：液压泵空转、声音小、压力表不指示或指示不到规定值。气塞的原因是液压油不足或者是液压泵进口管路被空气堵塞，致使油液不能进入液压泵而造成气塞。

液压泵气塞的处理方法有以下几种：

（1）给油箱加足液压油。特别是有隔板的油箱，应使油液经隔板上的单向活门流入隔板下部，将隔板下部的空气排出。

（2）断续接通液压泵，使液压泵进口管路中的空气进入系统。

（3）接通液压泵工作时，不断消压使系统内的空气回油箱排出。

（4）接通液压泵工作时，拧松液压泵出口管路的接头，使油泵内的空气直接排出。

4）拆卸液压泵的方法

（1）断开液压泵的电源。

（2）消除系统油压，放掉油箱内的余气。

（3）拆下液压泵导管，先拆低压（粗管）接头，后拆高压（细管）接头。

5）安全注意事项

（1）液压系统有油压时，禁止在减速板舱内工作；在襟翼、平尾和副翼等附近工作时要注意安全。

（2）油泵车要保持清洁，连接飞机的导管接头要加装堵盖，并套上布套，液压泵的出口应有毡质油滤，并定期清洗。

（3）油泵车要有专人维护，平时油泵车应放在工作房内，露天保管时应加布罩。

2．液压油泵车的使用

液压油泵车如图 3-53 所示，由专业人员进行操作，在飞机上进行的操作与使用地面液压泵时相同。

图 3-53　液压油泵车

3.4.7　加油车

加油车分为燃料加油车和辅助油料加油车两大类。燃料加油车（如图 3-54 所示）主要用于向飞机添加煤油或汽油，分为压力加油车和重力加油车两种。压力加油车既可压力加油也可重力加油。重力加油车只能进行重力加油。辅助油料加油车主要用于向飞机添加润滑油和液压油等辅助性油料。

图 3-54　加油车

3.4.8　牵引车

牵引车（如图 3-55 所示）通过与飞机可靠连接，将飞机牵引到指定地点，牵引飞机时，必须按照规定的路线和速度行驶。牵引飞机行进中，禁止人员上下牵引车。

图 3-55 牵引车

3.5 机件的连接

飞机上机件的连接形式可分为不可拆卸的连接（如焊接、铆接）和可拆卸的连接两大类，后者按连接机件在工作时的运动特点又可分为固定连接和活动连接两类；被连接的机件在工作时不产生相对运动的是固定连接，如起落架上的支柱充气接头和各种固定卡箍等，如图 3-56 所示；被连接的机件在工作时产生相对运动的是活动连接，如起落架平行四边形机构与起落架的连接、操纵系统传动杆与摇臂的连接等，如图 3-57 所示。

图 3-56 典型的固定连接　　　图 3-57 典型的活动连接

机件的固定连接处和活动连接处的安装紧度的要求是不同的，在安装机件时，必须注意这一点。

3.5.1 铆钉连接

飞机结构上需要传递分布剪切载荷，并且不需要拆卸的部位，通常用铆钉作为紧固件，比如蒙皮与桁条、大梁缘条和大梁腹板、梁腹板与肋腹板之间的连接角材等，都是采用铆钉作为紧固件。

飞机上常用的铆钉主要有实心铆钉、拉杆铆钉、螺纹铆钉等，如图 3-58 所示。铆钉连接的方法是：通过钻孔、制窝、打铆钉等工序，将两个或两个以上的零件，连接成一个组合件或部件，如图 3-59 所示。

图 3-58 铆钉种类

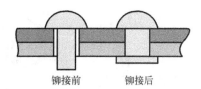

图 3-59 铆钉的连接情形

3.5.2 螺钉连接

飞机上常用的螺钉有一字螺钉、十字螺钉和六角头螺钉、六角孔螺钉等，如图 3-60 所示。螺钉连接的方法是：把螺钉穿过机件的安装孔，然后将其拧入另一机件的螺纹孔内，将机件连接起来，如图 3-61 所示。

图 3-60 各种螺钉

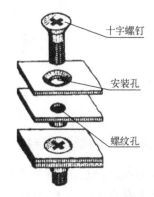

图 3-61 螺钉的连接情形

此外，还有快卸螺钉和蝶形螺帽等。快卸螺钉又叫扣式螺钉，是用螺钉尾部的云形口卡住机体螺钉孔内的钢丝，就能固定机件，如图 3-62 所示。蝶形螺帽又叫羊角螺帽，是将螺杆卡入固定接耳内，再用手拧紧蝶形螺帽，就能将机件连接固定住，如图 3-63 所示。

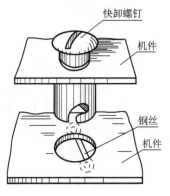

图 3-62 快卸螺钉的连接情形

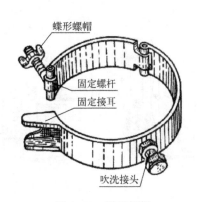

图 3-63 蝶形螺帽

3.5.3 螺纹接头连接

螺纹接头用在导管接头、传动杆可调整部位和钢索的连接处，如图3-64所示。

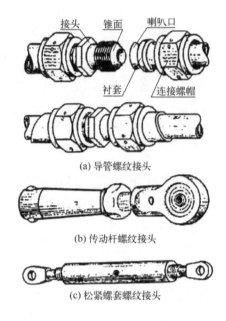

图 3-64 常见的螺纹接头及其连接情形

3.5.4 螺栓和螺桩连接

螺栓连接时，把螺栓穿入两个机件的安装孔内，再装上垫圈和螺帽，如图3-65所示。螺桩的两头都有螺纹，连接时，一头旋在机件上，将另一机件的安装孔套在螺桩上，再装上垫圈，然后拧上螺帽，如图3-66所示。

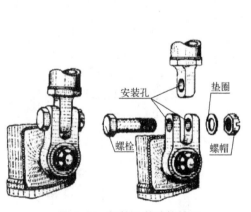

图 3-65 螺栓及其连接情形

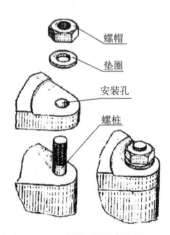

图 3-66 螺桩及其连接情形

3.5.5 固定卡箍连接

固定卡箍通常用来固定附件和导管。固定卡箍的座子通常用螺栓或螺钉固定在某一机件上，也有把两个卡箍的座子焊在一起的。卡箍上有一开口，开口处装有螺栓或设有搭扣。连接时，把附件放入固定卡箍内，拧紧螺栓，收紧固定卡箍或扣上搭扣，附件和导管就被固定起来，如图3-67（a）所示。

有的固定卡箍，在开口处没有螺栓而装有带蝶形螺帽的螺杆，如图3-67（b）所示。在附件放入固定卡箍后，将螺杆扳到卡槽内，再拧紧蝶形螺帽，使卡箍收紧，就可将附件固定住。这种固定卡箍的牢靠程度不如前一种固定卡箍，但拆卸方便，且拆卸时零件（螺帽、垫圈等）不易掉入飞机内部。

固定电缆接头用的固定卡箍，通常在开口处装有搭扣。电缆接头放入固定卡箍后，扣上搭扣，机件即可被固定住，如图3-67（c）所示。

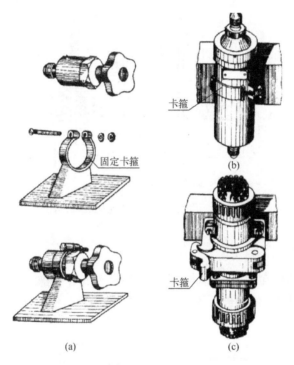

图3-67 固定卡箍连接

3.5.6 固定销连接

固定销连接通常用在经常拆装的机件上。常用的固定销有带止动片的固定销、装开口销的固定销、带止退钢丝的固定销、带止退弹簧的固定销和带止退钢珠的固定销等，如图3-68所示。带止动片的固定销在穿过机件的安装孔后，应将止动片扳转90°。

用固定销连接时，把固定销穿过连接机件上的安装孔，就可把机件连接起来。装开口销的固定销在安装时应加垫圈，如图3-69所示。

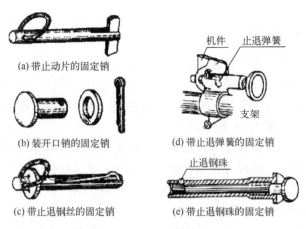

图 3-68 常见的几种固定销

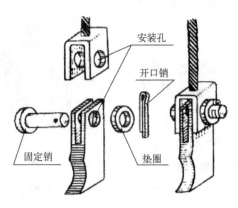

图 3-69 用装开口销的固定销连接机件

3.5.7 键连接

键是用来连接齿轮和轴心的零件,在轴上用铣刀开一条槽,在齿轮上也开一个槽,装配时用一个长方形断面的键嵌入两机件的槽里,使两个机件紧压在一起转动,如图 3-70 所示。

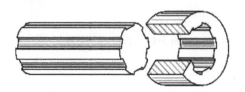

图 3-70 键连接

3.5.8 插销接头连接

插销接头用于电气装置上,它由插座和带有连接螺帽的插头组成,如图 3-71 所示。连接时,把插头插入插座,拧紧连接螺帽即可。

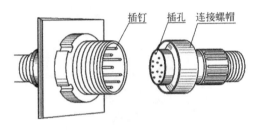

图 3-71 插销接头连接

3.5.9 导线接头连接

导线接头是用连接螺钉或连接螺帽直接拧在机件的螺孔内或螺杆上，如图 3-72 所示。

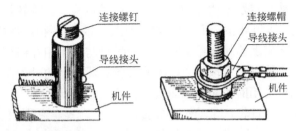

图 3-72 用连接螺钉和连接螺帽连接导线

3.5.10 紧定装置的连接

飞机上的航空电子设备结构部分通常由机箱和安装架构成，二者一般通过紧定装置连接成一个整体。根据部位和需求的不同，紧定装置可分为 A、B、C 三种类型。目前航空用的紧定装置主要有 A、B 两类。

1. A 类紧定装置

A 类紧定装置是由滚花螺母（或其他形式）和安装在设备上的紧定钩构成的螺旋紧定机构，其典型装置如图 3-73 所示。该紧定装置包括螺栓、环扣、螺母、棘轮、锁紧弹簧和圆环等。螺栓呈柱体六方结构，加工有螺纹，底端带有销孔，如图 3-74 所示。操作时不需使用其他任何工具就可实现对机箱快速锁紧、拆卸和防止松动的功能。

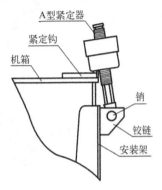

图 3-73 典型的 A 类紧定装置

111

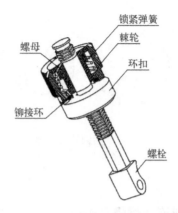

图 3-74 A 类紧定装置的结构组成

安装机箱时，滑动紧定器上的环扣，使之扣在紧定钩上。旋转棘轮与螺母组合体，使之与环扣相对拧紧，压迫环扣，使之与紧定钩扣紧，限制环扣沿螺栓轴线方向的运动。此时棘轮上的棘齿与环扣上的棘齿相互咬合，使螺母与环扣相互锁死而不能在螺栓上转动。棘轮和螺母之间有锁紧弹簧预压力，因此棘轮和环扣上的棘齿在工作工程中总是咬合在一起，即可实现对机箱的可靠锁紧。拆卸机箱时，拉起并逆时针旋转棘轮，带动螺母旋转，即可解除棘轮与环扣的咬合，进而松开环扣，卸下机箱。

2．B 类紧定装置

B 类紧定装置为杠杆锁闩把手形式，如图 3-75 所示，由外壳、扳键组件、锁紧件、螺套、销轴等组成，结构外形如图 3-76 所示，结合了锁紧机构和把手的特点，既可以作为机箱的锁紧机构，又可以作为机箱的把手，方便机箱和机柜的搬运、固定和锁紧，是一种具有多种功能的装置。

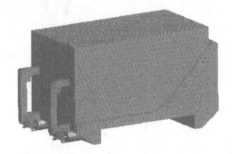

图 3-75 典型的 B 类紧定装置

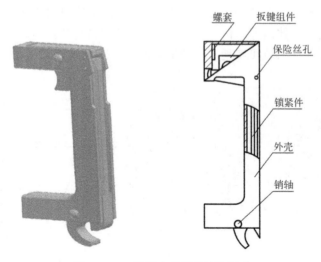

图 3-76 B 类紧定装置的结构组成

紧定装置固定在机箱的前面板上,工作时松开锁紧件,将机箱放置在安装架上,使锁紧件下端的锁钩扣住固定在安装架上的锁定器,向上推动锁紧件,并使其与扳键组件锁住,达到锁紧机箱的目的;反之,锁紧件在扳键组件上弹簧片的作用下弹开,解除机箱锁定。必要时可用合适的保险丝穿过紧定装置上的保险丝孔将紧定装置锁死,提高机箱固定的可靠性。

3.5.11 垫圈

垫圈主要用在螺栓、螺钉或螺母等支承面与被连接部位之间,起着保护被连接件表面、防止紧固件松动的作用或其他特殊用途,如图 3-77 所示。根据垫圈的用途可将其分为平垫圈、防松垫圈和特殊用途垫圈。

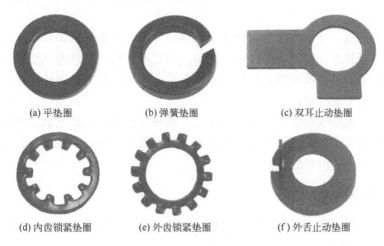

图 3-77 各类垫圈

1. 平垫圈

平垫圈也称为普通垫圈,是最常用的一类垫圈。在一般的螺栓或螺钉连接中基本上都能用到平垫圈,主要是用以改善被连接件的受力状况,保护被连接件的表面状态。平垫圈的公称直径就是与其配用螺栓或螺钉的公称直径,平垫圈的规格越小,其内径尺寸就越接近公称直径,轴孔配合就越紧密。如果垫圈的内径过小,会与螺栓头下圆角发生干涉。内倒角平垫圈则可以避免这种干涉。平垫圈的外形一般为圆形,但根据装配的需要,也可以为其他形状,如外形为方形的方垫圈。

2. 防松垫圈

防松垫圈装在紧固件与被连接件之间,达到简单的防松效果。防松垫圈主要包括以下几类:

(1)弹簧垫圈是依靠弹性和斜口与平面的摩擦,防止紧固件的松动;鞍形弹性垫圈则仅是依靠其弹性来防止连接件松动,主要用于经常拆卸的连接处。

(2)单/双耳止动垫圈是利用其耳部结构的弯曲分别扣紧被连接件的边缘和螺母,使其不能自由转动,起到防松作用。

(3)内/外锯齿锁紧垫圈主要是靠齿尖与被连接件平面的啮合力和较小的弹性来防止连接件的松动。

（4）外舌止动垫圈与单耳止动垫圈的功能类似，它是利用其外舌嵌入被连接件的内孔中限制螺母或螺栓的转动。

3．特殊用途垫圈

特殊用途垫圈一种是方斜垫圈，另一种是预载垫圈，它可用来控制螺栓的拧紧程度。这种垫圈由 4 个零件组成：两个普通平垫圈、一个屈服强度较低而厚度较厚的内圈和一个屈服强度较高而厚度较薄的外圈。其工作原理为：在拧紧螺母时，内圈受到压力，直到屈服，并且厚度逐渐变薄，当厚度降到外圈高度时，即表示螺栓的预紧力达到了设定值。

3.6 紧固件的保险

紧固件在机械零件的安装中起到固定和连接作用，分为可拆卸和不可拆卸两类。可拆卸紧固件是指紧固件拆下后可以重复使用，如螺栓、螺钉、螺帽、垫圈等；不可拆卸的紧固件是指紧固件若拆卸则需被破坏，不能重复使用，如高锁螺栓、环槽钉、实心、抽芯铆钉等都属于这一类。

飞机上，凡是螺纹连接的紧固件，除了按照规定拧紧外，还要求采取措施以防止它们松动，这些措施称为"保险"。常用的防松保险大致有 3 种：机械防松保险、增大摩擦力的防松保险和不可拆卸的防松保险。

3.6.1 机械防松保险

机械防松保险的基本原理是利用机械的办法，阻止螺纹间（螺帽与螺杆间）产生相对运动，以制止松动。

常见的机械保险有保险丝保险、开口销保险、别针保险、止动垫圈保险、螺钉保险、卡圈保险和弹簧卡保险等。

3.6.1.1 保险丝保险

保险丝保险通常用于螺栓、导管接头螺帽、螺钉、螺帽、松紧螺套等处。

1．保险原理

保险丝保险的原理是：用一根保险丝将两个或更多的紧固件向拧紧方向拴在某个不动的机件上，或将它们串联起来互相牵制，当某一紧固件有松动趋势时，因受到其他紧固件的牵制而使其不能松动，如图 3-78 所示。

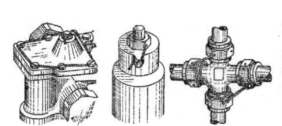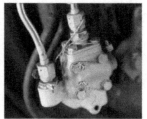

图 3-78 保险丝保险的情形

2．保险点的选取原则

螺栓、螺钉、螺帽上，保险孔的位置有两种：一种是贯穿中心，一种是在六角处侧向开孔。选取保险点，应遵循以下三条原则：

（1）斜拉："斜"即相邻件上保险丝的进入路线应尽量与被保险的紧固件相切，并且保险角度要求不小于30°，最佳角度为45°；"拉"即拉保险丝的方向必须与紧固件的拧紧方向一致。

（2）走捷径：即保险点的距离应尽量近，距离短。

（3）便于操作。

在以上三条原则中，方向的选择是最为主要的。若方向错了，不但不能起到保险作用，还有可能会将拧紧的螺帽拉松。

3．保险丝的编结方法

（1）按照螺帽能被拉紧、操作方便和保险丝经过的距离较短三个要求，选择好保险孔，确定好保险丝的起点、走向和终点。

（2）将粗细与保险孔径大致相同的保险丝（长度为两保险孔距离的2.5～3倍）穿过第一个保险孔，对折成两股，拉紧并以120°左右的夹角编结第一个扭花，然后把两股保险丝以60°左右的夹角继续编结，如图3-79（a）所示。

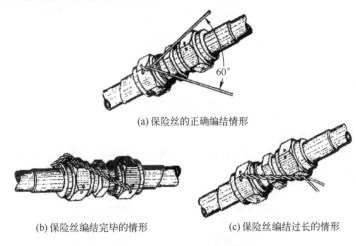

(a) 保险丝的正确编结情形

(b) 保险丝编结完毕的情形　　(c) 保险丝编结过长的情形

图3-79　保险丝的编结情形

（3）当编结到第二个保险孔时，把一股保险丝穿过保险孔，然后拉紧两股保险丝继续编结。

（4）当保险丝穿过最后一个保险孔后，再编结3～5个扭花（长度为10～15mm），剪去多余的部分。

（5）最后，将保险丝的结尾部分平直地贴压在螺帽上，如图3-79（b）所示。

保险丝一定要编结均匀并向拧紧的方向拉住螺帽。两个保险孔之间保险丝扭花编结的长度不应超过保险孔之间的距离，否则保险丝将拉不紧，不能有效地防止螺帽松动，如图3-79（c）所示。

4．保险丝的拆除

拆除保险时，应用"剪断、扭开、抽出"的方法。通常是用钳子夹保险丝尾部，向拧断保险丝的方向转动钳子，即可取下保险丝。但对铝接头或铝螺帽，不允许用拧断保险丝的方法拆除保险丝，而是先用钳子将保险丝剪断或松开扭花，再将保险丝从保险孔内抽出，防止损伤螺帽上的保险孔。

5．注意事项

（1）保险丝不允许重复使用，已经使用过的保险丝不准再次使用。

（2）不许使用不合孔径或锈蚀的保险丝。

（3）不同部位的零件，应按规定使用不同材料的保险丝。

3.6.1.2 开口销保险

1．保险原理

开口销如图 3-80 所示，一般用于槽形螺帽与带孔的螺桩、螺栓、螺钉、销子等上，通过将其穿过六角槽形螺帽上的槽和螺杆上的销孔，将螺帽和螺栓直接锁紧，以防止飞机、发动机震动时螺帽、螺栓或螺钉滑扣而脱落。

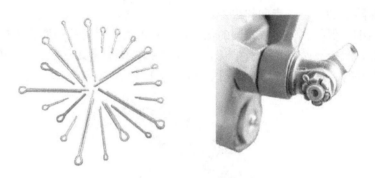

图 3-80　开口销及开口销保险情形

2．开口销保险的种类

飞机上常见的开口销保险，分为横保险和纵保险两种，如图 3-81 所示。横保险时，开口销尾端左右分开；纵保险时，开口销尾端上下分开。

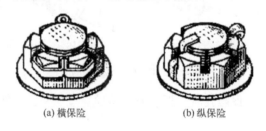

(a) 横保险　　　　(b) 纵保险

图 3-81　开口销保险

实际操作时，一般情况下采用横保险，只有在不好打保险的地方，或者用开口销保险后，机件外边还装有盖子、罩子，而平时工作又碰不上的地方，才打纵保险。

3．安装开口销的方法

当螺帽拧紧后，首先检查螺钉上的开口销孔和螺帽上的缺口是否对正。如果螺帽的紧度合适，但开口销孔未对正，应该用更换垫圈或螺帽的方法使孔对正。

注意：禁止用拧松螺帽的方法使孔对正。

1）横保险

安装横保险的方法如图 3-82 所示。插入开口销以后,把开口销头部推到紧贴螺帽缺口,将开口销的尾部沿螺帽棱面向两侧分开,切掉多余部分(也可以在开口销插入前,将开口销剪到适当长度),然后将开口销尾部分别打紧在螺帽的两个缺口内。操作时,应防止解刀损伤螺帽和螺纹。

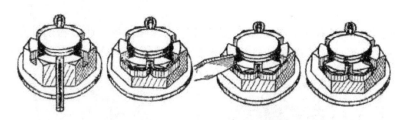

图 3-82　安装横保险的方法

在较狭窄的部位,如果用上述方法不便操作,也可用下列方法打横保险:先将开口销剪到适当长度(约为螺帽一边长度的三倍或螺帽直径与一边长度之和),再将开口销插入并将其尾部分开,然后用钳子将开口销的两腿弯成钩形(注意保持开口销尾部始终在一平面上),再将它压紧在螺帽的缺口内。

2）纵保险

安装纵保险的方法如图 3-83 所示。将开口销插入孔内,使其尾部顺螺杆的轴向分开,并分别紧靠在螺杆端面和螺帽上,然后切去多余部分并打紧。

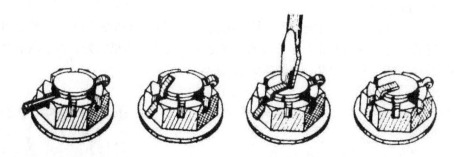

图 3-83　安装纵保险的方法

无论是横保险还是纵保险,所用开口销的直径应与螺杆上的开口销孔径大致相等。

4．拆除开口销的方法

拆除开口销时,通常先将开口销尾部夹直,再用钳子夹紧开口销头部,然后转动钳子,即可取出开口销。开口销只能使用一次,拆除下来的开口销不准再次使用。

5．注意事项

(1) 不准使用腐蚀或用过的开口销。

(2) 开口销直径选取要合适,一般为孔径的 80%～90%,穿入后只允许有微量的间隙。

(3) 开口销头部不允许有扭曲、裂纹或断裂,尾部不允许轧扁或扭转。

(4) 开口销尾端弯曲不可太急,否则易断,最好用木榔头敲弯成形。

（5）给固定销安装开口销之前，必须先安装平垫圈。

（6）拔出开口销时，注意用力不可过猛，以免造成人身伤害或损伤邻近机件。

（7）工具和开口销必须放在工具盘内，不得直接放在飞机上。剪断开口销时，必须采取措施，避免开口销屑乱飞伤人或掉入飞机、发动机内部。

3.6.1.3 别针保险

1．保险原理

别针保险如图 3-84 所示。其保险原理与开口销保险相同，通过将别针穿过槽形螺帽上的槽和螺杆上的销孔，将螺帽和螺栓直接锁紧，以达到防松的目的。

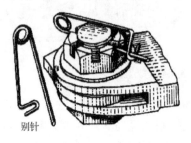 

图 3-84　别针和别针保险

相对于开口销保险，别针保险安装简单方便，且可以重复使用，一般用于经常需要检查、拆卸的部位。

2．保险方法

1）别针保险的安装

安装别针保险时，首先拧紧螺帽，对正销孔（要求与开口销保险相同），然后将别针的直边穿过螺帽与螺杆的槽孔，穿别针的顺序是由上向下、由里向外、由前向后穿；最后用别针的弯钩钩住别针的直边，即完成别针的安装。

2）别针保险的拆卸

按照与安装相反的顺序，即可取下别针。

3．注意事项

（1）应选用能穿过销孔的最大别针。

（2）别针应弹性良好，无锈蚀、压痕或其他损伤。

（3）别针可以重复使用，取下的别针应当保存好，留待安装时再用。

（4）给固定销安装别针之前，应先安装好平垫圈。

（5）不能用别针代替开口销使用。

3.6.1.4　止动垫圈保险

止动垫圈通常称为"保险片""锁片"，用于螺帽或螺栓的防松保险，如图 3-85 所示。

图 3-85　止动垫圈保险情形

1．保险原理

止动垫圈的保险原理：将止动垫圈垫在螺帽下，螺帽拧紧后，将止动垫圈的定位爪（俗称"羊角"）和固定爪（俗称"锁片"）上下分开，贴在螺帽和机件的侧面上，限制螺帽转动，实现螺帽防松。

止动垫圈防松可靠，常用于温度变化较大、受力较大或重要部位（如发动机）任意连接的防松，但要求有一定的安装空间。

2．止动垫圈保险类型

常见的止动垫圈有单孔止动垫圈和双孔止动垫圈两种。单孔止动垫圈通过机件保险螺帽，一次只能保险一个螺帽；而双孔止动垫圈可以使两个螺帽互相保险。

3．保险方法

用单孔止动垫圈保险时，首先将止动垫圈套在螺杆上，然后将固定爪打弯并压紧在机件上，最后将两个定位爪分别打弯并贴紧在螺帽的两个棱面上，如图3-86（a）所示。这样，螺帽和止动垫圈都不能反转而松动。

用双孔止动垫圈保险时，首先将止动垫圈套在螺杆上，如图 3-86（c）所示，然后将螺帽拧到合适的紧度，最后把定位爪打弯并压紧在螺帽的面上，如图3-86（b）所示。这样，两个螺帽利用双孔止动垫圈相互保险，都不能反转而松动。

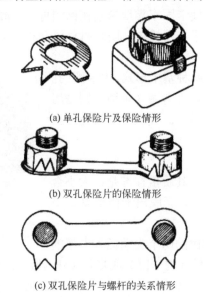

(a) 单孔保险片及保险情形

(b) 双孔保险片的保险情形

(c) 双孔保险片与螺杆的关系情形

图 3-86　止动垫圈和止动垫圈保险的情形

4．注意事项

（1）止动垫圈不能重复使用，每次更换时，只能更换相同规格的止动垫圈。

（2）止动垫圈固定爪和定位爪的弯曲部位不允许出现剪切、裂纹或断裂，在弯曲时不允许有压坑和轧扁，弯曲不能超过一次。

（3）止动垫圈的定位爪可以弯曲在螺帽（螺杆）的一个棱面上，也可以弯曲在两个棱面上。应当使定位爪的面在能保证与螺帽（螺杆）的棱面接触最大面积的部分进行弯曲。

3.6.1.5　螺钉保险

1．保险原理

飞机上有些机件用保险螺钉来限制紧固件的松动，保险螺钉抗剪切性能好，防松可靠，常用于受力比较大的部位以及难与其他零件连保的较大部件，如作动筒端盖、机轮固定螺帽等。

2．质量标准

一个好的螺钉保险，其质量标准是：螺钉无滑丝、松动、锈蚀。

3．保险方法

（1）按照规定的要求，拧紧紧固件，并使紧固件上的保险槽口对正保险螺钉孔，当不能对正时，可采用更换垫片的数量和厚度进行对正。

（2）将保险螺钉装入保险螺钉孔并拧紧。

4．注意事项

有些保险螺钉本身也需要保险防松，在安装完成之后勿遗忘保险。

3.6.1.6 卡圈保险

1．保险原理

卡圈，即弹簧卡圈，由金属丝（圆截面）或金属扁带所制成（材料各异），经过热处理而具有良好弹性，从而能使卡圈牢靠地卡紧在槽沟里。卡圈保险的基本原理是利用卡圈的外张或内缩弹力使其嵌于专用槽内，防止机件松动和脱落，主要用于柱状零件的锁位定位。

卡圈有内卡圈和外卡圈两种基本形式，内卡圈（孔用）用于缸体的内壁槽沟内，外卡圈（轴用）则是用来锁在轴形或缸体外表的槽道上。飞机主轮防尘盖上的卡圈保险如图 3-87 所示。

2．质量标准

一个好的弹簧卡圈保险，其质量标准是：大小合适，弹性良好，无断裂和变形，无脱出卡槽现象。

图 3-87　卡圈保险的情形

3．保险方法

（1）安装时，先将卡圈钳的两个尖端插入卡圈的两个凸耳中将卡圈钳住，压缩（内卡圈）或张开（外卡圈）并保持住，将其放入槽沟内，松开卡圈钳，然后用一字解刀转动卡圈至少一圈，或者用专用塞尺测量卡圈两凸耳的距离符合规定，确保卡圈进入槽沟，卡紧到位。

（2）拆卸时，将卡圈钳的两个尖端插入卡圈的两个凸耳中将卡圈钳住，压缩（内卡圈）或张开（外卡圈）并保持住，直到将卡圈从槽沟内取出。

4．注意事项

（1）拆装卡圈使用专用的卡圈钳。在用卡圈钳压缩或张开卡圈时，确保卡圈钳的尖端可靠地卡在卡圈的凸耳中，防止卡圈弹出。

（2）卡圈拆装过程中，其变形量超过其内径的 50％ 则报废。只要能完成拆装工作，变形量越小越好。卡圈直径变形太大，会造成卡圈永久性变形，从而失去保险作用。

（3）卡圈的一面较平，另一面为凸面，安装时，平面朝向需要紧固的机件，并且必须安装进入沟槽。

（4）一般情况下，只要卡圈具有原来的形状和弹性，就可以反复使用。有特殊要求的卡圈，按照规定次数使用。

3.6.1.7 弹簧卡保险

弹簧卡保险的基本原理是：利用弹簧卡卡住连接件，防止其松动、脱落。电缆插销插好后，用弹簧卡卡住插销根部，这样插销就不会被碰松脱。

弹簧卡保险常用在受力不大，但需要经常拆卸的部位。一个好的弹簧卡保险，其质量标准是：弹簧卡弹性良好，插销无脱落。

3.6.2 增大摩擦力的防松保险

增大摩擦力的防松保险的基本原理是：利用增加螺纹间或螺栓（螺钉）头及螺帽端面的摩擦力或同时增加两者的摩擦力的方法，来阻止螺纹产生相对运动，达到防松的目的。常见的靠摩擦力防松的保险有弹簧垫圈保险、双螺帽保险和自锁螺帽保险等。

3.6.2.1 弹簧垫圈保险

1．保险原理

飞机上常见的弹簧垫圈为波形弹簧垫圈。其保险原理是：当拧紧螺帽或螺钉后，利用弹簧垫圈被压平后产生的弹力，压紧螺帽，使螺杆与螺帽之间的螺纹互相咬紧，增大摩擦力，从而防止螺帽松动。弹簧垫圈的开口端上下错开，端面倾斜而带有刃口，当螺帽有松动趋势时，弹簧垫圈的刃口还将切入螺帽的下表面而使摩擦力大大增加，有效地防止螺帽松动，如图 3-88 所示。

2．保险方法

采用弹簧垫圈保险部位的一般安装顺序是：螺栓+机件+平垫圈+弹簧垫圈+螺帽。安装时，将弹簧垫圈穿在螺杆上，然后放上螺帽并拧紧，拧紧程度以弹簧垫圈被压平为宜。

3．注意事项

（1）按照螺帽的规格，选用合适的弹簧垫圈。

（2）由于弹簧垫圈是开口的圆形结构，如螺帽拧紧过度，可能会出现因内径胀大而失效的情况。因此，螺帽拧紧时，要注意安装力矩应符合要求，使弹簧垫圈被压平即可。

（3）安装时，在弹簧垫圈与螺帽之间，不得安放平垫片，但是弹簧垫圈与机件之间必须放置一个平垫片，以防弹簧垫圈的刃口在旋转时损伤机件表面。

（4）重要部件的弹簧垫圈只允许使用一次，以保证安全。一般部件的弹簧垫圈经过一次使用后，经检查完好，可以再使用一次。

3.6.2.2 双螺帽保险

1．保险原理

双螺帽保险的情形如图 3-89 所示，其保险原理是：在固定螺帽上再拧上一个保险螺帽，拧紧保险螺帽，可使两个螺帽所在的一段螺杆受到拉伸，这段螺杆与两个螺帽的螺纹之间互相压紧而产生摩擦力，阻止螺帽松动。当机件受到振动等影响而使固定螺帽以下一段螺杆的拉伸变形减小，从而使固定螺帽与螺杆之间的摩擦力减小时，保险螺帽与固定螺帽之间互相压紧的程度并不因此而变小，两个螺帽之间的一段螺杆仍然受到拉伸，螺纹之间的摩擦力依然存在，所以双螺帽可以起到保险作用。

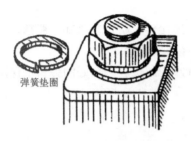
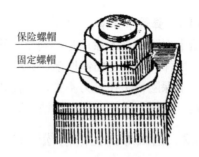

图 3-88　弹簧垫圈和弹簧垫圈保险的情形　　　　图 3-89　双螺帽保险

2．保险方法

（1）将固定螺帽拧到合适紧度。
（2）在固定螺帽上拧上一个保险螺帽。
（3）用扳手固定住固定螺帽，再拧紧保险螺帽，使两螺帽互相压紧。
（4）拆卸时，用扳手固定住固定螺帽，拧松并取下保险螺帽，再取下固定螺帽。

3．注意事项

（1）固定螺帽拧紧后，不应使其再转动。
（2）维修工作中，可以用双螺帽方式拆装螺桩。

3.6.2.3　自锁螺帽保险

1．保险原理

自锁螺帽自身设置有保险功能，其保险原理是依赖其螺帽后部不同的弹性变形增大螺纹的摩擦力。常用的自锁螺帽如图 3-90 所示。

2．自锁螺帽的结构形式

常见的自锁螺帽有以下三种形式：

（1）第一种形式如图 3-90（a）所示，它由托架和螺套两部分组成，托架与螺套为锥面结合，并有定位凸起（槽）使螺套不能转动。带有螺套的托架固定安装在蒙皮内表面。当拧紧蒙皮螺钉时，螺钉将使螺套向外拔出（从图上看，螺钉从下向上拧入，拧紧螺钉时，螺钉将使螺套向下移动），使螺套的外锥面与托架的内锥面互相压紧，并使螺套收缩，进而使螺套紧紧地箍在螺钉上，防止螺钉松动。

（2）第二种是带有横向切口的自锁螺帽（如图 3-90（b）所示）。这种螺帽在拧紧后会产生轴向弹性变形，使螺帽与螺钉（螺杆）之间的摩擦力增大，从而起保险作用。

（3）第三种是带有纵向切口的自锁螺帽（如图 3-90（c）所示）。这种螺帽的内螺纹直径通常稍小于螺钉（螺杆）外螺纹的直径，当螺帽与螺钉（螺杆）相互拧紧时，自锁螺帽将被迫胀大而产生收缩的弹力使螺帽与螺钉（螺杆）的螺纹之间互相箍紧，摩擦力增大，从而起保险作用。

(a) 蒙皮螺钉自锁螺帽　　　(b) 带有横向切口的自锁螺帽　　　(c) 带有纵向切口的自锁螺帽

图 3-90　自锁螺帽

3．保险方法

使用扳手或解刀，将自锁螺帽或螺钉在规定的位置上拧紧。

4．注意事项

（1）螺栓或螺钉的长度合适，安装完成后，螺栓（螺钉）头应露出自锁螺帽。

（2）不得用丝攻修正自锁螺帽螺纹。

（3）自锁螺帽重复使用时，应检查其松开力矩值。

3.6.3 不可拆卸的防松保险

不可拆卸的防松保险的基本原理是：用锡焊、点焊、冲点、铆接或黏合剂黏结的办法，使螺纹零件（螺帽和螺杆、螺钉和机件等）结合在一起，阻止螺纹零件的松动。这种方法保险可靠，但不便于拆除，螺纹紧固件不能重复使用，且操作麻烦，一般只用在防松要求高而又很少拆装的部位。

不可拆卸的防松保险包括冲点保险、铆接防松保险和涂胶液防松保险，在这里只介绍冲点保险。

1．保险原理

冲点保险又称冲击保险，其防松原理是：在螺帽和螺杆结合部位的螺纹上，用冲子将几处螺纹稍稍打变形，以破坏螺纹增大摩擦力，阻止螺纹松动。

冲点保险防松可靠，用于不便于保险和不经常拆卸的部位。

2．冲点保险的类型

打冲点的方法有以下两种：

1）端面打冲法

当螺杆伸出螺帽的部分很少时（1～1.5 倍螺距）采用端面打冲法，此时冲子与螺杆纵轴平行，冲点打在螺杆端面的螺纹处，如图 3-91（a）所示。

2）侧面打冲法

当螺杆伸出螺帽较多时（大于 1.5 倍螺距）或不能进行端面冲点的情况下采用侧面打冲法，此时冲子与螺杆纵轴成 30°～45°，冲点部位在螺帽与螺杆的螺纹结合处，如图 3-91（b）所示。

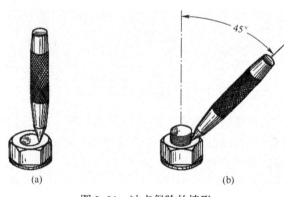

图 3-91 冲点保险的情形

3．保险方法

（1）将螺帽按规定拧到合适紧度。

(2）将螺帽端面、螺纹清理干净。
(3）将冲子尖端靠在螺帽上端与螺杆配合的根部。
(4）用榔头击打冲头，击打至规定的冲点深度和点数，如表3-1所示。

表3-1 冲点保险的点数和深度

螺栓直径/mm	侧面冲打		端面冲打	
	点数	深度/mm	点数	深度/mm
3~4	2	≈1	3	≈1
5~6	2	≈1	3	≈1
8~14	3	1.5~2	4	1~2
14~24	4	1.5~2	5	1.5~2

注：1. 冲点均匀地打在螺杆和螺帽螺纹的圆周上；
    2. 螺钉连接时，冲点应打在螺钉头的解刀槽与机件的结合处

4．注意事项
(1）冲点保险只适用于低强度紧固件，对高强度紧固件无效。
(2）冲点应均匀地打在螺杆和螺帽螺纹的圆周上。
(3）打冲点时，不得损伤螺纹的其他部位。

3.6.4 钢索松紧螺套的保险

在软式操纵系统中，两段钢索采用松紧螺套连接并用它调整连接紧度。松紧螺套（如图3-92所示）由螺套和两个螺纹接杆组成。螺套两端有内螺纹，一端为正螺纹，一端为反螺纹，在反螺纹端外口有一环圈标记；与之相对应，螺纹接杆有一根是正螺纹，有一根是反螺纹。松紧螺套的特点：转动中间的螺套，可使两端的螺纹杆同时缩入或伸出。

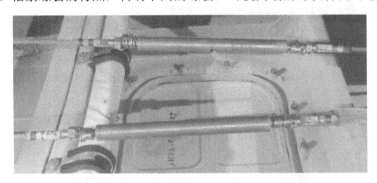

图3-92 典型的钢索松紧螺套

对松紧螺套的保险应保证连接钢索的可靠和紧度不变，可采用"保险丝"和"别针"两种方式进行保险。"别针"式保险的操作方法简单，下面重点介绍"保险丝"式保险。

松紧螺套保险丝保险分为"单股保险"和"双股保险"两种，后者质量可靠性更高。两种保险方式均应选用钢保险丝。

1．单股保险丝保险

松紧螺套的单股保险丝保险有单根缠绕式、单根直拉式，如图3-93（c）、（d）所示。操作时，由螺套中心孔向两端螺杆孔拉紧的保险丝应与轴线的夹角不小于15°，收尾在

螺纹接杆上缠绕不低于 4 圈并应拉紧修平，保险后应能阻止两端螺纹接杆向松的方向转动不超过 1/2 圈。

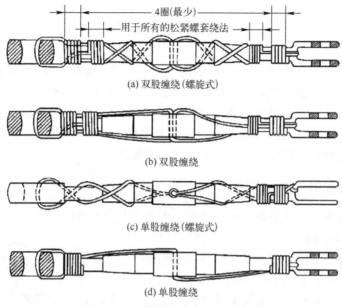

图 3-93　钢索松紧螺套的保险方式

2．双股保险丝保险

（1）双根缠绕式：如图 3-93（a）所示，其相当于由两个单根缠绕式作用在松紧螺套上，操作和要求与单根缠绕方式相同，但在两端收尾时两根同时相对穿过螺杆孔，用一根压住另外一根向螺套方向缠绕（不低于 4 圈），然后用另外一根继续向螺套方向缠绕不低于 4 圈并应拉紧修平。

（2）双根直拉式：如图 3-93（b）所示，其相当于由两个单根直拉式作用在螺套上，工作中任何一根断开，另外一根仍然起作用。操作和要求与单根直拉方式相同，但在两端收尾时两根同时相对穿过螺杆孔，用一根压住另外一根向螺套方向缠绕（不低于 4 圈），然后用另外一根继续向螺套方向缠绕不低于 4 圈并应拉紧修平。

对比两种方式，双根缠绕式若其中一根（向拉紧方向）断开，尽管另外一根可防止螺套脱开，但不能阻止其松弛。而双根直拉式由于每一根都使螺套拉紧，任何一根断开都不影响钢索的使用，从使用的可靠性和操作的方便程度来看，双根直拉式较好。

3．松紧螺套保险丝选择原则

松紧螺套保险丝的最小尺寸见表 3-2。

表 3-2　松紧螺套保险丝的选择

钢索直径 D（mm）	$D<1.5$	$1.5 \leqslant D \leqslant 3$	$D>3$
保险丝最小直径（mm）	0.5	0.8	1.0

4．松紧螺套保险的注意事项

（1）在打保险之前，一定要先将钢索的张力调整正确，并检查保证螺杆在松紧螺套两端露出的螺纹不能超过 3 丝。另外，有的松紧螺套上有两个检查小孔，调整钢索张力时，应当确保螺杆末端不应超过小孔的位置。

（2）缠绕完成后，将保险丝在松紧螺套杆上至少缠绕 4 圈，再将保险丝剪断。

3.7 钢索的编结

钢索是用含碳量 0.5%～0.7%的碳钢钢丝或不锈钢丝编拧而成，用碳钢钢丝制的钢索表面有镀锌保护层，由于钢索具有重量轻、强度大、柔软、体积小，又可以根据需要急剧地改变方向等优点，所以钢索在飞机上应用较多，如飞机的软操纵（某些低速飞机的方向舵、副翼的操纵）。钢索传动的缺点：容易磨损、锈蚀、断丝等，因此在维修工作中要加强对钢索的维护，以保证操纵的可靠性和准确性。

3.7.1 钢索的种类和功用

钢索由于编拧的方法不同，可分为单一编拧和复合编拧两类。

1. 单一编拧的钢索

单一编拧的钢索（如图 3-94 所示），它是由若干根钢丝直接编拧而成，主要用来操纵小型机件的开关和机身上小圆口盖的连接等，因为这种钢索的柔性差、强度小，故飞机上应用较少。

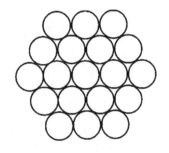

图 3-94 单一编拧的钢索截面

2. 复合编拧的钢索

复合编拧的钢索由数股单一编拧的钢索编拧而成。常见的有以下两种：

1）软钢索

软钢索由 7 股编制而成，每股由 7 根钢丝组成（如图 3-95 所示）。此种钢索弯曲性较差，多用在弯曲半径较大的地方。但受力时伸长率较小，因而用作刹车钢索、座舱盖开锁协调钢索等。

2）特软钢索

特软钢索由 7 股编制而成，每股由 19 根钢丝组成（如图 3-96 所示）。此种钢索弯曲性较好，弹性小，截断时不易松散，但受力时伸长率较大，多用于弯曲半径较小的地方，如：襟翼协调钢索、起落架应急开锁钢索等。

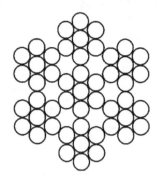

图 3-95 软钢索的截面

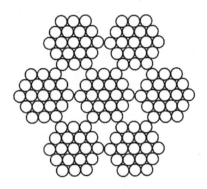

图 3-96 特软钢索的截面

3.7.2 新钢索的准备

（1）选好新钢索。

新钢索的牌号、直径等应与原钢索相同，长度应稍大于原钢索的长度与编结接头所需要的长度之和。

（2）对新钢索进行预先拉伸。

方法是：将新钢索装在专用的拉伸设备上，如图 3-97 所示，在钢索的一端挂一个重量为钢索拉断力的 60%的重物（大于该钢索在使用中所受到的力），预先拉伸 3min，以提高钢索的弹性极限，防止或减少钢索在使用过程中产生变形，以保证钢索传动正常。

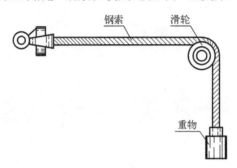

图 3-97 钢索预先拉伸

表 3-3 中列出了常用的几种钢索的规格和钢索的拉断力以及预先拉伸需用的力。

表 3-3 不同规格钢索的拉断力和预先拉伸力

钢索的公称直径/mm	钢索的实际直径/mm			钢索的拉断力/kgf	编结前预先拉伸需要的力等于钢索拉断力的60%/kgf
	1×7	7×7	7×19		
1.5	1.5			225	135
1.8		1.8		325	195
			1.8	260	156
2.0		2.16 2.0		380	228
			2.52	500	300
2.5		3		770	462
				750	450
3.5		3.5		1050	630
			3.5	900	540
4			4.2 4.0	1270	762
4.5		4.5		1550	930
5			5.1 5.0	1800	1080

（3）用航空洗涤汽油洗净钢索上的油封油和污垢。

（4）将钢索放入烘箱，在 60℃的温度下烘烤 10min，排出钢索表面和各股之间的水分。

(5) 在钢索表面和各股的表面建立保护层，防止钢索在使用中锈蚀。建立保护层的方法是：将亚麻油和油基清漆各 50%组成的混合液加温至 17~35℃，使混合液变稀，增强其渗透性，然后将经烘箱烘干后的钢索浸入混合液中，待 15min 后取出钢索，随即将钢索放入烘箱，在 50~60℃的温度下烘烤 5~6h，使钢索表面和各股的表面建立牢固的保护层。

3.7.3 编结工具的准备

编结钢索接头所用的工具有平口钳、克丝钳、鱼口钳、槽锥、专用夹具和榔头等，如图 3-98 所示。

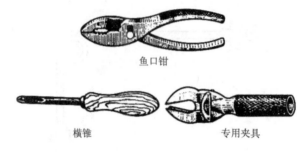

图 3-98 编结钢索的工具

3.7.4 钢索头的编结

飞机上需要编结的钢索接头有套圈接头和球结接头两种。

1. 套圈接头的编结方法

(1) 选好套圈。标准是：将钢索放入套圈的槽内，钢索进入套圈槽的深度应为钢索直径的 1/3。

(2) 将钢索截至需要的长度。先量好钢索需用长度，再在需要截断处的两侧用保险丝扎住，然后将钢索截断。这样，可以防止钢索在截断时散开。

(3) 用专用夹具将钢索束紧在套圈上，如图 3-99 所示，短的一段钢索称为副索，长的一段钢索称为主索。

图 3-99 用专用夹具将钢索固定在套圈上的情形

如果没有专用夹具，也可用保险丝将钢索束紧在套圈上，如图 3-100 所示，束紧的部位应正确，否则会使钢索编结不紧。

(4) 将副索的各丝股分开，用钳子分别将各丝股的末端扭紧，以免编结时丝股散开，妨碍编结。

(5) 确定副索各丝股的顺序。以最靠近主索的一丝股为第一股，其余各丝股按顺时针方向依次为第二股、第三股、第四股、第五股、第六股，中间的一股为中心股。

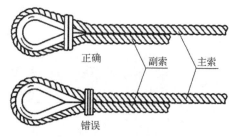

图 3-100　用保险丝将钢索束紧在套圈上的正误比较

（6）编结第一圈。用槽锥穿过主索上与副索第一股邻近的三股丝股，将副索第一股和中心股一起从槽锥的槽中穿过主索的三股丝股（如图 3-101 所示），并用钳子拉紧。按同样的方法，将副索第二股穿过主索上的两股丝股（如图 3-102 所示）。将副索第三股穿过主索上的一股丝股（如图 3-103 所示）。副索第四、第五、第六股均按第三股的方法，分别穿过主索的其他三股丝股。

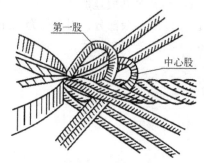

图 3-101　编结第一圈时，副索的第一股穿过主索的情形

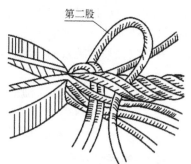

图 3-102　编结第一圈时，副索的第二股穿过主索的情形

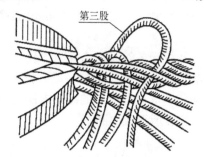

图 3-103　编结第一圈时，副索的第三股穿过主索的情形

编完第一圈后，检查主索上每相邻的两股丝股之间应夹有副索的一股丝股（主索的某两股丝之间必定有两股丝股穿出，该两股应为副索的第一股和中心股），依次将副索各丝股拉紧。

（7）编结第二圈。编结第二圈时，首先确定副索丝股的顺序，其方法是：将副索中的任何一股作为第一股，其余丝股依次为第二股到第六股。副索各丝股穿过主索的方向应与第一圈的方向相反。编结时，用槽锥将副索第一股压住主索上与副索第一股最靠近的一股丝股，然后穿过主索的两股丝股并拉紧，如图 3-104 所示；接着按上述压一股穿两股的方法，分别将副索的其余各丝股穿在主索上。判明主索每两个邻近的丝股之间都有一股副索穿出之后，用钳子再次将副索各丝股拉紧。

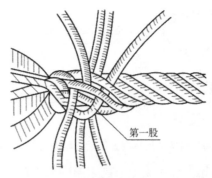

图 3-104 编结第二圈时，副索的第一股穿过主索的情形

以后各圈均按编结第二圈的方法进行编结。编结第二圈和以后各圈时，中心股不再参与编结。

（8）结尾。一般编结 5～6 圈后即可结尾。结尾时，先对称地留下两股副索不编结，只编结其余 4 股，然后再对称地留下两股丝股，只编结其余两股丝股。

（9）缠紧编结部分。全部编结完后，剪去各副索丝股多余部分，用直径为 0.5mm 的钢丝将编结的部位缠紧。缠紧的长度为 45～50mm，如图 3-105 所示。

图 3-105 钢丝缠紧编结部位的情形

2. 球结接头的编结方法

球结接头的编结方法有许多种，下面介绍常用的一种。

编结球结前，先将钢索截取到合适的长度，再在钢索末端留出编结的部分（留出编结的部分称为副索，其他部分称为主索），然后用 0.5mm 的钢丝在副索与主索的交界处束扎两圈。

编结时，先将副索分开，并扭紧各丝股，选择其中任意一股为第一股，其余丝股依次为第二股到第七股（中心股也可以不参加编结），然后将第一股绕过主索，再穿过该丝股所形成的圈，如图 3-106 所示，其余各丝股的编结方法与第一股基本相同，但每一丝股绕过主索后还要先穿过前面丝股所形成的圈。

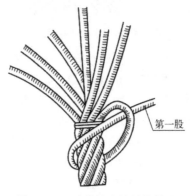

图 3-106 球结接头编结的情形

编完第七股后,应检查每两个圈之间都应有一股丝股穿过。判明确实没有穿错后,依次拉紧各丝股,使各圈逐渐缩小,直到编结接头收成一个小球形为止,最后剪去各丝股的多余部分。

球结编好后,先把它放在酒精与松香的混合液中浸一下,洗去球结上的污物,然后用锡焊方法将球结焊牢。在飞机上,可用电烙铁蘸上焊锡(锡占40%,铅占60%)来焊。在地面上,可将球结放入溶化的焊锡内,2min后取出,冷却后,再次放入2～4min,取出即可。

3．编结时的注意事项

(1) 槽锥很尖锐,穿过丝股时又易滑脱,使用槽锥时,应向下斜穿入丝股之间,不要将槽锥向上挑起,以防止戳伤手、脸和挑断钢丝。

(2) 丝股头易扎手,编结时防止将手扎伤。

3.8 电缆的包扎

3.8.1 皮革、橡胶板胶合包扎

用皮革和橡胶板在电缆上的胶合包扎的方法为:下料→打磨→涂胶→胶合。

1．下料

以比电缆包扎表面周长长10mm的长度下料。

2．打磨

用100#砂纸打磨皮革搭接表面,使两搭接斜面均匀起毛。

3．涂胶

用XY401橡胶液均匀地涂于打磨处。

4．胶合

当涂抹的胶液表面形成一层薄膜,用手触摸微微黏手时,即可包扎粘贴。此时,应将皮革或橡胶板紧紧包裹,搭接粘贴并加压贴牢。搭接黏合的效果如图3-107所示。

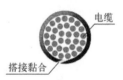

图3-107 电缆包扎的搭接黏合

3.8.2 布、革类的缝合包扎

布、革类包扎材料在电缆上的缝合步骤为:下料→缝合→捆扎。

1．下料

按比导线束周长长15mm的长度下料。

2．缝合

缝合时,用黑色尼龙线进行单向缝合或双向交叉缝合,针迹(左右针眼)不大于5mm,针距(前后针眼)不大于10mm(以5mm为宜),对接搭边采取内折5mm。缝合效果如图3-108所示。缝合后,应保证布、革较紧地包扎在导线束外。为了便于缝合包扎,可以先按导线束外径大小缝合成套管,然后再套装到导线束上。

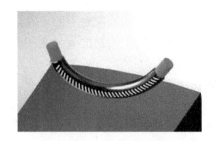

图 3-108 缝合包扎效果

3．捆扎

布、革缝合或套装后，在包缝物两端，按照图 3-109 所示进行捆扎（辫子结）固定。

图 3-109 布、革在电缆上的缝合包扎

3.8.3 胶带类在电缆上的缠绕包扎

本方法适用于单面涂有黏结剂的胶带类在电缆上的缠绕包扎。缠绕时，方法如下：

（1）胶带缠绕的方向：从下向上，从后向前，以免水分流进。

（2）在起始位置缠绕胶带 2～3 圈（起头），然后将胶带在电缆上一圈紧压一圈地缠绕起来，缠绕搭边宽度至少为胶带宽度的 1/2，如图 3-110 所示。缠绕时，一定要将胶带拉紧，使后层压紧前层，尽量减少缝隙，以免水分渗入。

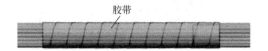

图 3-110 各种胶带在电缆上的缠绕包扎

（3）最后一道胶带缠绕后，应在原处复绕一层。

（4）缠绕时，不能使涂胶表面沾上灰尘或其他污物，并保持平展，无皱褶。

3.8.4 无胶带类在电缆上的缠绕包扎

本方法适用于无胶的带类，如聚乙烯塑料带、石棉带、玻璃布带和布带等，在电缆上的缠绕包扎。具体方法和要求如下：

（1）缠绕的方向：从下向上，从后向前，以免水分流进。

（2）在起始位置，按住包扎带的一头缠绕 2～3 圈（起头），然后将包扎带在电缆上一圈紧压一圈地缠绕起来，带与带的缠绕搭边宽度为带本身宽度的 1/2～2/3。缠绕时，一定要将包扎带拉紧，使后层压紧前层，尽量减少缝隙，以免水分渗入。

（3）缠绕后，按照表 3-4 的规定，选用捆扎固定材料加以固定（头部可不包扎）。

表 3-4 无胶带类包扎的固定

带材	捆扎材料
布带、石棉带、人造革带	浸蜡苎麻线
玻璃布带	玻璃丝线
聚四氟乙烯带、聚氯乙烯带	热收缩套管

无胶带类在电缆上的缠绕包扎效果如图 3-111 所示。

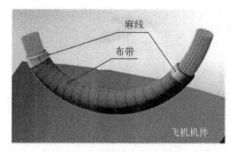

图 3-111 布带缠绕包扎效果

3.8.5 软管类的套装包扎

本方法适用于各种塑料软管和橡胶软管等在电缆上的套装包扎。套装包扎的具体方法和要求如下：

（1）用白胶布将导线束断头包扎一层，呈圆球状，以使导线束能顺利地通过软管。

（2）将套管套装到导线束上。对于较长的软管，可在套装之前，在软管内装入少量滑石粉，然后再套装，以减少摩擦力；也可以用长度足够的保险丝，一头捆扎住导线束头部，另一头穿过软管，引导并拉出导线束。

（3）软管套装到规定部位后，按照图 3-112 所示进行捆绑（辫子结）固定。

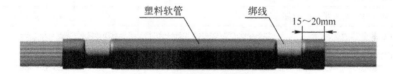

图 3-112 在电缆上套装各种软管

3.8.6 螺旋捆扎带的缠绕包扎

螺旋捆扎带的材料有聚四氟乙烯带和尼龙带两种。使用螺旋捆扎带捆扎电缆的方法：

（1）顺着螺旋方向将螺旋形捆扎带裹缠到电缆的规定部位。

（2）剪切长约 100mm 的热收缩套管，套装在螺旋捆扎带的两个断头上，保证导线束和螺旋捆扎带上各被覆盖 50mm，然后对热收缩套管进行加热收缩。

3.8.7 网状（可胀）尼龙套管的套装包扎

网状（可胀）尼龙套管在电缆上的套装可按下述方法和要求进行：

（1）将剪切好的网状套管套装到电缆上后，再将套管端头向内回折 50mm。

（2）用浸蜡苎麻线，在距回折端头 20mm 处的套管上，用辫子结捆扎法捆扎固定。

（3）也可在网状套管两端用热收缩套管进行收缩固定。

3.8.8 热收缩套管的套装包扎

热收缩套管是利用塑料和橡胶等材料在一定的温度下可以收缩的特性而制成的各种套管，目前，越来越多地用于电缆制作，以取代塑料软管、扎带、布、革等。热收缩套管具有电气绝缘、防潮密封、防磨保护和紧固等作用。

热收缩套管在电缆上的套装可按下述方法和要求进行：

1．热收缩套管的选择

电缆上套装的热收缩套管的材料和规格要根据电缆的部位和外径，以及电缆在飞机上所处的环境温度等来确定，详见表 3-5。

表 3-5 常用的热收缩套管

编号	热收缩套管名称	温度等级	热缩温度范围	
			/℃	/℉
1	光渗、透明聚烯烃半硬热收缩套管（热固定型）	Ⅱ	135～254	275～400
2	光渗、有色聚烯烃热收缩套管	Ⅱ	123～254	250～400
3	光渗、透明聚烯烃热收缩软管	Ⅱ	123～254	250～400
4	光渗、有色可选交链的双壁聚烯烃热收缩硬套管	Ⅲ	136～254	275～400
5	光渗、聚乙二烯加氟化物、高温热收缩半硬套管	Ⅲ	176～254	350～400
6	改性聚乙二烯加氟化物高温热收缩软管	Ⅲ	176～254	350～400
7	硅橡胶热收缩套管	Ⅲ	176～254	350～400
8	电气死接头热收缩套管	Ⅲ	176～254	350～400
9	聚四氟乙烯热收缩套管	Ⅲ	176～254	350～400
10	辐射交链氟橡胶热收缩软管	Ⅲ	176～254	350～400
11	透明 TFE、标准壁厚热收缩套管	Ⅳ	330～371	625～700
12	TFE 薄壁热收缩套管	Ⅳ	330～371	625～700
13	TFE/FEP 双壁热收缩套管	Ⅳ	344～371	650～700

2．热收缩加热工具的选用

常用的热收缩加热工具有微型热空气枪、热空气枪、远红外热空气枪、微型辐射红外热空气枪等和各种反射器，可根据需要选取。

3．下料

热收缩套管的下料长度应比实际包覆长度长 10%。

4．热收缩套管的套装

（1）在接线端子上套装热收缩套管时：应使热收缩套管完全包覆接线端子收压管，并包覆一部分电线绝缘层。

（2）在插头尾部套装热收缩套管时：应使热收缩套管包覆在插头尾部及电缆连接处，至少包覆插头 20mm。

（3）在死接头上套装热收缩套管时：热收缩套管应在收压死接头之前套装到导线上，应使死接头处于热收缩套管中间部位。

（4）在导线束上套装热收缩套管时：一般情况下，直接套装在规定部位；在固定屏蔽套及尼龙螺旋捆扎带等时，热收缩套管至少在被固定物上覆盖20mm。

（5）热收缩套管的搭接：热收缩套管长度不够时，可以搭接，两套管端头搭接长度不少于30mm；分叉处应选用合适的叉形接头套管，叉形接头与其他支干热收缩套管端头搭接长度不少于30mm。

5．对电线及其他物件隔热保护

有可能烫伤和灼伤的电线、插头、模块、电气元件和塑料制品等均应加以隔热保护，隔热保护物可以是铝箔、青壳纸、石棉布等；热收缩温度低于200℃时，用青壳纸隔离；温度超过200℃时，用铝箔或石棉布隔离。

6．调节热空气枪的加热温度

根据不同的热收缩套管材料，调节热空气枪的加热温度至适当的温度。

7．加热收缩

（1）采用有反射器的加热枪时，应将被加热的热收缩套管置于反射器中心位置；无反射器的加热枪距被加热的热收缩套管至少50mm的距离。

（2）对某一部位加热至收缩的时间不超过5min。

（3）较长的热收缩套管可以从一端向另一端加热收缩，亦可以从中间向两端加热收缩，但绝不允许从两端向中间部位加热收缩。

（4）当热收缩套管经加热收缩至能较紧地包覆在电缆或被包覆物上时，即可停止加热。

（5）防止加热过量，致使热收缩套管变硬、变脆、断裂、变色。

8．补充加热或重新加热收缩

（1）当某一部位热收缩套管需补充加热时，应在第一次加热后冷却10min后再进行。

（2）当某一部位因加热过度而使热收缩套管老化、变脆、裂纹、变色时，应拆除并重新套装和加热收缩。

3.9 电缆的整理

3.9.1 电缆的敷设

1．一般顺序

敷设电缆的一般顺序：先内层，后外层；先粗长电缆，后细短电缆；先电缆，后单根导线。

2．技术要求

（1）电缆的排列和走向应顺直，不允许有任何扭绞，分叉应拉至所处位置。

（2）凡电缆上有定位标记的，应以该标记在机上所处的某部位作基准，向前后机身或左、右机翼进行敷设。

(3) 电缆通过气密引入口或胶圈时，应在电缆上和入口处涂些滑石粉，并在其周边进行保护，然后穿拉电缆。穿拉时，用力不宜过猛，以免损伤导线。

(4) 敷设好的电缆用绑扎带（绑线）进行临时悬挂。

(5) 电缆穿过结构上的通孔或减轻孔时，先穿带大插头的电缆，后穿带小插头的电缆，最后穿有接线端子的电缆。

3．注意事项

(1) 穿拉电缆时，要用手托起电缆，小心轻拉，防止电缆与结构锐边相碰而损伤电线绝缘皮、接线端子、接插件等。

(2) 穿拉电缆时，严禁抓住端接件穿拉，以免影响其端接质量。

(3) 在穿拉电缆的过程中，严禁在端接件的端接根部多次弯折。

(4) 穿拉单根导线时，注意接头孔的大小。

3.9.2 电缆的卡箍捆扎

为了保持电缆走向正确、不晃动、不与其他机件相摩擦，每间隔一定距离应将电缆固定在电缆固定卡箍内。卡箍的大小必须保证电缆在卡箍内不能移动，也不允许压伤绝缘皮。

1．电缆固定选用卡箍的规定

(1) 非屏蔽电缆用搭接卡箍。

(2) 屏蔽电缆用搭接卡箍。

(3) 混合电缆，当屏蔽电缆超过20%时，用搭接卡箍，且将屏蔽线放在电缆的外层。

2．捆扎

(1) 卡箍在电缆上安装时，卡箍必须与电缆或与电缆的切线成90°。

(2) 不允许直接将电缆捆扎在导管上，必要时可通过卡箍与导管固定。电缆与燃油导管、液压导管或氧气导管的间隙不得小于10mm；电缆与热导管的间隙不得小于15mm，并且电缆或导管应包缝双层革或聚氯乙烯胶带或B501布，与热导管间隙最小的地方应采取隔热措施。

(3) 固定电缆时，应确保电缆与活动组件（钢索或拉杆等）之间的间隙不小于10mm。

(4) 电缆或导线束在活动组件上固定时，进入活动组件处应留有足够余量，以防阻碍组件的运动或拉断电缆或导线束。

(5) 电缆或导线束经过的结构锐边或通孔，应粘贴毛毡（橡胶带）或装胶圈或热缩包边，如图3-113所示。也可用皮革对电缆进行防磨包扎，如图3-114和图3-115所示。

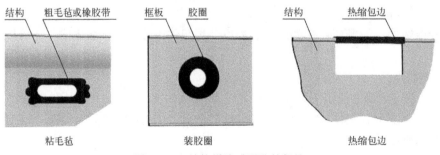

图3-113 结构锐边或通孔的保护

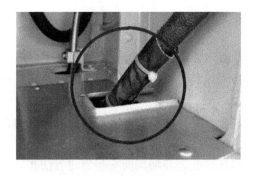
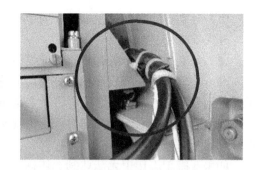

图 3-114 穿墙电缆的包扎图　　　　　图 3-115 电缆与机件相磨处的包扎

（6）除另有规定外，交流电源三相中的每一根电缆应平行敷设和固定，在气密框板上必须设置隔离物。

（7）对电磁干扰特别敏感的信号线不要捆扎在电缆中间，最好单独敷设、固定或采取隔离措施。并且，信号线要与电源线分开固定。

（8）对于平行电缆和垂直交叉电缆，采取如图 3-116 所示的固定形式进行固定。

（9）若卡箍固定点间距过长，应对卡箍固定点的导线束进行捆扎。在导线束捆扎结内的导线/电缆必须平行，不能出现交叉现象，否则会造成导线/电缆的损伤。

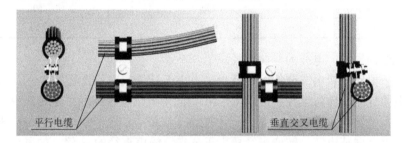

图 3-116 平行电缆和垂直交叉电缆的卡箍固定

3.9.3　电缆的分叉

1. 电缆的分叉方法

电缆的分叉必须遵循下述原则，如图 3-117 和图 3-118 所示。

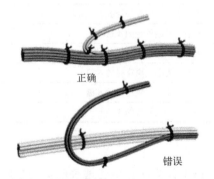
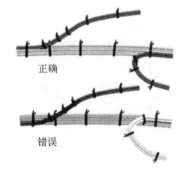

图 3-117 导线束上分支一束导线束　　　　图 3-118 导线束上分支两束导线束

（1）分支导线必须从主导线束的中心分出，而且分出的分支导线束要平滑，主导线束与分支导线束要在一个平面上。

（2）分支导线束中所有相邻的导线必须是互为平行的，不得有交叉。

（3）不管是使用绑线捆扎还是使用尼龙扎带捆扎导线束，从主导线束开始分线前的捆扎结到分支第一个捆扎结的间距最大是 30mm。

（4）分支导线束不能与主导线束出现交叉，当分支导线束根数太少时，从相反方向进行分线。

如果在维护工作中无法达到上述标准，必须在捆扎之前增加防护措施进行防护，但不允许使用带黏性的防护胶带。

2．导线束的弯曲半径

导线束在分叉（分线）时的弯曲半径，必须遵守以下规定：

（1）大截面的铝导线的弯曲半径，参见表 3-6。

表 3-6 大截面的铝导线的弯曲半径

导线截面积/mm^2	弯曲半径/mm	盒内弯曲半径/mm
35	50	30
50	60	40
70	100	60
95	150	100

（2）单根铜导线、电缆的弯曲半径。

如果是一根导线或电缆分线，转弯半径不小于导线或电缆直径的 3～10 倍；如果是一根同轴电缆分线，转弯半径要大于 6～10 倍同轴电缆直径；如果是导线束分线，最小转弯半径要大于导线束直径的 2 倍，但不能小于线束中的任一组成件的最小规定；如果分支导线束里有屏蔽电缆，转弯半径要大于分支导线束直径的 6 倍；如果分支导线束里包含两束或多束导线束，转弯半径要大于分支导线束直径的 6 倍，如表 3-7 所示。

表 3-7 铜导线、电缆的弯曲半径

导线根数或所处部位	弯曲半径
单根圆截面导线或电缆	不小于导线外径的 3～10 倍
单根非圆截面导线或电缆	不小于导线外径的 6～10 倍
单根同轴电缆	不小于同轴电缆外径的 6～10 倍
单根绝缘屏蔽电缆	不小于导线外径的 4 倍
导线束	大于导线束直径的 2 倍
有屏蔽电缆的分支导线束	大于分支导线束直径的 6 倍
分支导线束里包含两束或多束导线束	大于分支导线束直径的 6 倍
盒内或空间受限制的导线	不小于导线外径的 3 倍

3.9.4 电缆的交叉

电缆或导线束在固定时，若存在交叉接触的情况，为防止电缆或导线束受到磨损而造成损伤，通常需使用导线卡箍或隔离装置进行隔离。当在实际工作中没有隔离位置时，必须在交叉处进行捆扎，捆扎的目的就是为了防止导线束移动以避免磨损。根据电缆所处的振动区域的不同，采取的捆扎措施也不尽相同。

1．弱振动区域

当电缆或导线束在弱振动区存在交叉情况时，根据具体情况，应采取以下措施：

（1）用绑线或扎带捆扎的两电缆相碰，按照图 3-119 所示的方法捆扎电缆，或者按照图 3-120 所示的方法在两电缆之间加装垫块。

图 3-119　弱振动区两电缆相碰时的绑线捆扎

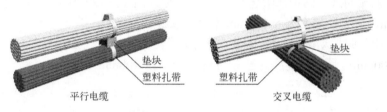

图 3-120　弱振动区两电缆交叉相碰时的扎带捆扎

（2）接线模块、接线板、开关、继电器、灯组件和插头座处各电线接头附件的电缆有接触，这种情况是允许的。建议用绑线进行单扣捆扎加固；当两根电缆交叉不是 90°时，推荐的方法是在电缆交叉大于 90°的位置进行捆扎。

（3）外部有套管、电线管或螺旋缠绕带的电缆间有接触，这种情况是允许的。推荐用绑线进行单扣捆扎加固；当两根电缆交叉不是 90°时，推荐的方法是在电缆交叉大于 90°的位置进行捆扎。

（4）相接触的电缆，其中有一根电缆未加套管、电线管或螺旋缠绕带，按照图 3-119 和图 3-120 所示的方法处理。

2．中和强振动区域

当电缆或导线束在中和强振动区存在交叉情况时，根据具体情况，应采取以下措施：

（1）任何不加套管、电线管或螺旋缠绕带的电缆之间有接触，按照图 3-121 所示方法处理：在其中一根电缆的接触部位，用胶带进行缠绕包扎，然后再将两根电缆进行捆扎。

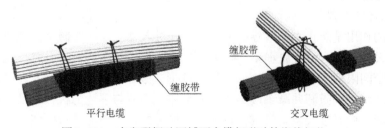

图 3-121　中和强振动区域两电缆相碰时的绑线捆扎

（2）有一根电缆未加套管、电线管或螺旋缠绕带并与其他电缆之间有接触，按照图 3-119 所示的方法处理。

（3）在外部都有套管、电线管或螺旋缠绕带的电缆之间有接触，这种情况是允许的。建议用绑线按照图 3-119 所示的方法处理。

3.9.5　电缆固定时的松弛度和滴水环的设置

为确保电缆在飞机各种飞行状态下不受拉力和防止雨水进入电气设备或成品内，应在电缆固定时设置松弛度和滴水环。

1．电缆松弛度的设置

导线束必须沿着导线束的纵向保持适当的松弛度，如果导线束的松弛度不够，容易损伤导线，如果导线束的松弛度太大，会使导线磨损或破裂。有适当松弛度的导线束，还可以使连接器容易连接和拆分。所以，在电缆固定的全长上，应均匀地自始至终地设置合适的松弛度，具体要求如下：

（1）在弱振动区域固定卡箍之间的电缆松弛度如图 3-122 所示：固定卡箍的最大间距为 450mm，最大松弛度为 6～10mm（距卡箍 225mm 处）。

（2）在中、强振动区域固定卡箍之间的电缆松弛度如图 3-123 所示：固定卡箍的最大间距为 400mm，最大松弛度为 6～10mm（距卡箍 200mm 处）。

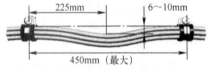

图 3-122　弱振动区松弛度的设置

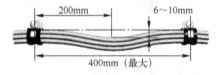

图 3-123　中、强振动区松弛度的设置

（3）大规格电缆在固定卡箍之间电缆的松弛度最小为 1.5mm。当卡箍轴线不共线时，应使电缆圆弧过渡敷设，而不能直拉。

（4）在易于接近区域的松弛度应满足下列要求：

① 至少留 3 次终端修理的余量。

② 不影响活动组件的运动。

③ 不影响设备安装底座的拆装，不影响接插件的拆装。

（5）在强振动区域松弛度的控制：

① 提供的终端修理用余量要均匀地捆扎在线束中。

② 多余的松弛度在振动条件下应满足：卡箍和电线能承受振动所引起的张力，并加装套管或聚乙烯带进行防磨保护。

2．滴水环的设置

滴水环的作用是防止水沿着导线束中的导线进入插头。不在防水区域与设备相连的电缆在连接设备之前应设置滴水环，其直径约为电缆直径的 10 倍，并且位置低于要保护的插头，在空间限制或电缆粗短时，可弯成 U 形。强振动区域内的滴水环必须固定紧，使滴水环的运动受到限制并减至最小值。滴水环也不应与邻近的机体或设备相摩擦，如有摩擦的可能，则必须安装套管或胶带进行保护。并且，不能通过安装滴水环的方式来控制导线束的松弛度。

3.10 导线的焊接

3.10.1 五步法

对于焊接操作人员来说,掌握正确的手工焊接方法并养成良好的操作习惯是非常重要的。手工焊接的基本操作方法是"五步法",如图 3-124 所示。

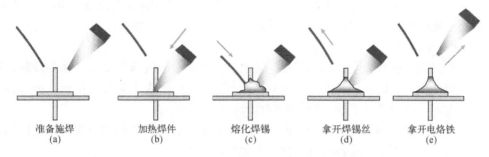

图 3-124 手工焊接的"五步法"操作步骤

1. 准备施焊

(1) 将焊接所需材料、工具准备好,如焊锡丝、松香焊剂、电烙铁及其支架等,并给海绵加水,如图 3-125 所示。

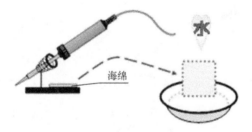

图 3-125 焊接准备:给海绵加水

(2) 焊前对烙铁头要进行检查,要求烙铁头保持清洁,无焊渣等氧化物,并且查看其是否能正常"吃锡"。如果吃锡不好,就要将其锉干净,再通电加热并用松香和焊锡给其镀锡,即预上锡。

(3) 将烙铁头和焊锡靠近被焊工件并认准焊接位置,处于随时可以焊接的状态,如图 3-124(a)所示。

2. 加热焊件

将预上锡的电烙铁放在被焊点上,如图 3-124(b)所示,电烙铁进入的方向以 45°为佳。注意首先要保持电烙铁加热焊件各部分,例如印制板上引线和焊盘都使之受热,其次要注意让烙铁头的扁平部分(较大部分)接触热容量较大的焊件,烙铁头的侧面或边缘部分接触热容量较小的焊件,以保持焊件均匀受热。

谨记,烙铁不是溶解焊锡的工具,而是给焊件加热的工具,如没将焊件充分加热,焊锡溶解后也不能粘在母材上。

3. 熔化焊锡

待被焊件加热到一定温度后,将焊锡丝放在焊接点上,熔化适量的焊锡,如图3-124(c)所示。

注意:焊锡丝应从烙铁对面接触焊件,进入的方向以45°最为适宜,不要把焊锡丝送到烙铁头上!

4. 拿开焊锡丝

当焊点上的焊锡已将焊点浸湿时,要及时迅速地拿开焊锡丝,以保证焊锡不至过多,焊点不出现堆锡现象,从而获得较好的焊点,如图3-124(d)所示。

5. 拿开电烙铁

移开焊锡后,待焊锡全部润湿焊点,并且松香焊剂还未完全挥发时,就要及时、迅速地移开电烙铁,电烙铁移开的方向以45°最为适宜,如图3-124(e)所示。如果移开的时机、方向、速度掌握不好,则会影响焊点的质量和外观。

完成这五步后,焊料尚未完全凝固以前,不能移动被焊件之间的位置,这是因为焊料未凝固时,如果相对位置被改变,就会产生假焊现象。

3.10.2 三步法

以上手工焊接操作的"五步法"适用于热容量较大的工件。对于热容量小的焊件,例如印制板上较细导线的连接,可以简化为三步操作,即"三步法",如图3-126所示。

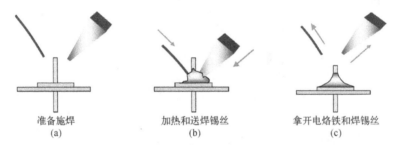

图3-126 手工焊接的"三步法"操作步骤

(1)准备施焊。同"五步法"的步骤1,如图3-126(a)所示。

(2)加热和送焊锡丝。同时放上电烙铁和焊锡丝,并熔化适量焊锡,如图3-126(b)所示。

(3)拿开电烙铁和焊锡丝。当焊锡在焊接面上浸润扩散达到预期范围后,立即拿开锡丝并移开烙铁,并注意移去焊丝的时间不得滞后于移开电烙铁的时间,如图3-126(c)所示。

三步操作方法,实际上细微区分还是五步,即将"五步法"的步骤2和步骤3合为一步,步骤4和步骤5合为一步。所以,"五步法"具有普遍性,是掌握手工焊接的基本方法。

3.10.3 一种不正确的焊接操作方法

工作常见的一种焊接操作法:即先用烙铁头沾上一些焊锡,然后将电烙铁放到焊点

上停留等待加热后焊锡润湿焊件。这种方法是不正确的操作方法。虽然这样也可以将焊件焊起来,但不能保证质量,原因如下:

当将焊锡融化到烙铁头上时,焊锡丝中的焊剂附在焊料表面,由于烙铁头温度一般都在250~350℃以上,当电烙铁放到焊点上之前,松香焊剂将不断挥发,而当烙铁头放到焊点上时,由于焊件温度低,加热还需一段时间,在此期间,焊剂很可能挥发大半甚至完全挥发,导致在润湿过程中由于缺少焊剂而润湿不良。同时,由于焊料和焊件温度差很多,结合层不容易形成,很容易造成"虚焊"。而且由于焊剂的保护作用丧失后焊料容易氧化,使焊接质量很难得到保证。

3.10.4 手工焊接的要领

手工焊接操作时,要获得质量合格的焊点,应注意掌握以下焊接要领:

1. 焊件表面处理

手工焊接中遇到的焊件都要进行表面的清理工作,去除焊接面的锈迹、油污、灰尘等杂质,常用的方法有机械刮磨和酒精、丙酮擦洗等。

2. 保持烙铁头的清洁

焊接时,烙铁头长期处于高温状态,又接触焊剂等弱酸性物质,其表面很容易氧化并沾上一层黑色杂质。这些杂质形成隔热层,妨碍了烙铁头与焊件之间的热传导。因此,要注意随时在烙铁架上蹭去杂质。用一块湿布或湿海绵随时擦拭烙铁头,也是常用的方法之一。在长时间不使用时,应在烙铁头上加上锡,防止烙铁头氧化,造成无法粘锡。

3. 搪锡

将要焊接的元器件引线或导线的焊接部位预先加上锡,以增强可焊性。

4. 不要使用过量的助焊剂

适量的助焊剂对焊接是非常有用的。过量使用松香焊剂不仅造成焊点周围需要擦除的工作量大,而且延长了加热时间,降低工作效率,如果加热时间不足时,又容易夹杂到焊锡中形成"夹渣"缺陷。焊接开关、接插件的时候,过量的焊剂容易流到触点处,从而造成接触不良。合适的焊剂量,应该是松香水仅能浸湿将要形成的焊点,不会透过印制板流到元件面或插孔里。对使用松香芯焊丝的焊接来说,基本上不需要再涂松香水。

5. 焊锡量要合适

手工焊接常使用管状的焊锡丝,内部已装有松香和活化剂制成的助焊剂,要根据焊点的大小选用。一般应使焊锡丝的直径略小于焊盘的直径。如图3-127所示,过量的焊锡不但浪费材料,还增加焊接时间,降低工作速度。更为严重的是,过量的焊锡很容易造成不易察觉的短路故障。焊锡过少也不能形成牢固的结合,同样是不利的,特别是焊接印制板引出导线时,焊锡用量不足,极容易造成导线脱落。

锡量过多浪费

锡量过少强度差
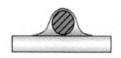
合适的锡量合格的焊点

图3-127 焊锡量的控制

6．焊件要固定

焊接凝固之前不要使焊件移动或震动，特别是用镊子夹住焊件时，一定要等焊锡凝固再移去镊子，如在冷凝过程受到外力（焊件移位）会造成"虚焊"，外观现象是表面无光泽呈豆渣状，焊点内部结构疏松，易有气隙和裂缝，造成导电性能差。

7．采用正确的加热方法

加热时，应当使焊件上需要焊锡浸润的各部分均匀受热，而不是仅仅加热焊件的一部分；热容量大的焊件加热时还可移动或转动烙铁头，快速、大范围地加热。当然，对于热容量相差较多的两个部分焊件，加热应偏向需热较多的部分，这是顺理成章的。但不要采用烙铁对焊件增加压力的办法，以免造成损坏或不易觉察的隐患。

正确的方法是根据焊件的形状选用不同的烙铁头或者烙铁头的不同部位，让烙铁头与焊件形成面的接触而不是点或线的接触，这样加热效果更好。

8．电烙铁撤离有讲究

电烙铁撤离时的角度和方向对焊点的形成有一定的关系。

9．不要使用烙铁头作为运送焊锡的工具（带锡焊）

有人习惯使用烙铁头作为运送焊锡的工具进行焊接，结果造成焊料的氧化，因为烙铁头的温度一般都在 300℃以上，焊锡丝中的助焊剂在高温时容易分解失效，焊锡也处于过热的低质量状态。

3.10.5　手工焊接的注意事项

1．掌握好加热时间

焊接时，可以采用不同的加热速度，原则是在保证焊料润湿焊件的前提下时间越短越好。在大多数情况下延长加热时间对电气、电子产品的装配都是有害的，这是因为：

（1）焊点的结合层由于长时间加热会超过合适的厚度引起焊点性能劣化。

（2）塑料、绝缘层等材料受热过多会变形、老化。

（3）元器件受热后性能变化甚至失效。

（4）焊点表面由于助焊剂挥发，失去保护而氧化。

2．保持合适的温度

一般经验是烙铁头温度比焊料熔化温度高 50℃较为适宜。

3．用烙铁头对焊点施力是有害的

烙铁头把热量传给焊点主要靠增加接触面积，用烙铁头对焊点加力对加热是无用的，很多情况下还会造成焊件的损伤。

3.11　导线的压接

航空电气、电子设备连接电缆的电连接器（插头、座）与导线的连接，原采用焊接连接的，正逐步被压接连接所取代。

压接连接就是先除去导线端头的绝缘层，然后插入插头、座接触偶（插针、插孔）的压接筒内，用压接工具给压接筒加压进行连接，使金属铜发生塑性变形而形成金属组织一体化的结合，达到电气和机械连接的性能。

目前，电缆制作中所采用的压接连接式电气插头座的种类和型号较多，但其内部结构却是大同小异的。飞机上使用压接连接式电气插头座主要有国产XKE型（如图3-128所示）和XC型（如图3-129所示）两种，这两种型号的插头、座与导线的压接方式类似，这里主要介绍国产XKE型插头、座与导线终端压接连接的操作方法。

图3-128　典型的XKE型插头、座　　　　图3-129　典型的XC型插头、座

3.11.1　压接方法

1．电线的准备

（1）按装配文件规定选择电线。正确地选择接触偶（插针、插孔）压接筒的内外直径和导线的截面积。

（2）剥去电线端头绝缘层，剥除长度应与接触偶压接筒的深度一致，通常为6.2～6.5mm。剥线时不应损伤线芯，不能搪锡，线芯松散的应捻头。

2．压接钳的选择与调节

（1）根据被压接件（接触偶、导线）的规格，选择所需的压接钳和定位器，国产XKE系列电连接器插针、插孔的适配关系与压接钳的选择可参照表3-8所示。

表3-8　国产XKE系列插头座的适配关系与压接工具的选择

接触偶			压接筒内径（mm）	适用导线规格（mm^2）	压接钳				定位器	
规格	型号	色标			型号	挡位	型号	挡位	型号	色标
ϕ1	Ⅰ	红	0.7	0.2	SYQ-001	1			ZN-10	红
	Ⅱ	蓝	1.0	0.35，0.50		1				
ϕ1.5	Ⅰ	红	1.4	0.5	SYQ-001	2	SYQ-002		ZN-15	黄
				0.75，1.0		3		1		
	Ⅱ	蓝	1.7	1.2		3		1		
				1.5		4		2		
ϕ2	Ⅰ	红	2.0	1.5，2.0				3	ZN-20	蓝
	Ⅱ	蓝	2.4	2.5				3		
ϕ3	Ⅰ	红	3.0	3.0，4.0				4	ZN-25	白
	Ⅱ	蓝	3.4	5.0				4		
				6.0				5		

（2）安装定位器。

使压接钳处于打开状态并将其平放在桌面上，将定位器插销对准锁盘缺口，压入腔体，压到底后，顺时针旋转 90°即进入卡槽。更换定位块时，需要压住定位块并逆时针旋转 90°然后拉出，即可拆下。

注意：更换定位块时，压接钳必须处于全开状态。

（3）调节压接挡位。

取下挡位盘（即导线规格选择盘，又称压坑深度调节器）上的保险夹，根据接触偶或导线的规格，选择合适的压接挡位，然后上提并旋转挡位盘，使选定的挡位（共有 8 个挡位可供选择）与"SEL.NO"挡位指示线对正。此时挡位盘的凹槽应对正定位销。调好压接挡位之后，安装好保险夹。实际使用时，可按选用导线截面和接触偶尺寸，粗略定出所需挡数，经试压后，视其接合点松紧程度，再拨动挡位盘，若偏松则向小挡调旋，反之则向大挡调旋。试压时，必须由大挡逐步向小挡过渡调节，以免使压钳受力过大，造成卡死或损坏。切勿在压接中途强行扳压钳把，造成机构失灵或损坏。

3．塞入导线

将剥好的线芯按原绞合状态全部塞入待压的插针、插孔的压接筒内。线芯应顺直地插到底，从接触偶压接筒的观察孔应能看到线芯已超过观察孔位置，如图 3-130 所示。为保证连接质量，不要使劲拧线芯。同时注意线芯露出不要过多，要保证压接筒端面和导线绝缘层的间隔符合规定。

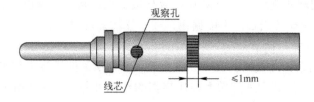

图 3-130　将导线塞入接触偶

如果线芯不能填满压接筒时，可取同规格的线芯丝补充填满。补充线芯填满后，修整至与接触偶压接筒口齐平，如图 3-131 所示。

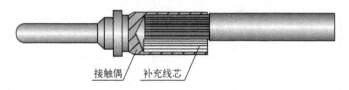

图 3-131　填充线芯的处理

4．压接

（1）手持压接钳，将待压接触偶（插针或插孔）插入定位器孔底，并使接触偶与压接钳的钳头平面垂直。

（2）压动手柄。压接时，压接钳的两个手柄必须按压到完全收合位置，使得棘轮完成一个循环，然后才能松开手柄。

（3）松开手柄，取出被压件。

操作时注意，不要使插在压接筒内的导线偏移。

3.11.2 压接检查

1. 检查内容

压接工作完成后，要进行检查，具体的检查内容见表 3-9。

表 3-9 压接检查内容

检查项目	技术要求		检验方法	检验对象	检验规则
外观检查	导线线芯应完整，并全部插入压接筒内，从观察孔目测线芯		目视检查	压接件	100%
压接筒与导线匹配检查	插针、插孔直径，压接筒内径，与导线线芯标称截面三者匹配，并符合有关专用技术文件的规定		目视检查	压接件	100%
压接裂纹检查	压接筒不应有因压接产生的裂纹和击穿		5 倍放大镜	压接件	100%
压接变形检查	插孔、插针直径（mm）	压接筒压接后外径允许增大值（mm）	量规精度不低于 0.02mm	试验用压接件	每种 3 件
	<1.5	<0.05			
	>1.5	<0.15			
压接电阻检查	插针、插孔压接筒与铜芯导线的压接电阻应符合规定值		伏安法或微欧计测量电阻	试验用压接件	
压接强度检查	插针、插孔压接筒与电线的压接强度应符合规定值		用误差不大于 2 N 的拉力计，以（25±5）mm/min 的速度施加拉力进行拉伸		

2. 常见缺陷与排除方法

接触偶与导线组件压接后常见的缺陷及排除方法见表 3-10。

表 3-10 压接组件的常见缺陷与排除方法

常见缺陷	产生原因	纠正方法
压接组件裂纹	1. 压坑过深 2. 压接钳有故障 3. 接触偶的材料有问题	1. 重新调整挡位盘的挡位 2. 更换压接钳 3. 更换接触偶
压坑有毛刺、刻伤	压接钳压模有尖角、毛刺	更换压接钳、锉修原压模
拉力值达不到要求	1. 压坑过浅 2. 压坑深浅不均匀 3. 线芯过细	1. 重新调整压接钳 2. 更换压接钳 3. 填充导线线芯丝，重新压制
压坑位置超前或滞后	1. 压接钳压位置不对或压模损坏 2. 定位不准	1. 更换压接钳，修理原压接钳 2. 重新调整
接触偶端面与导线绝缘层间隙过大	1. 线芯过长 2. 线芯在接触偶压接筒内未插到底	剪除，重新压接

3. 剪除有缺陷组件

剪掉有故障组件，具体视压接组件导线是否有返修余量而定。

3.11.3 压接注意事项

（1）导线截面选择必须按照规定与对应的接触偶匹配。

（2）剥线时要采用剥线钳剥线，并且不得损伤导线，更不允许导线出现断线。导线剥好后要经过质量检查，剥线长度应符合规定。

（3）压接钳调整好后，要先空压两次，检查是否灵活。

（4）严禁将大直径的接触偶放入小规格接触偶的压接挡位进行压接，以免钳柄压不到闭合位置，若强力把手柄压到闭合位置将损坏压接钳。此时，需将左钳把与锁定位置相联的销子拆下，使左钳把回弹，钳齿便复位，而后再把销子装上即可。

（5）压接时必须考虑适配的压接工具，不可使用不匹配的压接工具进行压接。

（6）不得用坚硬的钢制压接件或将实心和壁厚特厚的圆筒件塞入钳腔肆意压接，否则将会损坏压接钳。

（7）压接现场必须保持洁净，导线剥好后方可逐个压接。

（8）压接工具要定期检验，合格后方可使用。

（9）严禁用压接接触偶焊接导线，这样接触偶无法装入。

3.12　电路的测量

3.12.1　电路故障的测量

在日常维护工作中查找断路、短路和错线等电路故障，是机载设备维护工作中经常遇到的一项工作，测量方法主要分为电阻法和电压法两大类，在实际测量时可视情选用。

3.12.1.1　测量电路断路部位的方法

测量电路断路部位，通常用欧姆表进行，有时也用电压表（或检查灯）进行。

1. 用欧姆表测量断路部位的方法

用欧姆表测量电路断路部位，必须将欧姆表与被测电路连成通路，同时断开与被测电路并联的支路（不易断开时，可通过测量被测电路与并联支路的电阻值来判断被测支路的状况）。若欧姆表指零或指一定的电阻值，则说明这段电路良好；如果表指无穷大，则说明这段电路有断路。由于特种设备电路一般都由几段组成，中间用插销或接线装置连接，因此，测量时可按照有利于迅速缩小查找故障范围和先易后难的原则，把被测电路分成两段，将欧姆表分别与两段电路连成通路，找出其中有断路的一段；然后将有断路的一段再分成两段，再测量出其中有断路的一段，……，如此不断地一分为二，逐段测量，可以找到断路的具体部位。

例如：测量图 3-132 所示电路，可拔开 P-2 插销，把被测电路分成两段，把表一端接地，另一端依次接 P-2 插销的插钉和插孔，使表与这两段电路（一段为灯泡电路；另一段为 P-2 插孔到配电条电路）连接，在接通电门后，它借配电条上的一条良好电路与地线构成通路。若在插钉处测量，表指灯泡的电阻值，而在插孔处测量，表指无穷大，则说明断路部位在插孔处到配电条这段电路上。然后再把 P-1 插销拔开，把存有断路的这段电路再分为两段（一段由 P-1 插钉到 P-2 插孔，另一段由 P-1 插孔到配电条），再将表分别与这两段电路连成通路，如图 3-133 所示。为使欧姆表与 P-1 插钉到 P-2 插孔这段电路连成通路，可将 P-2 插孔（或 P-1 插钉）搭铁。这时，若在 P-1 插钉处测量，表指无穷大，则断路部分在 P-1 插钉至 P-2 插孔之间的一段电路上。

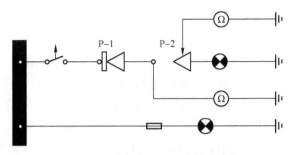

图 3-132　用欧姆表测量断路的方法之一

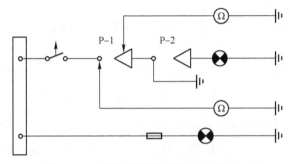

图 3-133　用欧姆表测量断路的方法之二

2．用电压表（或检查灯）测量电路断路部位的方法

被测电路内有常开触头，如图 3-134 所示，在不通电的情况下，用欧姆表测量，不能判断触头的接触情况和电路内部是否有断路故障；如果通电使触头接通，则又不能用欧姆表测量。而用电压表（或检查灯）测量就可以准确判明触头是否接通和电路内部是否有断路故障。测量时，先接通电源和被测电路的电门，使电压表负端搭铁（检查灯的任一端搭铁），另一端与被测电路适当的连接点相接，根据电压表的指示（或检查灯的亮灭），就可以判明电路断路的部位。如图 3-134 所示，电压表负端搭铁，正端接被测电路"A"接线柱。若电压表指示电源电压，则表明由"A"接线柱到配电条这段电路良好。接通开关"K"，将电压表正端与"B"接线柱相接。若电压表指示电源电压，则表明"K"开关电路良好。然后，把电压表正端依次与接线柱"C""D"相接，就可以找出断路部位。电压表不指示电源电压，表明这段电路内有断路故障。

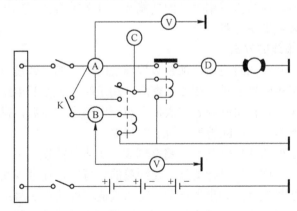

图 3-134　用电压表（或检查灯）测量断路的方法

3.12.1.2 测量电路短路部位的方法

电路存在短路故障，不允许通电，所以，测量电路短路部位，只能用欧姆表进行。测量时，首先使被测电路与飞机机体断开，然后将欧姆表一端搭铁，另一端与被测电路适当的连接点相接触，欧姆表既与被测电路接触又构不成通路。如图 3-135 所示电路，拆下负极线或卸下灯泡，拔开 P-2 插销，使欧姆表一端搭铁，另一端与 P-2 的插钉相接。若表指零，则表明电路有短路。若表指无穷大，则表明电路无短路。在不卸灯泡、不拆负极线的情况下测量，若表指灯泡电阻值，则表明电路无短路。但对正常电阻值很小的被测电路，则必须将欧姆表与机件断开。

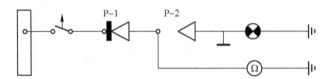

图 3-135 用欧姆表测量短路部位的方法

切断被测电路与飞机机体连接的方法有两种：

（1）被测电路一端与飞机机体相通的，可以拆下负极线，也可以拆下机件上的正线，或拔掉机件的插销，或者拆下机件。

（2）被测电路一端与配电条连接时，可断开电门，或拔下保险丝，以免被测电路通过配电条和其他电路与飞机机体构成通路。

3.12.1.3 测量电路断路、短路部位的注意事项

（1）用欧姆表测量前，要拔下飞机蓄电池的插头，在地面电源插座上悬挂"禁止通电"的标牌，以免烧坏欧姆表，并将三用表的选择开关放在"Ω"位置，再根据被测电阻的大小选好欧姆挡位。被测电阻只有几欧至几十欧的一般放"1"挡；几十欧至几百欧，一般放"10"挡，……，以此类推。挡位选好后，将两表笔搭在一起，将指针调到零位。

（2）表笔搭铁应确实可靠，不应接在绝缘层上或有油垢的地方，以免接触不良，为了判明表笔搭铁是否良好，可将两支表笔同时搭铁来检验。

（3）在插座或插头处测量时，应看清插钉或插孔的标号，以免接错。两支表笔不可相碰，不能靠在外壳上，也不能与其他插钉或插孔相碰。不然，测量的结果就不正确。

（4）测量电压时，应检查三用表上的功能选择开关是否在"电压"位置，量程是否合适，并注意防止表笔搭铁短路。

3.12.1.4 测量错线的方法

电路错线，一般是在同时更换、加装数根导线时产生的，即没有准确地按原有的导线序号进行接线，可用欧姆表进行测量来查清。测量时，先按照电路图弄清被测电路各支路的特点及连接关系，再将欧姆表依次接在被测电路上，然后，操纵电路中的电门、按钮来控制电路的通断，根据欧姆表的指示来判明。

测量错线的方法如图 3-136 所示。将欧姆表一支表笔搭铁，另一支表笔分别接在每条电路的导线接头上，逐条地进行测量。在测量的过程中，注意观察表的指示。如果表指示为零，说明是 2 号电路；如果表指示一定的数值，说明是 3 号或 4 号电路。为了分清 3 号 4 号电路，可接通 3 号电路上的电门，表指一定数值的，就是 3 号电路，另一条就是 4 号电路。

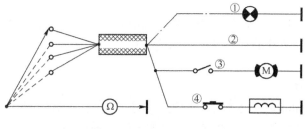

图 3-136 测量错线的方法

3.12.2 电阻测量法

电阻测量法是通过测量电路的电阻并比较其变化来判断电路状况的一种方法。这种方法一般不拆机件、不拔插销、不卸接线，利用灯座、插座、接线柱等测量点，依照飞机网路的连接特点进行测量。这种测量方法可以掌握电路电阻的渐变过程，及时发现潜在的故障，用电阻测量法排除电路故障，还可以避免或减少乱拆、乱卸机件的盲目性，提高工作效率，减少人为故障的发生。

3.12.2.1 电阻测量法的基本原理

飞机网路一般都具有集中配电、单路控制和分散搭铁的特点。通过汇流条和飞机机体，各条支路可以互相联系；通过断开控制装置，也能割断各支路间的联系。电阻测量法就是利用这一特点进行的。如图 3-137 所示，将欧姆表接在工作灯插座上，工作灯插座就是测量点，被测电路是起落架电磁阀电路。接通工作灯电门和起落架、减速伞电门，两条电路便通过汇流条联系在一起。将起落架电门向上或向下接通，两支路就构成了闭合回路，欧姆表便指示一定的电阻值。指示电阻值减去已知的测量点电路的电阻值，就是被测电路的电阻值。将测得的被测电路的电阻值与经验电阻值（由测量若干架飞机的同一电路得出来的电阻值范围）进行比较，与本机以前测量的电阻值进行比较，就可以判断出被测电路的状况。运用这种测量方法，经过一定周期的反复测量，就可以掌握电路电阻的量变规律，及时发现潜在故障。

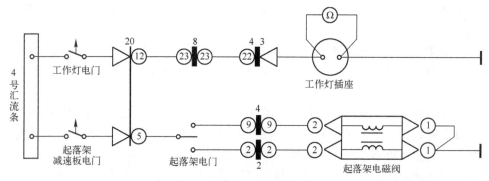

图 3-137 电阻测量法举例

3.12.2.2 电阻测量法的要点

测量线路的电阻是一项经常性工作，也是预防和发现故障的有效方法，在具体使用

中应遵循以下方法和原则:

1. 明确监控对象

线路测量的主要目的是监控线路中频繁通断装置（如按钮、开关、继电器等）的电接触情况和频繁活动电缆的通路情况。因此，在确定测量每一个测量项目时，必须明确主要监控对象。

2. 选择恰当测量点

测量点选择的标准是：便于操作；测量点所在电路的线路简单；尽可能选在被测量电路的线路上。对测量部位，以测量有活动接触部分的电路为主，应尽量避免拆卸机件。最常用的测量点有工作灯插座、地面电源插座、信号灯插座以及暴露在壳体外部的接线柱等。

3. 确定合理阻值范围

线路阻值由于受各种外界因素的影响，有一个合理的阻值范围，它一般由临界电阻值和经验电阻值组成。

临界电阻值是保证机件正常工作，允许该电路具有的最大电阻值。电路的电阻超过这一数值，其机件就不能正常工作。临界电阻是通过计算和试验确定的，它是运用电阻测量法的关键。

经验电阻值是根据多数飞机和多次测量积累的经验而确定的每条电路正常工作时的电阻值，它是一个数据范围。经验电阻值可以作为定期测量、鉴别电路状况的依据。将每次测得的电路电阻与电路的经验电阻值比较，就可以了解电阻值变化的情况，从而判断电路的状况是否正常。

4. 选用合理测量仪表

由于不同型号测量仪表的测量误差等级及量程不同，对于同一测量点，使用不同的仪表进行测量，会产生测量结果相差很大的问题，从而导致误判，所以在每次测量时，最好使用同一型号的测量仪表。

5. 掌握合适测量时机

测量电路的时机要掌握好，不仅测量次数不多，还能及时发现潜在的故障，获得最佳的预防效果。掌握不好，则会出现两种不利的情况：一是测量过频，工作量大，效益差；二是测量过少，未到测量时，功能故障已经发生。一般采取以下三种办法来掌握测量时机。

（1）周期性测量。根据故障变化周期掌握测量时机。对工作次数频繁，容易形成故障的机件部位，测量周期短一些。对不易发生故障和使用不多的机件，测量周期应长一些。

（2）季节性测量。根据季节变化，尤其是温度和湿度的变化来确定测量时机。气温高、湿度大时，对易产生接触不良的机件，应适当增加测量次数；气温低时，弹簧式插头的机件，因金属收缩容易产生接触不良，应适当增加测量次数。

（3）视情测量。对一些平时不易测量或测量不到的部位和线路，结合维修工作视情进行测量。

6. 保证测量准确性

保证测量的准确性，就是尽量减少仪表误差、视读误差和测量方法误差。为此应做到以下四点：

（1）要定表。一架飞机每次测量要用同一只三用表，表内电池电压要符合规定。测量时零点调准、表要放平，尽可能减小仪表误差。

（2）要定人。在可能的情况下，一架飞机要固定一个人测量。测量人必须弄清和熟记每条电路的来龙去脉，熟悉测量方法和测量数据，以尽量减小视读误差和测量方法误差。

（3）要保证测量点清洁，表笔接触可靠，尽量减少表笔接触处的电阻。测量时还应轻振机件和被测部位，以得到准确的电阻值。

（4）当测得的电阻大于经验电阻值时，可通电让该电路机件工作一下，然后再测量，对电路中的控制设备可反复通断几次，然后再测量。

7. 建立测量登记表

建立测量登记表就是把每次测得的数据记录下来，便于和原始数据进行比较，不同季节测得的数据相比较，以便于经常分析、掌握量变规律。

3.13 飞机上的标记

飞机上广泛使用的标记是防止差错发生的一种积极有效的手段。标记具有判断直观、使用简单方便等优点，能够帮助机务人员更加安全、可靠地开展维修工作，避免出现"错、反、忘、漏、损、丢、伤"等维修差错，具有重要的作用与意义。

3.13.1 标记的定义及作用

飞机标记的定义为：飞机上说明使用维护注意事项的各种记号，统称为飞机上的标记。

标记，是一种常用的传递信息的记号，通常用文字（或警语）、颜色或图形等形式表示。从飞机的使用维护角度来说，通过标记，可以指示操作人员正确地进行飞机维护。

（1）判断：飞机上附（零、部）件或附件的某个部位的工作状态或固定情况，以便及时发现问题，消除隐患。

（2）区别：附（零、部）件属于哪一系统，用于何处，从而能识别系统（某些附件），以便加强维护检查和预防维修差错。

（3）告诫：哪些是危险部位，提示引起注意，严禁碰动，以避免发生意外事故。

3.13.2 标记的识别与应用

飞机上有标记的部位很多，并且形式多样，种类繁多。通常，依据标记的作用，可将飞机上的标记分为 7 类，分别是：反映松动、错位的标记，反映工作范围的标记，反映定位的标记，表示危险的标记，表示用途的标记，表示区别的标记，预防差错的标记。

1. 反映松动、错位的标记

指附（部）件的固定是否松动、错位的标记。如：飞机进气道固定螺钉的标记、操纵系统传动杆可调接头保险螺帽的标记、软管与模压接头处的错位标记、起落架上的固定支架和卡箍的标记（如图 3-138 所示）、活动轮缘与轮胎的错位标记等。

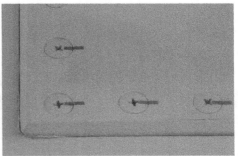

图 3-138　反映松动、错位的标记

2．反映工作范围的标记

指附（部）件的工作行程或工作范围的标记。如：某型飞机减摆器壳体上减摆活塞的工作行程标记、某型飞机前起落架支柱外筒转弯工作范围标记（如图 3-139 所示）、座舱调温电门的三个工作状态标记、各个仪表的正常工作范围与超过规定工作状态的标记等。

3．反映定位的标记

指附（部）件的某个部位（分）上锁与开锁状态的标记。如：十字卡销窗盖上锁状态标记、活动盖锁钩与锁扣上锁状态标记等，如图 3-140 所示。

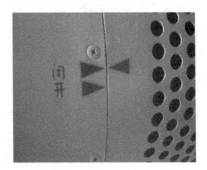

图 3-139　反映工作范围的标记图　　　　图 3-140　反映定位的标记

4．表示危险的标记

提示可能危及飞机或人身安全的标记。如：座椅应急弹射把手、应急抛盖把手、驾驶杆上的射击、投弹按钮保险盖、燃料关断按钮保险盖以及防辐射区域的红色标记等，如图 3-141 所示。

图 3-141　表示危险的标记

5．表示区别的标记

指附（部）件之间相互区别的标记，如图 3-142 所示。如：燃料系统导管为黄色，滑油系统导管为褐色，冷气系统导管为黑色，灭火导管为红色，冷气瓶为黑色，氧气瓶为天蓝色等。

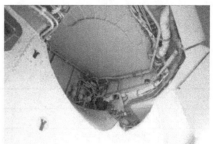

图 3-142　表示区别的标记

6．表示用途的标记

说明附（部）件有何作用的标记。如：飞机导管上的三道色圈标记，"蓝～白～蓝"表示收上起落架系统导管，"蓝～红～蓝"表示放下起落架系统导管等。

7．预防差错的标记

为预防和减少在飞机维护工作中因错、忘、漏等未按程序操作而发生的人为差错，在飞机有关部位，有些机件上喷刷、粘贴、打印有关预防差错的标志或文字注明，如图 3-143 所示。

图 3-143　预防差错的标记

如：为预防起动箱导线接错，在起动箱及连接导线上标写有"左""右""+""-"等字样；为预防空速表动、静压导管接反，在夹布胶管上分别涂有红漆或蓝漆标记，接嘴处标有"动""静"字样；为预防忘盖或盖偏油箱盖，在各加油口处喷刷有"注意盖好油箱盖"的文字注明等。

3.13.3　标记的制作

1．标记的制作时机

（1）拆装机件时。拆卸机件之前，为了防止安装时装错接反，可事先制作好反映定位的标记或预防差错的标记。安装好机件后,为了在以后的工作中方便检查其固定情况,可以在其固定部位制作反映松动错位的标记;若原来就有反映松动错位的标记,应清除旧的,并制作新的。

(2)工作中发现标记不清晰时。若发现标记因日晒、水浸、油泡、磨损等原因而模糊不清时,应及时补画清晰。

2.质量标准

标记的质量标准见表3-11。

表3-11 标记的质量标准

序 号	标记类型	质量标准
1	反映松动、错位的标记	平直、清晰、端正,长短粗细合适
2	反映工作范围的标记	位置准确、平直清晰、长短粗细合适
3	反映定位的标记	指示位置正确,清晰明了
4	表示危险的标记	醒目、警示性强
5	表示区别的标记	颜色符合规定
6	表示用途的标记	清晰醒目,不同作用的标记区别明显
7	预防差错的标记	清晰醒目,字符准确、简洁

3.标记的制作方法

日常维护工作中,在飞机上制作标记的常用方法有两种:描绘法和模具法。

1)描绘法

首先,将飞机或机件上要制作标记的部位清洁干净。然后,使用毛笔或排笔,蘸取符合规定的墨水或(环氧)硝基磁漆(颜色视情而定),按照规定的规格、形状,直接在飞机或机件上绘制标记。

这种方法的优点是制作简单、方便;缺点是制作好的标记在美观度上欠佳。

2)模具法

(1)准备模具。对于大而复杂的标记,如文字、符号、复杂的几何图形等,可以采用电脑刻绘标记纸的方法制作模具。对于小且简单的标记,如标线、标块、色圈(环),可以使用美纹纸或玻璃纸制作模具。

注:美纹纸具有便于截断和黏性弱的特点,在完成标记制作后撕除美纹纸时,不会因其黏性太强而难以撕下或剥落涂层。不要使用透明胶带做模具,因其难于截断且黏性过强,撕除时会造成涂层剥落或遗留胶黏层的现象而使飞机或机件表面脏污。

(2)清洁要制作标记的部位。

(3)将模具粘贴就位。对于刻绘的不干胶纸模具,撕除背衬纸,然后小心地贴在要做标记的部位。使用美纹纸制作简单的标记时,根据需要的规格、形状,将其粘贴在机件上,形成一个临时模具。粘贴时注意,模具和美纹纸要涂漆的边缘应用拇指压紧,与机件紧密贴合无缝隙,以免油漆渗透而使标记的边缘出现毛刺。

(4)在模具中涂漆填色。可以使用毛笔或画笔,若机表的涂漆区域较大,也可使用喷枪或喷罐,但是应将周围区域用纸或布遮蔽好,以免喷花。

(5)静置,让油漆充分干燥。

（6）油漆干燥之后，撕去模具或美纹纸及周边的遮蔽材料。

模具法的优点是制好的标记边缘平直、整体美观。

4．注意事项

（1）使用规定的油漆或墨水制作标记。油漆通常为硝基磁漆。

（2）飞机上各部位的标记规格（宽度、长度、颜色等），各型飞机都有具体的规定，画、喷刷标记时应严格遵守，禁止随意标画、乱涂乱画。

（3）标记应制作于机件的醒目位置，并且不应对机件产生不良影响。

（4）在发动机舱、座舱、机舱内，禁止采用喷漆的方法制作标记。

（5）大风、阴雨天气，不要在机表制作标记。

（6）制作新标记之前，要清除原有的旧标记。

第4章 基本工作

4.1 机件的擦洗与润滑

飞机机件在使用过程中，由于各种载荷的作用、人为因素和雨露、风沙、气温等自然条件的影响，设备、机件上会有油、水、尘土、积炭和锈，机件的轴承和传动部分上的润滑脂、润滑油会脏污、变质，这些都会妨碍设备、机件的正常工作，甚至损坏机件。为了保护设备、机件的表面，延长机件使用寿命，保证工作良好，应该按规定对设备、机件进行擦洗并涂油润滑。

4.1.1 常用的清洁油液和润滑油脂

航空用的清洁油液主要包括航空洗涤油、溶剂和中性肥皂水与苏打水等。

1．航空洗涤油

飞机维修工作中常用的洗涤油液有航空洗涤汽油和航空洗涤煤油。航空洗涤煤油，常用的是 3 号航空煤油，能去油垢和火药的积炭，只适于洗涤较粗糙的机件以及某些精密零件的第一遍清洗，常用来擦洗一般机件上的锈蚀、油垢。但是，煤油对机件有腐蚀性，对镀镉层和皮革件有破坏作用。航空洗涤汽油的详细介绍见 2.3.7 节。

2．清洗溶剂

常用的清洗溶剂有酒精和 DJ-1 清洗剂。

（1）酒精为无色透明的液体，酒味浓，手感发凉、发涩，能去油垢和积炭，溶解力强，挥发性较好，容易燃烧，常用来擦洗光学镜片、电嘴和电气元件接触点上的积炭等。

酒精对金属和玻璃有很好的湿润性，但是对铝、锌制零件有腐蚀作用，腐蚀生成物是一种胶状的金属醇化物。

（2）DJ-1 清洗剂是一种新型的清洗剂，具有无毒、绝缘、不可燃、不腐蚀等特性，能够彻底清洗掉电接点部位的腐蚀物、灰尘及油污，对各种电器零件起清洗作用。主要用于电器的电接点，各类精密仪器仪表、印制电路板及触点，各类接插件和开关的触点，各种强电、弱电的接点，以及各种金属和塑料零件等的清洗，常与 DJB-823 固体薄膜保护剂配合使用。

3．常用的擦洗溶液

（1）中性肥皂水，是由 1L 水中加 35～40g 液体中性钾肥皂配成，不腐蚀机件，能去油垢和火药积炭，因此常用来代替洗涤汽油擦洗飞机蒙皮。

（2）苏打水，是一种碱性液体，有一定的去污能力，能中和酸性物质，常用它擦洗酸性蓄电池箱。

4．清洁油液使用注意事项

（1）清洁油液虽然有较好的去污能力，但同时也有不同程度的腐蚀作用。因此，洗涤结束后，应及时将机件上的油液擦干或晾干。工作中应避免将清洁油液滴落在橡胶制品和油漆层上。

（2）由于洗涤油和洗涤溶剂挥发性好，且容易燃烧，应装在密封的容器中，以防失火。

（3）使用场所应通风良好，保持空气流通，以保证操作人员的身体健康。

（4）洗涤汽油与含铅汽油要严格分开，不要用含铅汽油清洗机件，以防止中毒。

（5）清洁部位有锈蚀时，应先采取除锈措施后，再用清洁油液进行清洁。

5．润滑油脂

常用的润滑油脂见 2.3.4 节和 2.3.5 节。

4.1.2　金属机件的擦洗与涂油

1．擦洗

（1）对机件上的油垢，可用洗涤油擦洗。对尘土和水，一般可用干净抹布擦净，也可用冷气吹除。

（2）对机件上的沟槽、洞孔、拐角、螺纹等部位，可用布包在竹签上擦。如果旧油干涸或油垢过多，擦不干净，可用洗涤油清洗，再用布把油擦净或用冷气吹干。擦洗机件的顺序应是由里到外，先上后下。

（3）电嘴上尘土和水分，可用麂皮布、绸布或白布条擦洗。有油垢，可用绸布沾上汽油或酒精擦洗，电嘴上的积炭，可用小木棒缠上绸布沾洗涤油、酒精擦洗。

2．除锈

机件表面有轻微锈蚀时，可以用擦布沾煤油擦除。如锈蚀比较严重，可用沾有煤油的布再沾上木炭粉顺着机件表面的纹路反复搓磨。螺纹沟槽、拐角等部位的锈蚀，可用硬毛刷沾上煤油再沾细木炭粉来刷除。锈蚀很严重时，可用"000"号砂纸蘸上 2 号低温润滑脂擦磨。钢索有轻微锈蚀时，用抹布蘸上煤油擦除。禁止用砂布打磨，以免钢索磨损而引起断丝。

3．涂油

（1）机件外表，用油布或毛刷顺着表面的纹路均匀涂抹。

（2）圆筒形机件内壁，可把油布穿在通条上涂抹；弹簧和钢索可用油布缠裹着涂抹。

（3）机件上的缝隙、沟槽、拐角和齿槽处，可以用毛刷蘸上润滑油脂涂抹。

4．擦洗与涂油的要求

（1）根据机件的材料、形状和脏污的程度，正确选用擦洗液体和工具。

（2）根据机件的特点擦洗，防止损伤机件表面，防止油液流入机件内部。

（3）热态机件，禁止用洗涤汽油或煤油清洗。

（4）当锈蚀破坏了保护层时，除净锈蚀后要擦干并及时恢复保护层。

（5）机件的涂油要均匀，厚薄要适当，对于具体部件上的涂油应具体对待，如机件受摩擦、撞击、挤压的工作面或不经常分解的机件应涂厚一些。

（6）机件上导电部分禁止涂油。

4.1.3　活动关节的擦洗与注油

1．擦洗

（1）对活动关节上的油垢，可用洗涤油清洗。对尘土和水，一般可用干净抹布擦净，也可用冷气吹除。

（2）对沟槽、洞孔、拐角等部位，可用布包在竹签上擦。如果旧油干涸或油垢过多，擦不干净，可用洗涤油清洗，再用布把油擦净或用冷气吹干。

2．注油

注油前应擦净注油枪（如图4-1所示）的连接嘴，检查注油枪内的油质是否良好，并用毛刷沾汽油或抹布擦净注油嘴附近的脏物。

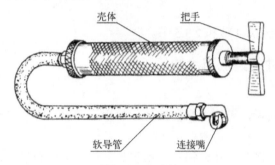

图4-1　注油枪

1）连接注油枪

将注油枪上的连接嘴套在注油嘴上（如图4-2所示），并使之贴紧。

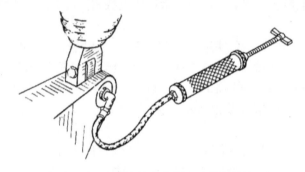

图4-2　注油枪连接嘴套在注油嘴上的情形

也可将注油枪上的连接嘴和注油嘴拆下，将注油枪上的软导管接头直接拧在注油嘴孔内（如图4-3所示）。

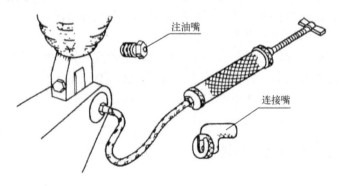

图4-3　注油枪拧在注油孔上的情形

2）注油

顺时针方向拧转注油枪，直到结合面的缝隙处挤出新的润滑脂为止。

3）拆下注油枪

拆下注油枪前，应把手柄反拧 2～3 圈，防止拆下注油枪后润滑脂继续挤出，注油枪取下后，装上注油嘴，并用擦布擦净结合面缝隙和注油嘴周围的余油。

4.1.4 航空轴承的清洗与润滑

轴承在安装之前都要进行清洁，去掉润滑脂和杂质，以便检查和润滑。

4.1.4.1 电机轴承的清洗与润滑

电机运转是否良好，轴承是主要因素之一。轴承状况不良，会使电机过载而发热，转动声音不正常，工作电流变大，严重时，影响电机运转甚至损坏电机。因此，维护轴承是电机维护中的一项重要工作。电机用的轴承有开式和密封式两种，下面分别说明其清洗与润滑的方法。

1．开式轴承的清洗与润滑

开式轴承的结构如图 4-4 所示。它由外圈、内圈、滚珠和保持架等组成。

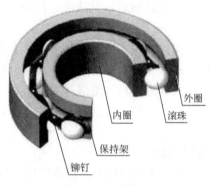

图 4-4 开式轴承

1）开式轴承的清洗

清洗轴承的目的在于除去轴承内的润滑脂及其脏污。为保证在清洗过程中不致使轴承磨损，清洗轴承用的 RH-70 航空汽油或洗涤汽油中必须掺入 6%的 8 号或 20 号航空润滑油。

清洗时，先将轴承放在洗涤液中浸泡 30min 左右，再用毛刷蘸汽油来刷洗轴承上的旧润滑脂及其他脏物。可以一边转动轴承一边刷洗，以便将轴承彻底清洗干净。在此过程中，应更换 1～2 次清洗液，一直到清洗液中不再有杂质或不变颜色为止。最后，再用干净的清洗液将轴承洗一次，取出晾干，待轴承上的汽油挥发后，再放入温度不超过 80℃ 的烘箱内烘烤 10min。

2）开式轴承的检查

轴承的检查主要有两项内容：一是外部是否良好；二是转动是否灵活。

轴承的外部是否良好，要用 5～10 倍的放大镜来检查。检查轴承各零件有无裂纹、压伤和锈蚀，保持架有无松动、脱落和破损，轴承滚道表面有无斑点、毛刺、龟裂和金属剥落等现象。

如轴承外部良好,再检查轴承转动情况。先使轴承慢转,后使轴承快转,分别检查其转动是否良好。慢转时,一手握住轴承内环,另一手推动轴承外环,使轴承慢慢转动,同时分别使轴承的轴线垂直和倾斜于地面,察看其转动有无摩擦、卡滞现象,当停止转动外环时,外环应均匀平稳地停下来。快转时,快速推动外环,使轴承作高速旋转,察看轴承转动应灵活,不应有明显的杂音和抖动现象。

3) 开式轴承的润滑

轴承充填新润滑脂时,要一边转动轴承,一边充填,这样才能将润滑脂均匀地填入轴承内。填入的润滑脂量一般以占轴承腔体容积的 1/2 左右为宜。除有特殊要求者外,不要过量。如润滑脂充填过多,轴承运转时,因摩擦产生的热量就不易散发,使轴承温度增高,造成润滑脂外溢或变质,反而影响轴承的润滑。

2. 密封轴承的清洗与润滑

密封轴承较开式轴承多一密封装置,如图 4-5 所示。密封装置有的是胶密封圈,有的是金属密封圈。有胶密封圈的轴承,只要将上面的弹性卡圈取出,就可将胶密封圈从轴承上取出,不需要专用工具。而金属密封圈则需要专用工具才能装上。要根据轴承密封装置的种类及设备工具等不同情形来决定工作方法。

带有胶密封圈的轴承,打开密封圈后,其清洗、检查及更换润滑脂的方法同开式轴承一样,但不要烘烤密封圈。

带金属密封圈的轴承,只有在具备装密封圈的专用工具及有备份密封圈的情况下,才允许撬开密封圈进行清洗、检查和更换润滑脂。若没有专用工具或备份密封圈,可将轴承装在清洗器上来清洗。清洗器由油箱、油泵等组成。油泵将油箱内的清洗液增压后注入轴承内,将旧润滑脂及脏物冲洗掉。清洗、检查完毕,填充润滑脂时,要由注油器将润滑脂压入。

4.1.4.2 机轮轴承的清洗与润滑

机轮轴承为滚棒轴承,其滚动体为圆柱形,能承受较大的径向负荷,如图 4-6 所示。

图 4-5 典型的密封轴承

图 4-6 机轮轴承

1. 机轮轴承的清洗

(1) 将轴承放入洗涤汽油或煤油里浸泡一段时间。

(2) 选用不掉毛的软毛刷,用汽油或煤油刷洗轴承,将旧润滑脂清洗干净。

刷洗过程分粗洗和精洗两个阶段。在粗洗中,使用毛刷清除润滑脂及粘着物,大致干净后,转入精洗阶段。此时,将轴承在干净的汽油或煤油中,一边旋转,一边仔细地清洗。

在清洗过程中,注意轴承不要接触清洗容器底部的杂质,推荐的方法是在清洗容器中隔一块金属网垫。并且,要注意经常保持洗涤汽油或煤油的清洁,过脏则及时更换。

（3）用煤油清洗轴承后，需用洗涤汽油将煤油冲洗干净，使轴承自然干燥。

（4）轴承清洗质量靠目视和手感检查。轴承清洗完毕后，仔细观察，在其内、外圈滚道里、滚动体上及保持架的缝隙内总会有一些剩余的油。检查时，可先用干净的塞尺将剩余的油刮出，涂于拇指上，用食指来回慢慢搓研，手指间若有沙沙响声，说明轴承未清洗干净，应再洗一遍。最后，将轴承拿在手上，握住内圈，拨动外圈水平旋转，以旋转灵活、无阻滞、无跳动为合格。

2．机轮轴承清洗的注意事项

（1）严禁用裸露的手接触和拿清洁好的轴承，应戴无毛（帆布）手套或用干净不掉毛的布将轴承包起后再拿。否则，由于手上有汗、潮气，接触轴承后易使轴承产生指纹锈。

（2）清洗时使用软毛刷，以免划伤轴承表面光洁度和保护层。

（3）禁止在无润滑情况下高速旋转轴承。

（4）若已清洁的轴承不直接润滑，则应用油纸将其密封包装并储存于干燥的环境中。

3．机轮轴承的检查

向机轮轴承涂油前，应检查轴承内圈、外圈、保持架和滚棒有无裂纹，滚棒不能从保持架上脱出。凡发现滚棒和滚道表面有损伤、裂纹、变色或滚棒架变形损坏，均应更换轴承。滚棒和滚道有轻微锈蚀，可用擦布蘸汽油擦除，不得用砂纸打磨，以防打磨后表面粗糙而加速轴承的磨损。如滚棒架有锈蚀，可用细砂纸打磨除掉。

4．机轮轴承的涂油

由于机轮轴承承受大负载、高转速和高温，因此必须要有良好的润滑。润滑的目的主要是减小摩擦和磨损，降低功率损耗，同时润滑脂还可起到冷却、防尘、防腐和吸振等作用。必须合理选用正确的润滑脂，具体参见相应机型的技术要求。

向机轮轴承注润滑脂，主要有压力注油和手动注油两种方法。

（1）压力注油法。首选的一种轴承注油润滑方法，主要优点是污染小、简单、快捷。正确使用该方法，可以确保在轴承的关键区域注入足量的油脂，但需要专用的压力注油设备，如图4-7所示，即为一种简单的压力注油设备。

（2）手动注油法。当没有压力注油设备时，可以用手进行轴承的注油润滑，如图4-8所示。

图4-7 一种简单的压力注油设备　　图4-8 机轮轴承的手动注油

其方法是：在一只手掌上放大量无污染的油脂；另一只手抓（托）住需要润滑的轴承，用力将高温润滑脂从轴承的端面向内挤压，使高温润滑脂进入滚棒之间。注油从轴承大口径的一端注入至小口径的一端，直到轴承小口径的端面和滚棒的缝隙中挤出润滑脂为止，使轴承内部间隙充满润滑脂，切勿仅在轴承的表面涂一层润滑脂。确认滚棒滚动路径上有足够的润滑脂之后，在滚棒上再涂抹一层润滑脂，再在轴承其他外露表面涂抹一层润滑脂。完成后，将轴承放置到不会被污染的容器内。

5．机轮轴承涂油的注意事项

（1）轴承清洗后，一定要让轴承干燥后方可涂油润滑。否则，残存的洗涤油能溶解润滑脂，使润滑脂变质，不易附着在轴承上，导致轴承在工作时因缺油而损坏。

（2）向机轮轴承涂油时，要防止砂土、杂质等外来物进入轴承内部。

（3）涂油前，要充分洗去手上的汗液，并涂以润滑脂后，方可进行手动注油。在有条件的情况下，涂油时尽可能戴上无毛手套，以防轴承锈蚀。

4.1.5　飞机蒙皮的擦洗

为保持飞机外表的清洁，要经常将飞机上的尘土、水分和油污用软抹布或布拖把擦拭干净，擦洗用具应无砂土、钉子、铁丝等物，防止划伤蒙皮。

1．尘土的擦洗

飞机上的尘土，可用抹布或拖把顺一个方向轻轻擦除，及时抖去尘土、脏物，不要来回擦，防止抹布或拖把上的砂土擦伤表面。

2．油垢的擦洗

蒙皮上有油垢时，用抹布浸温水或中性肥皂水擦除，若油垢干涸，可蘸汽油擦洗，然后用干净抹布将汽油擦去。

3．水分的擦洗

蒙皮上有水分，应用干抹布擦，如果蒙皮表面的油漆层被水浸泡后变软或起泡时，应待水分蒸发后再擦，以免将油漆层擦掉。

4.1.6　有机玻璃的擦洗

有机玻璃硬度较低，表面容易划伤，擦洗时应用清洁的绒布，不能用粗糙的抹布，也不允许用毛织品和丝织品，以防产生静电荷而吸附灰尘。

（1）有机玻璃表面有灰砂时，应轻轻拂去，不得来回用力乱擦。

（2）有昆虫血迹时，可用水浸润后再擦，切不可干擦硬刮。

（3）有机玻璃上沾有油垢时，不得用酒精或其他有机溶液擦洗，如丙酮等溶液。而应用脱脂棉或绒布蘸中性肥皂水进行擦拭，再用清洁温水擦洗，然后用绒布擦干。

（4）作喷射防冰液试验后，风挡玻璃上有残留的酒精，应用脱脂棉或绒布蘸水擦净。

4.1.7　光学玻璃的擦洗

1．擦洗

（1）光学玻璃镜片有油垢时，应用蘸有少量酒精或乙醇的脱脂棉，从镜片中心开始做圆周运动，并不断向边缘扩展。

（2）擦洗时动作要轻稳，要及时更换新的脱脂棉。

（3）不要使脱脂棉与镜框接触，以免擦洗液体渗入镜片的胶合处，待擦洗液体挥发后，再用干净的绒布将镜片擦拭干净。

2. 除尘

当镜片上落有灰尘时,可用干净的软毛刷或脱脂棉将其轻轻拂去。用软毛刷拂尘时,毛刷不要移动得太快,以免因摩擦而产生具有吸附能力的电荷,使灰尘不易清除。

4.1.8 电气机件的擦洗

4.1.8.1 触点的擦洗

当触点断开时,触点间会产生电弧和高温,它使触点间的杂质(油垢、灰尘、纤维等)炭化,同时触点材料在高温的作用下被氧化腐蚀,从而在触点表面形成了一层黑色或褐色的金属氧化物,通常把这个氧化层称为"积炭"。

触点积炭后,使触点的接触面积减少,接触电阻增大,接触压降也增大,所以必须及时清除。清除积炭的方法主要是正确地进行擦洗。

1. 接触器触点的擦洗

擦洗接触器触点时,可将活动触点取下,先用干净的麂皮(或绸布)蘸上汽油或酒精对触点进行擦拭,直到黑褐色的积炭层被擦净,而呈现光洁的表面为止。然后,用干麂皮(干绸布)对触点进行抛光。最后,用压缩空气吹净触点表面上的灰尘和纤维等杂质。

擦洗固定触点,或在不分解活动触点的条件下进行擦洗工作时,应防止将擦下来的脏物、纤维、灰尘等落入铁心内,从而影响活动铁心的运动,使接触器的工作受到影响。

2. 继电器触点的擦洗

擦洗继电器触点的方法和接触器的基本相同,但因继电器的活动触点不便于取下来,只能用麂皮(或绸布)在触点之间擦洗。即将麂皮放在触点间,轻轻将活动触点压下,再拉动麂皮,可使上下触点一起擦拭,最后在有条件情况下,用气囊鼓风将继电器触点及其周围的杂质吹掉。

由于继电器触点的尺寸较小,结构强度不大,在擦洗工作中,要认真细致,防止因粗心大意而将触点和弹簧碰变形。对于小型继电器的触点,可用毛笔清洗液来擦洗,最后用气囊吹净。

3. 微动开关和按钮触点的擦洗

微动开关和按钮的触点也用麂皮(或绸皮)来擦洗,最后用气囊将污物吹净。擦洗微动开关和按钮的触点时,要将微动开关和按钮分解,然后进行擦洗工作。

由于微动开关和按钮的触点小,和触点固定在一起的弹簧片、导电片的强度也不大,所以擦洗动作要细致柔和,防止将导电片和弹簧片压变形或损坏。

4. 插销触点的擦洗

擦洗插钉时,用绸布蘸上汽油或酒精后,包住插钉,用镊子夹紧绸布一边转动一边来回擦洗;擦洗插孔时,用一个竹签包上绸布蘸上汽油或酒精塞进插孔内边转边擦,要防止用力过大使插钉、插孔变形。

4.1.8.2 接插件的擦洗

电缆插销、印制电路放大器等接插件有积炭时,可以用麂皮、亚麻布、绸布蘸上汽油或酒精擦洗。接插件上的积炭一般不能用砂纸打磨,以免损伤接插件表面的镀层。在插拔接插件时,不能用力摇晃,以防扩大插孔和使插钉弯曲变形,以及磨损印制电路放大器接插部位。

4.1.8.3 电嘴的擦洗
（1）电嘴上有尘土和水分，可用麂皮、绸布或白布条擦洗。
（2）有油垢，可用绸布蘸上汽油或酒精擦洗。
（3）电嘴上的积炭，可用小木棒缠上绸布蘸上洗涤油、酒精擦洗。

4.1.8.4 电机整流子的擦洗
如果发现整流子上有炭粉、油垢时，应进行擦洗。擦洗前，先取出电刷，用清洁的白布条稍蘸规定洗涤油液，并以软质木片压在整流子上，然后转动电枢（小型电机可用木片拨动电枢）进行擦洗，或者是用白布条包住整流子来回拉动擦拭。对于塞在整流片间的炭粉，可用木片剔出，但绝对禁止用金属片去剔，以免损伤整流子。擦洗完成之后，要用干布将整流子擦干、晾干。

在擦洗的过程中，切勿将汽油沾在电刷和绝缘材料上；擦好的整流子，不得蘸上油污或用手触摸。

4.2 气体的灌充

飞机上使用的气体，是利用地面气源车或气瓶通过充气导管来灌充的。灌充气体的基本要求是：
（1）判明气源车或气瓶内的气体是否与所充气体相符。
（2）不使水分和脏物进入系统。
（3）灌充的气压应符合各型飞机的要求。
（4）灌充过程中严防伤人和损坏机件。

4.2.1 地面气瓶的识别和使用

地面气瓶是机务维护工作中经常使用的设备。气瓶按公称工作压力分为高压气瓶和低压气瓶，高于 8MPa（80kgf/cm²）的为高压气瓶，低于 8MPa（80kgf/cm²）的为低压气瓶。地面气瓶均为无缝钢瓶，顶上装有黄铜阀门。

1. 地面气瓶的识别

航空维修中，地面使用的气瓶主要包括冷气瓶、氧气瓶、氮气瓶、氢气瓶、氩气瓶和二氧化碳气瓶等，为了便于识别，各种气瓶都标有明显的标志，如图4-9所示。

图4-9 各种地面气瓶

1）压缩空气瓶（或称冷气瓶）

压缩空气瓶的瓶身喷有黑色漆，并标有白色的"压缩空气"或"冷气"字样。在瓶身上涂有两道白色环的冷气瓶，公称工作压力为30MPa（300kgf/cm^2）；涂有一道白色环的，公称工作压力为20MPa（200kgf/cm^2），不加色环的，公称工作压力为15MPa（150kgf/cm^2）。

2）氧气瓶

氧气瓶的瓶身喷有天蓝色漆，并标有黑色的"普氧"或"高氧"字样（"普氧"为烧焊用氧气，"高氧"为飞行员用氧气）。在瓶身上涂有两道白色环的氧气瓶，公称工作压力为30MPa（300kgf/cm^2）；涂一道白色环的，公称工作压力为20MPa（200kgf/cm^2）；不加色环的，公称工作压力为15MPa（150kgf/cm^2）。

3）氮气瓶

氮气瓶的瓶身喷有黑色漆，瓶肩上标有黄色"高氮"字样。瓶身上有两道白色环的氮气瓶，公称工作压力为30MPa（300kgf/cm^2）；涂有一道白色环的，公称工作压力为20MPa（200kgf/cm^2）；不加色环的，公称工作压力为15MPa（150kgf/cm^2）。氮气稳定性好，腐蚀性小，在现代飞机上使用越来越广泛，常用来灌充轮胎、蓄压器和减震器。

4）氢气瓶

氢气瓶的瓶身喷有深绿色漆，上有红色"氢气"字样。瓶身有两道黄色环的氢气瓶，公称工作压力为30MPa（300kgf/cm^2）；有一道黄色环的，公称工作压力为20MPa（200kgf/cm^2）；不加色环的，公称工作压力为15MPa（150kgf/cm^2）。

5）氩气瓶

氩气瓶的瓶身喷有灰色漆，瓶身上有标有绿色的"氩气"字样。瓶身有两道白色环的氩气瓶，公称工作压力为30MPa（300kgf/cm^2）；涂有一道白色环的，公称工作压力为20MPa（200kgf/cm^2）；不加色环的，公称工作压力为15MPa（150kgf/cm^2）。

6）二氧化碳气瓶

二氧化碳气瓶的外表颜色为铝白色，瓶身上标有黑色的"液化二氧化碳"字样。瓶身有一道灰色环的，公称工作压力为20MPa（200kgf/cm^2）；没有色环的，公称工作压力为15MPa（150kgf/cm^2）。

为了方便记忆，现将常用地面气瓶的各种识别标识汇总于表4-1中。

表4-1 常用地面气瓶的识别

气瓶名称	化学分子式	外表面颜色	字样	字样颜色	色　环
氢	H$_2$	深绿	氢气	红	P=150kgf/cm^2，不加色环 P=200kgf/cm^2，黄色环一道 P=300kgf/cm^2，黄色环两道
氧	O$_2$	天蓝	普氧 高氧	黑	P=150kgf/cm^2，不加色环 P=200kgf/cm^2，白色环一道 P=300kgf/cm^2，白色环两道
空气		黑	空气	白	
氮	N$_2$	黑	高氮	黄	
氩	Ar	灰	氩气	绿	
二氧化碳	CO$_2$	铝白	液化二氧化碳	黑	P=150kgf/cm^2，不加色环 P=200kgf/cm^2，灰色环一道

2. 地面气瓶的使用规定

地面气瓶属于压力容器，本身具有危险性，同时，不同的气体有各自规定的气瓶。使用气瓶时要遵循如下规定：

（1）不应擅自更改气瓶的钢印和颜色标记，长期保管的气瓶要注意检查气瓶的年份检验色标，如果色标超期要进行重新检验合格并涂上新的检验色标后，方可继续使用。

（2）从车上往下卸各种地面气瓶时应小心抬下来，一定要轻放，不得使气瓶跌落或受到撞击，不许从车上往下扔；各种地面气瓶的瓶身上应有橡皮圈，如果瓶身未装橡皮圈时，不得在地上滚动，以免损伤瓶身；严禁敲击、碰撞气瓶。

（3）各种地面气瓶要严格保持清洁，尤其是氧气和氢气瓶，在瓶嘴周围不能有油类、灰土等杂质；气瓶的放置地点，不应靠近热源，要距离明火 10m 以外；严禁在气瓶上进行电焊；氧气瓶不得与氢气瓶或其他可燃气体瓶放置在同一房间里。

（4）气瓶不准放置在阳光下暴晒，竖放时应采取防倒措施。

注意：气瓶在阳光下暴晒，会使瓶内的气体温度升高，压力增大，严重时可能会发生意外。另外，使用这种过热的气瓶给飞机充气到规定值之后，经过一段时间的冷却，压力会下降，致使飞机的气压低于规定值。

（5）刚刚充好的冷气瓶，必须经一段时间冷却，待温度下降到当时的大气温度时才允许使用。

（6）气瓶使用前应进行安全状态检查，对气体种类应进行确认，确实判明其属性后方能使用；对有怀疑的、超过试压期的、标志不符合规定的、开关不良好的、壳体损伤（裂纹、深腐蚀、变形）的、头部歪斜松动、损伤或漏气的气瓶，一律禁止使用；打开气瓶阀门前，应检查管路连接正确可靠，严禁气体出口对准人体或飞机，以免发生事故。

（7）使用瓶内的气体，应采用必要的减压措施，正确调整使用压力以免发生事故。操作人员开关气瓶阀门时要缓慢，以减轻气体摩擦和冲击；关闭阀门时要轻而严，但要避免太紧。

（8）瓶内气体不能用尽，必须留有剩余压力，瓶内剩余压力不应小于 0.05MPa（0.5kgf/cm^2）。

（9）严格遵守交接气瓶的规章制度。

4.2.2 冷（氮）气的灌充

由于氮气与冷气的灌充方法相同，本书仅以冷气为例介绍灌充的方法。

1. 用冷气瓶向飞机冷气系统充气

（1）准备地面冷气瓶。冷气瓶充气后第一次使用前，应把瓶内的水分放净。放水的方法是：将冷气瓶尾部抬高，短促开、关几次冷气瓶的充气开关，使水分随着气体喷出。可用手掌试探，直到手上无水分，气瓶不再喷出白色雾状水汽为止。

（2）连接充气导管。充气导管如图 4-10 所示，连接时先判明导管接头内的密封垫圈应良好；然后将带螺纹一端的充气接头连接在地面冷气瓶接嘴上，并柔和拧开一下气瓶开关，吹除导管内部的脏物，最后连接冷气导管与飞机的充气接头，如图 4-11 所示。

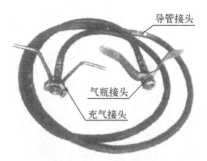

图 4-10　飞机充气导管

图 4-11　充气导管连接好的情形

注意：吹导管时必须握住导管头部，并且不要使导管对人、地面或飞机。

（3）检查充气开关的位置。检查、判明各充气开关应在规定位置。

（4）充气。先拧开飞机上冷气系统各充气开关，再打开地面冷气瓶开关，冷气即可充入系统。当各系统的压力充至规定值时，分别关闭飞机上冷气系统各充气开关和地面冷气瓶开关。

（5）拆下充气导管。拆充气导管时，应先拧松地面冷气瓶一端的导管接头，放出充气导管内的余气，再从飞机上拆下充气导管，防止充气嘴橡胶垫圈弹出来打伤人或飞机，或者充气导管跳动伤人。

2．用冷气车向飞机冷气系统充气

冷气车贮存的冷气量大，机动性强，常用它来向飞机冷气系统灌充冷气。冷气车进入或退出规定停放位置时，必须按规定路线行驶，在接近飞机 50m 时，车速不得超过 5km/h，并应注意观察，充气完毕经机务人员认可后方可离开。

用冷气车灌充冷气的方法与用地面冷气瓶灌充冷气的方法基本相同，不同点是：车上充气导管较长，接好充气导管后应检查导管应无扭曲，当气压充到规定值时，通知冷气车操作人员关闭充气开关并放出导管内的余气后，再将导管卸下。

3．向轮胎充气

1）轮胎压力表的使用

使用时，先检查压力表的指针应指在最小刻度处，然后将压力表的测量接头与轮胎充气嘴对正并压紧。此时，压力表的指示值即为轮胎内的气压。

2）向轮胎充气的方法

（1）充气前，顶起飞机，用轮胎压力表测量轮胎气压，如图 4-12 所示。

图 4-12 测量轮胎气压

（2）向轮胎充气。接好充气导管，如图 4-13 所示，把管嘴对正轮胎的充气嘴，压紧后，再柔和地打开地面冷气瓶开关，冷气即可充入轮胎。检查轮胎的充气压力应符合规定。

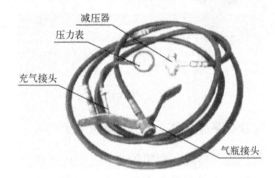

图 4-13 轮胎充气导管图

注意：在充气的过程中，应当边充气边检查轮胎内的气压，防止气压过大而引起轮胎爆破。

（3）充气后，检查充气嘴密封性，如果充气嘴漏气，可用拧紧气门芯或者更换气门芯的方法来排除。

4．向减震器（减震支柱）充气

1）减震器压力表的使用

测量减震器气压时，先判明压力表上的密封螺帽已拧紧，指针在"0"刻度处，顶杆无弯曲并在退出位置。然后将压力表装在减震器或减震支柱充气活门上，拧进顶杆，顶开充气活门。此时，压力表指针即指示减震器（减震支柱）内的气压。若需放气时，拧松密封螺帽即可放气。若需充气时，应先退出顶杆，拧下密封螺帽，装上充气导管即可进行充气。

2）向减震器充气的方法

（1）顶起飞机。用千斤顶顶起飞机，使机轮离地即可。

（2）测量气压。将减震器压力表装在充气活门上，拧进顶杆测量减震器内的原有气压。看准气压数值后，退出顶杆。

（3）充气。拆下减震器压力表上的密封螺帽，将充气导管接在减震器压力表上，然后柔和地打开地面氮气瓶开关，并注意察看压力表的指示。当气压上升到比规定值大 5～

8kgf/cm² 时（克服充气活门的弹簧力），关闭氮气瓶充气开关。

（4）再次测量气压。拆下充气导管，装上密封螺帽，拧进顶杆，测量气压是否符合规定数值，如果气压不足，按以上方法再充气。如果气压过大，可拧松密封螺帽放气。

（5）检查充气活门的密封性。用中性肥皂水涂在充气活门上，察看有无漏气。

（6）恢复。装上充气活门螺盖，并打好保险丝，最后放下千斤顶。

5．向蓄压器充气

向蓄压器充气的方法与向减震器充气的方法基本相同，其不同点主要是必须消除供压系统的压力，否则测量不准确。

4.2.3 氧气的灌充

1．氧气的使用规定

氧气是助燃气体，充氧区域周围严禁存在滑油、油脂、易燃溶剂、灰尘、棉絮、细小金属屑或其他易燃物质，以避免与高压氧气接触引起着火或爆炸。飞机的充氧要遵循下列安全规则：

（1）充氧工作必须在通风良好的户外进行，并采取相应的防火措施。在机库内不允许进行充氧操作。

（2）雷电天气禁止充氧。

（3）飞机充氧时禁止加/放燃油、通电以及从事其他可能引起电弧火花的维修工作。

（4）飞机和充氧设备必须接地良好，充氧设备与飞机的距离应不小于 2m，在充氧设备 15m 半径范围内严禁明火或吸烟。

（5）液态氧气接触皮肤会导致冻伤。衣服上或机舱内有泄漏的氧气，要立刻进行通风处理。

（6）氧气设备应有专人负责，同时要严格按照规章操作。

2．飞机充氧的规定

（1）检查判明确属"高氧"，合格证上记载的化验结果符合规定。充氧导管和接头应当清洁完好，发现氧气有异味、水分或其他不符合质量标准的情况，要查明原因，及时处理。

（2）充氧时，应当用氧气车进行灌充，飞机氧气瓶内压力不得超过该型氧气瓶的额定压力。在特殊情况下，用地面高压氧气瓶向飞机低压氧气瓶直接灌充氧气时，要经过减压器减压。

（3）液氧系统通常应当充满。灌充液氧时，必须遵守安全规则，氧气车的发动机工作时，禁止灌充液氧。

（4）飞机氧气瓶内的压力如果已降到零，在充氧前，要先用氧气冲洗系统 2～3 次，然后缓慢、间歇地充到规定压力。

（5）在拆开充氧导管前，必须放掉导管内的余氧。

3．向飞机充氧气

在检查飞机氧气设备的工作情况时，若发现飞机氧气瓶内的贮氧压力低于规定值时，应灌充氧气（简称充氧）。

（1）氧气车停放到规定的位置，检查氧气车已经刹车并挡好轮挡。

（2）告知氧气车操作人员所需的充氧压力，由其选择与充气压力相对应的充氧接头，并连接好充氧导管。

（3）检查氧气车的充氧导管状态良好，充氧接头清洁无污染或沙土，并协助氧气车操作人员吹洗充氧导管（与冷气导管的吹洗方法相同）。

（4）打开机上及氧源的专用堵盖，打开充氧导管的堵头。首先，检查充氧接嘴是否清洁、完好，并用蒸馏酒精擦净所有接口，然后连接充氧导管，如图4-14所示。

图4-14 充氧导管的连接情形

（5）按规定打开机上有关开关，然后发出"来氧"的口令，通知充氧员充氧。

（6）充氧过程中，控制氧气流动过程中的发热量，如果温度太高，则应间歇散热，断续充氧。

（7）通过氧气压力表观察压力上升情况，控制充氧压力。当氧气压力充到规定值时，发出"好"的口令，通知充氧员停止充氧。

注意：氧气压力的检查必须待充氧过程中产生的热量均匀散开后才能进行。

（8）放掉充氧导管内的余氧后，拆下充氧导管。

（9）堵上充氧接头专用堵盖并打上保险，然后关闭飞机上的有关充氧开关，最后在充氧簿上签名，并将充气压力的数值记入机务准备工作卡片（或日记）中。

4．充氧时的注意事项

（1）高压纯氧会使任何易燃物质或有机物（包括通常认为不易燃物质）的燃烧速度显著提高，从而容易引起爆炸。

（2）充氧时对飞机及环境的要求：

① 飞机接地线应可靠接地，并备有灭火设备。

② 20m内严禁明火（吸烟、电火花作业、使用火柴或打火机等），清除15m范围内的易燃易爆物品，15m以内的地面动力设备停止运行。

③ 在充放氧过程中，严禁在现场进行喷漆作业，严禁加注和放出燃油及滑油，严禁通电和拆装燃油系统附件。

④ 充氧过程中，在系统有压力的情况下，严禁排除氧气系统泄漏的故障。

⑤ 任何时候都不得把高纯氧通过一个装置或元件扩散引出作为其他气体使用。

（3）对充氧设备及氧气车的要求：

① 氧气车的发动机在充氧过程中应熄灭。

② 氧气车或运送氧气瓶的车辆，均匀缓慢行驶，车速一般不得大于30km/h。

③ 严禁使用寿命超期的氧气瓶。

④ 搬运、装车时应避免氧气瓶及容器相互碰撞和激烈震动。完全和部分充满的氧气瓶乃至"空瓶"都有潜在危险，运输时应小心，不得跌落，不得接近热源，不得在天气变化毫无防护的情况下贮存，防止液氧溢出。

⑤ 氧气设备及工具上面不能沾有油液及油脂。充氧设备用过之后，应加罩套和堵帽，保持清洁无油垢，存入专用库房内，不得与其他设备混放。长期存放的设备在使用之前必须洗干净。

(4) 充氧时的人身安全和注意事项：

① 不准用氧气吹洗衣服。

② 在进行液氧操作时，严防冻伤人体。

③ 应穿符合操作安全规定的工作服，带橡胶底和橡胶跟的鞋，鞋上无露出的钉子和金属板；专用工具应镀铬或镀镍；工具及擦拭材料和双手不许有任何油脂。

(5) 吹洗充氧导管时，必须握牢充氧导管的充气接头，不允许充气接头对着飞机或人，以免导管弹跳和吹出的脏物打伤人和飞机。

4.3 油液的加注

飞机、发动机上需要加注的航空油液主要包括燃油（煤油）、液压油、润滑油、汽油、防冰液（酒精）等。

4.3.1 燃油的加注

航空燃油在加入飞机油箱以前，必须经过化验合格。通过目视检查油样，确认油箱无水分、冰结晶、机械杂质，并将油样保存好。

1. 燃油的加注设备

燃油的加注设备主要有加油车、加油枪和压力加油接头。

(1) 加油车：用来给飞机加注燃料。油车上有贮油罐、油泵、操纵开关、仪表、输油管和加油枪（加油接头）等。为了防止加油时发生静电跳火，油车上还装有接地线。

(2) 加油枪：主要用于重力加油，由提把、开关把手、活门、壳体、网滤、出油管和堵盖等组成，如图4-15所示。使用加油枪时，提起开关把手，活门打开，油路即可接通；放下开关把手，活门关闭，油路即可关断。

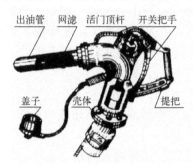

图 4-15 加油枪

（3）压力加油接头：用于压力加油，如图 4-16 所示。

图 4-16　压力加油接头

2．燃油的加注方法

1）准备工作

（1）检查油料化验单，查看化验油料的日期应当符合要求。

（2）检查并移开飞机下部的工作梯等设备，防止加油时飞机下沉造成损伤。

（3）检查飞机和加油车的接地线应当可靠接地，并准备好灭火设备。

（4）检查加油用具，应清洁、完好。如不清洁，应清洗干净。

（5）打开舱盖，然后先检查加油口周围有无脏物，再打开加油口盖（如果加油口有脏物，应用清洁的绸布擦拭干净）。

（6）检查油量。

2）加注方法

燃油的加注有两种方式，即压力加油和重力加油。一般情况下采用压力加油，当不具备压力加油条件时，可利用飞机上各组油箱的重力加油口实现重力加油。

（1）压力加油时，接上地面电源，接通有关电门，打开加油控制盒舱盖，进行压力加油预检，若预检合格则允许加油，否则不允许加油。然后根据已确定的加油方案，开始加油。由于各型飞机压力加油操作程序各不相同，实际操作时，以相应机型的技术要求为准。

（2）重力加油时，将加油枪插入加油口内，并紧贴在加油口的边缘（以防加油过程中产生静电跳火），然后提起加油枪的开关把手，发出"来油"口令。当加油量达到规定时，发出"好"的口令，通知加油车操作人员关闭加油泵，随即放下加油枪的开关把手，取出加油枪，堵上加油枪出油管的堵盖，判明加油口油滤确实放平后，盖好飞机加油口盖。

3．燃油加注的注意事项

（1）加油前，应仔细检查燃油的牌号和质量，在低温条件下还应检查燃油的温度和有无冰屑。

（2）加油过程中，应采取措施防止雨、雪、尘、沙等进入油箱。

（3）加油前和加油过程中，飞机和加油车的接地线均应可靠接地。

（4）重力加油时，加油枪要紧贴加油口边缘，但不能碰撞或往复摩擦，以防因碰撞或摩擦产生的金属屑落入油箱内。

（5）压力加油时，加油接头应可靠对接并确实上锁，同时将加油接头的电搭接插头插入飞机电搭接插座中，加油过程中加油压力应保持在规定的范围内。加油接头对接如图 4-17 所示。

图 4-17 加油接头对接

（6）加油时不得进行与加油无关的通电工作，禁止充氧。

（7）加油结束后，检查机上总油量及各分组油箱油量与实际所加油量是否相符；检查油车输出油量与飞机补入油量是否相符，并在加油记录本上签字，填写好加油单。

（8）在平时的维护工作中，为了保证燃油系统的清洁度，重力加油口的维护口盖不应随意打开。如果需要打开，则必须采取措施以保证油箱内部清洁和密封性。

4.3.2 液压油的加注

航空液压油主要有 10 号、12 号和 15 号航空液压油，其牌号分别为 YH-10、YH-12、YH-15。为了便于鉴别和检查飞机液压系统是否渗漏，油液均加有红色颜料，呈红色，故又称其为红油。

1．液压油重力加注的方法

（1）检查加油用具（漏斗、油桶、油壶、滤网等）是否清洁，无水分、铁锈、金属屑及纤维等杂物，并采取措施防止雨、雪、尘土、砂石等落入油箱。

（2）判明油液牌号应符合规定，油液应无水分、冰霜和杂质。不合格的油液禁止加注。

（3）用清洁的绸布擦去加油口处的水分和脏物，然后打开加油口盖，并检查油量。

（4）用专用漏斗加注液压油。在加油过程中，通过油箱上的视窗或者量油尺检查油量，直至油量符合要求。

（5）检查加油口盖和量油尺是否清洁，其上的密封圈是否完好，然后装好加油口盖。

(6)清洁操作区域。

2．液压油增压加注的方法

(1)首先在加油装置中加入经过净化合格的油液。

(2)加油装置中的油液满足技术要求后,要将其接头和机上加油活门加以清理和除污,并从加油管路中放出 50～100mL 油液,冲洗接头活门,然后再接通固定。

(3)检查液压油箱中的油量。

(4)按所需油量充填油液,直至油量符合要求。

(5)断开加油接头,用干净的堵盖堵好加油装置及机上加油活门的接口。

3．液压油加注的注意事项

(1)为了确保飞机系统的工作正常和液压系统中非金属元件的耐油性,必须加注正确牌号的航空液压油。

(2)严禁在未经允许的情况下,混合使用不同厂家或不同类型的液压油。石油基液压油和合成型液压油的成分不同,相互不能掺合,否则会导致油液完全变质。若飞机的液压系统加注了互不相容的液压油,应立即放尽系统中的油液,并对系统附件的密封件按承制厂家的说明书进行处理。

(3)合成型液压油对人体黏膜和皮肤有很低程度的毒性,操作时应戴橡胶手套,并避免液压油溅入眼睛内。

(4)应采取预防措施,以便最大限度地减少油液加添时被污染。当供应的油液的污染度不能满足飞机系统的要求时,应在加添前采取净化措施。

(5)加注各种油液的油壶、油桶、漏斗和网滤都是专用的,使用前应严格区分,禁止乱用,以免油液混淆而引起变质。

(6)必须采用钢材料的容器或设备装盛液压油,禁止使用聚氯乙烯容器。容器内壁不可刷涂油漆。

4．液压油在使用中应注意的问题

(1)保持液压油的清洁。加注液压油应使用清洁的专用工具;在加注前应检查液压油的牌号和质量是否符合要求,飞机液压油箱加油口是否清洁,液压油要经过滤并经检验合格后方可加入飞机;加油过程中,严防水分、杂质混入。无加油车加油时,要用带绸滤的漏斗进行加油,并不许摇动容器,以免沉淀在底部的杂质加入系统。

(2)严格按照规定的时限,化验检查液压油的质量。如果不符合要求,应该进行更换。

(3)在使用过程中,经检查发现液压油中有析出的机械杂质或系统脏污时,必须放出液压油,重新加入符合要求的新液压油。

(4)当发现该液压油有过滤不掉的杂质,不论液压油使用时间的长短,都应更换新油。由于液压油黏度降低会引起消耗量增加,因此,当发现液压油的消耗量增大时,要检查其黏度。

(5)严格按照规定时限更换液压油。换油时应放尽陈油,必要时按规定的方法清洗液压系统,然后加入新液压油。

(6)石油基液压油会损坏某些天然橡胶和皮革制的密封材料。

(7)不同牌号的液压油不得混用。

4.3.3 滑油的加注

1. 滑油的加注方法

滑油箱在一般情况下均设有加油口，可直接从加油口进行重力加注，方法同"液压油的重力加注"。

现代飞机发动机的滑油系统一般还设有压力加油接头，借助压力加油设备注入滑油，方法同"液压油的增压加注"。

滑油的加注量，可从油箱量油尺或视窗刻度读出。

2. 滑油加注的注意事项

（1）严格按照规定，选择滑油类型和牌号；严禁在未经允许的情况下混合使用不同厂家或不同类型的滑油；遵守厂家的安全使用规定。

（2）加油工具使用前应清洁；从加油口加注润滑油时，要防止外界尘土、异物进入系统内部。

（3）滑油加注前必须经过过滤，金属罐装的滑油也不例外。

（4）合成滑油溅到已漆好的表面时，应及时清洗干净，防止掉漆。

（5）滑油箱内加油后一般应留有一定空间，便于滑油膨胀并防止溢出。

（6）滑油蒸气有毒，避免吸入体内。

（7）加油过程中溅出的润滑油应立即清除干净或用吸附材料覆盖，以免着火或使人体受到伤害。

（8）滑油通常不会自燃。但是，如果滑油着了火，则会产生比汽油更热的火焰。滑油蒸气与一定比例空气混合后在某种火源点燃时会产生爆炸。

液压油、润滑油加油车如图 4-18 所示，润滑油的加油情形如图 4-19 所示。

图 4-18　液滑油加油车　　　　图 4-19　润滑油加油情形

4.3.4 汽油的加注

目前，主要使用的航空汽油有 75 号和 95 号航空汽油。

1. 汽油的加注

（1）检查加油用具是否清洁。

（2）油液牌号应当符合规定。

（3）将带有绸滤的漏斗放入加油口内，便可倒入汽油。

（4）检查加油量是否符合规定。

（5）判明加油口盖确实清洁，其上的橡皮密封圈完好后，盖紧加油口盖，然后装上窗盖。

2．汽油的放出

汽油箱的汽油有的可用汽油泵放出。用汽油泵放汽油的一般方法是：

（1）接上地面电源。

（2）准备好灭火瓶。

（3）在放汽油开关下面放好油桶。

（4）接通相应的电门。

（5）按下放汽油开关手柄。

（6）接通电门使汽油泵开始工作，汽油即可放出。

4.3.5　防冰液的加注

常用的航空防冰液有工业乙醇（酒精）、工业乙醇（酒精）与丙三醇（甘油）的混合液两种。

1．酒精的加注

防冰装置的防冰液箱内应当加注干净的精馏酒精。加注酒精的方法与加注汽油的方法相同。酒精箱的加注量一般由酒精箱口盖上的量尺测量。酒精加好后，盖好加注口盖并打上保险。

2．酒精的放出

打开酒精箱口盖和酒精放出口的窗盖，在放酒精螺塞下面接好酒精桶，然后拧松放酒精螺塞，酒精即可放出。酒精放好后，拧紧放酒精螺塞，打上保险丝，盖好酒精箱口盖。

另外，也可用虹吸法将酒精抽出。

4.4　机件的拆装

拆装工作是飞机维护工作中最基本最经常的工作之一。拆装机件的方法和步骤，是由机件的构造、安装位置和连接形式所决定的，不同的机件有不同的拆装步骤、方法和要求。但同类事物具有相似性，在个性中存在着共性，各机件拆装的方法也存在着许多共同的地方。掌握了这些共同点，就可以用来指导所有机件的拆装。

4.4.1　拆卸机件的一般方法

1．拆卸前的准备

（1）在拆装机件时，要由专人负责到底，一般是谁拆谁装，不应在拆装过程中换人，或把未做完的工作交给别人去做，以防因交接不清而发生维修差错；需要拆动非本人维护的机件、设备时，必须通知该机件、设备的维护人员。

（2）必须弄清所拆机件的构造、连接特点、所处位置，以及与邻近机件的相互联系。必要时应在机件上做好标记，以防误拆错装、返工费时。

（3）准备工作场地和需用的工具、器材和设备。工作地点以工作方便和安全为原则，并应适应工作的需要。拆装大机件，工作场地必须坚硬平坦、避风防尘；拆下的机件应采取措施，防止被大风吹翻和尘土进入机件内部；工作前后应将工作场地打扫干净并保持清洁。设备、工具、器材要记清数目，放置整齐，以免遗忘在飞机上。

（4）打开或拆下与拆卸机件有关的工作窗盖。

（5）采取下列安全措施：

① 在发动机上、座舱和各种舱口内拆卸机件前，应先在拆卸的机件下方垫好垫布或抹布，以防止零件和保险丝、开口销等掉入舱内。

② 拆卸与电气设备有关的机件前，应先断开电源。

③ 拆卸燃料、液压、冷气系统机件前，应根据机件所处部位，采取消压、放气、放油、关断油路等相应措施，避免拆卸时漏油、漏气。

④ 拆卸支撑飞机重量的机件以前，应先顶起飞机；拆卸较重的机件之前，应用托架或托车托好机件。

⑤ 在工作场地附近，准备好防、灭火器材。

2．拆卸的一般顺序和方法

拆卸机件的一般顺序：先拆外面的，后拆里面的；先拆下面的，后拆上面的；先拆小的连接部分（如搭铁线、导线插销、导管、传动杆等），后拆大的连接部位；先拆活动连接处，后拆固定连接处；当固定接头有主、副之分时，应先拆副固定接头，后拆主固定接头。这样做，可以使机件在拆卸过程中得到有力的支撑和依托，不致损伤机件或摔坏机件，如图4-20所示。

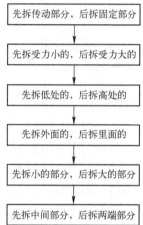

图4-20 拆卸机件的一般顺序

拆卸机件的一般方法：

（1）做好标记。拆卸机件之前，对易装错的接头、导管、电缆插头、导线，拆开前和分解时应当做好明显的安装、定位标记，以便于安装，并养成能够按原样装配机件的能力和习惯，尤其是拆卸那些不能互换的机件或操纵机构的可调部分，做好标记更为重要。

（2）解除保险。在拆卸螺帽之前，应先将螺帽上的保险丝或开口销全部取下来，而后再进行拆卸。注意不要损伤机件和掉在机内。

（3）正确使用工具，判明拆卸方向，用力要柔和，当连接点或机件拆不下来时，不准乱敲乱打，要查明原因，不得强行拆卸，以免损坏机件。妥善地保管拆下的机件、螺帽、螺钉、垫圈等，防止丢失。不能互换的螺帽、螺栓、螺钉、垫圈等零件必须装在原来的部位或机件上，或装入做好标记的专用小盒、小包或工具盒内。

（4）拆卸的顺序。拆卸时，如果连接点不止一个，为了不使机件损坏，又便于操作，同时又可提高工作效率，应按图4-20所示的流程进行拆卸。拆最后一个连接点或固定点时，应扶好机件，防止掉下损坏机件或伤人。

（5）机件的取出。机件的连接处全部拆开后，才可取出机件。取出时，要从便于操作的位置取出，如遇障碍，应设法避开，不得强拉，以免损坏机件或碰伤其他机件。

3．拆卸后的工作

（1）拆下的机件应视情清洗并按拆卸顺序放好。较小的零件如螺钉、螺杆、螺帽、垫片等应妥善保管，以防丢失和损伤。对某些不能互换的螺杆、螺帽、垫片等零件还要防止搞混，可以用保险丝串在一起拴在机件的接耳或螺钉孔上，也可以把它们装在原来的安装孔内。

（2）拆开后的导管接头、外露的孔洞、插头、插座应用干净的布、塑料布、油纸等包扎好或用堵塞堵好，防止灰尘杂物进入，但禁止将布或纸塞在导管内。对于可调部分，不准随意变动。

（3）清点工具、抹布、器材和设备，如有丢失，应及时报告，并认真查找。

4．注意事项

（1）拆机件最后一个连接点时，应扶好机件，防止失控损坏机件。

（2）机件的连接点全部拆开后，才允许取出机件。

（3）机件必须从便于操作的位置取出，如遇阻碍，应设法使其避开，不得强拉，以免损坏机件或碰伤其他机件。

（4）正确使用工具，要判明方向、用力要柔和。当机件拆不下来时，要查明原因，不准乱敲乱打，不得强行拆卸，以防损伤机件和零件。

4.4.2 安装机件的一般方法

1．安装前的准备

（1）准备并清点所需用的工具和器材，并采取必要的安全措施。

（2）检查安装的机件型号是否与拆卸时的一致，机件的寿命（期限）是否在规定的范围内，连接特点是否一样，防止将机件装错位置或把不合格的机件装到飞机上。

（3）取下各导管、机件安装孔的堵塞、堵盖和包扎的布及油纸。

（4）做好清洁润滑工作。将机件的结合面、连接耳、固定轴、螺栓和垫圈上的脏物清洗干净，并用抹布擦干。机件上的沟槽、洞孔、拐角、螺纹等部位，更要注意擦拭到位。如旧油垢干涸或油垢过多时，可使用软毛刷蘸洗涤油清洗干净，并用冷气吹干。擦洗机件的顺序应是由里到外，先上后下。清洗时要严防外来物进入系统内部。

（5）做好润滑。活动连接点和容易生锈磨损的地方，在安装前应涂上润滑脂。钢质零件的结合部分和螺杆、螺钉的螺纹上，也应涂上一层薄薄的润滑脂，防止锈蚀和便于下次拆卸。

（6）按照规定，更换符合规格的密封件。

2．安装的一般顺序和方法

安装机件各连接点的顺序与拆卸时相反，一般是先拆的后装。即先装里面的，后装外面的；先装大的，后装小的；先装上面的，后装下面的，先装固定连接点，后装活动连接点；先装主固定点，后装副固定点。

（1）安装机件时，为保持正确的位置和连接关系，必须按出厂的标记或拆卸时作的标记进行装配。

（2）穿螺杆的方向，一般应遵守从上向下、从里向外、从前向后的原则。拧紧一个机件或零件的所有固定螺帽、螺钉时，应按规定力矩对称地交叉上紧，使之受力均匀。

（3）安装燃油、滑油、冷气、液压系统的管路时，应注意检查接头和喇叭口是否光洁无划伤，以保证系统工作时不渗油漏气；并且导管不得偏斜、弯曲、扭转，还要按规定装好固定夹。

（4）安装与电气系统有关的机件、零件时，应保证绝缘性，防止漏电。

（5）确实打好保险，防止连接松动。

（6）及时清除由于拆装工作而带来的金属屑、残余物、积油、尘土等。

3．安装质量的检查

正确地判定机件安装质量是否符合标准，是对拆装工作检查把关的最后一道关口。根据机件的连接形式和拆装工作的经验，通常应从五个方面判定机件的安装质量。

（1）安装位置和连接关系正确。机件的操纵、传动方向，管路的流动和限流方向，均应符合技术要求。如进回管路、分支管路、正常应急管路、正负极连接等无装错、装反现象，活门、油（气）滤的安装方向符合油气流动方向等。

（2）组合安装合适。各固定点、连接点的安装，应当零件齐全、位置正确。螺栓、螺桩一般都装有垫圈，而且装在螺帽一端；如果是弹簧垫保险，弹簧垫应紧贴螺帽；在套接导管的空心螺杆、空心螺桩的两边，均装有密封铝垫圈，通常铝垫圈只用一次；附件安装座多数都装有钢纸垫，其中内部有油的一般装橡皮垫；操纵拉杆、钢索的连接处，一般都装有搭铁线，搭铁线长度以不妨碍操纵为好；夹布胶管连接，一般都装有搭铁片；机件的各组合件之间，如导管与导管、导管与机件、机件与机件之间，不应相碰、摩擦，软管不应扭转变形。

（3）拧紧力矩恰当。拧紧力矩的大小，应与该点的材料、直径、作用相适应。在通常情况下，同样材料、直径的力矩，活动连接点要小于连接点，连接点要小于固定点，导管小于螺栓。导管以不渗漏为原则，活动连接点以螺栓无纵向间隙并可用扳手转动为宜。有特殊要求的力矩，应按规定的方法达到规定数据。如果紧度不一致，易使紧度小的螺钉或螺栓松脱，使紧度大的螺钉和螺栓受力增大而折断。

（4）保险质量可靠。凡螺纹连接，均有防松装置，保险质量应符合以下要求：埋头螺钉，一般都采用自锁保险，其中带保险卡销的自锁保险，卡销应弹出并与螺钉平齐；螺帽上有保险孔的，一般都采用保险丝保险，保险丝保险应方向正、拉得紧、编花均、结尾好；城墙螺帽，多数为开口销保险，个别为别针保险，开口销应粗细合适、卡得牢、无间隙，别针保险应弹性好、针入钩；螺帽既无保险孔，又无城墙垛的，一般用保险片（不常拆卸）或弹簧垫（较常拆卸）保险，保险片应无断裂、贴得紧，弹簧垫应压平。

（5）工作性能良好。拆动了影响某一系统性能的机件、设备之后，应当检查该系统的性能以及联动部分的工作情况，判明系统的密封性、灵活性和工作状态是否符合技术要求。例如，在拆装了流体系统的附件之后，一般要用加油、充气或加压的方法检查有无渗漏；在拆装了操纵系统的附件之后，一般要通过操纵检查传动是否灵活、自如，能否达到规定的活动范围，操纵系统各活动舵面偏转方向是否正确，角度是否符合规定。

4．安装后的工作

（1）全面检查安装是否正确，紧度是否适当，防止装错、装漏和损伤。

（2）各连接处的保险应牢靠。

（3）油、气系统要加压试验，保证不渗油、漏气。严禁用强行拧紧导管接头螺帽的办法排除系统渗油、漏气故障。

（4）按规定进行密封试验和各种性能检查。

（5）清点所用工具、设备和器材，装好舱盖，整理好工作场所。

（6）及时填写有关文件。

4.5 螺纹零件的拆装

4.5.1 螺栓的拆装

1．扳手的选用

根据螺帽的大小、周围空间的宽窄和固定连接情况，选择合适的开口扳手、梅花扳手、套筒扳手或特种扳手。优先选用梅花扳手，因其能把螺栓、螺帽的头部完全包围，在工作时不会产生损坏螺栓头或螺帽的滑脱，并且可以施加大力矩，对拧松或上紧螺栓、螺帽是理想的工具。

2．螺栓的拆卸

1）拧下螺帽并取出垫片

拆卸时应先拆除螺帽的保险。选择与螺帽对边宽度相一致的扳手，将扳手全部卡住螺帽，如图 4-21 所示，然后向逆时针方向扳动扳手，拧松螺帽，再取下螺帽和垫片。如果在拧螺帽时螺栓随之转动，可用另一个扳手将螺栓头固定住，如图 4-22 所示，便可拧下螺帽，并取出垫片。

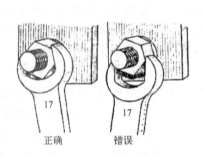 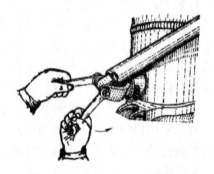

图 4-21　扳手卡住螺帽的正误对比　　图 4-22　固定螺栓拧松螺帽的情形

2）取出螺栓

一般情况下，可以用榔头配合铜冲子将螺栓冲出一段距离（如图 4-23 所示），再边活动机件边拔出螺栓。使用冲子时，一定要放正，防止打伤螺纹。

在冲出螺栓的过程中，如螺栓发出清脆的响声，榔头柄上感到有较大的反作用力，而且螺栓又不退出时，其原因一般是：机件较重，压在螺栓上的力量较大；机件和螺栓结合面锈蚀或变形。此时不宜强行冲出，应采用下述方法处理：

（1）设法减小或消除加在螺栓上的力，再冲出螺栓。

（2）向结合处滴煤油，渗透锈层，以减小摩擦，然后边转动边冲出螺栓。

3．清洁、检查与润滑

安装前，将机件结合处和螺杆、螺帽清洗干净，并检查螺栓或螺帽与机件的贴合表面是否光洁、平整，有没有磨损、裂纹和锈蚀，然后给各结合面及螺杆上涂上一层薄薄的润滑脂。

4．螺栓的安装

（1）对正安装孔。根据机件的轻重，用手活动机件或用调整千斤顶、托架的方法，使安装孔对正。也可用铝、铜冲子撬动，使安装孔对正，如图 4-24 所示。对装有衬筒的接耳，撬动时不要损伤衬筒。

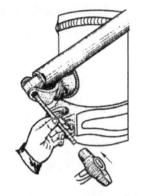
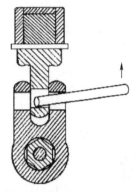

图 4-23　冲出螺栓的情形　　　　　图 4-24　用冲子撬动接耳的情形

（2）装入螺栓。将螺栓插入孔内，若不能插到底，可用榔头轻轻打入。

（3）装上垫片和螺帽。先装上垫片再用手使螺帽和螺栓螺纹对正，并顺时针螺帽，若螺帽能顺利拧进，说明螺纹已对正，然后用扳手将螺帽拧到合适的紧度。螺帽拧得过紧，会使螺帽、螺栓受力过大而产生裂纹，甚至断裂；还可能使活动机件转动不灵活或结合面磨损。螺帽过松，会使螺栓或机件产生轴向间隙，工作时承受的冲击力大，致使螺栓裂纹或断裂。

5．质量标准

（1）紧度要求：对活动接头处螺杆，应拧至无轴向间隙又能灵活转动为好；对固定接头处螺栓，应拧至不渗油为好；对有拧紧力矩要求的部位，应用限力扳手拧至规定紧度。

根据外场维护工作经验，拧紧钢制螺栓或螺帽的紧度通常可由手扳动扳手的力量来判断，对于固定连接处的螺栓，当手握在扳手的末端时，用下述力量将螺帽拧紧比较合适：拧紧 9mm 以下的螺帽用手指力量，拧紧 11～14mm 的螺帽用手腕力量，拧紧 17～22mm 的螺帽用小臂力量，拧紧 24mm 以上的螺帽用大臂力量，如图 4-25 所示。

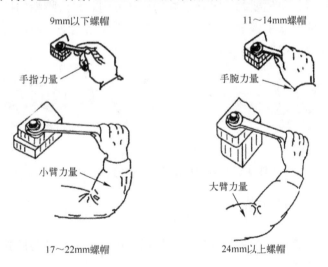

图 4-25　不同力量拧紧螺帽的方法

(2) 按规定打好保险。

6. 拆装螺栓注意事项

(1) 安装带防转面的螺栓时,应将防转面对正机件的限动块,如图 4-26 所示。

(2) 安装带注油嘴的螺栓时,注油嘴应当在便于注油的方向,并且不准用工具直接敲打注油嘴,如图 4-27 所示。

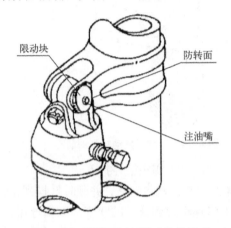
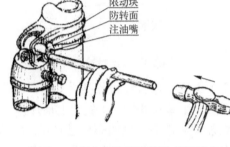

图 4-26　防转面对正限动块的情形　　　　图 4-27　打入带注油嘴螺栓的正确方法

(3) 判断安装孔是否对正时,可用眼看或工具试探,严禁用手指伸入螺栓孔内试探,防止压伤手指。

(4) 螺帽应当先用手拧进到接近装好的位置,再用扳手将螺帽拧紧。

(5) 拧紧螺帽时,除配有规定的与扳手配套的加力杆以外,不得任意使用自制的加力杆来增大拧紧力矩。

4.5.2　导管接头的拆装

1. 拧转方向的判定

拆卸导管接头时,首先要判定导管螺帽的拧转方向。导管螺帽的拧转方向可以用右手定则进行判定:伸出右手握拳,大拇指指向螺帽需要的运动方向,则四指弯曲的方向即是螺帽应拧转的方向,如图 4-28 所示。

(a) 拆卸　　　　　　　　　　　　　　　　(b) 安装

图 4-28　导管螺帽拧转方向的判定方法

2. 喇叭口导管接头的拆装

1) 拆卸

为了防止拆开导管后漏油,拆卸前,应根据具体情况采取必要措施,如消除压力、关闭开关或放出油液等。

拆卸导管接头的方法是：首先拆除保险丝，然后拧脱导管接头的螺帽，将两根导管脱开，随即用干净塑料布或油纸将导管接头包好，或用堵塞将导管口堵好，以防尘土、杂物等进入导管而污染系统。

拧脱导管接头的螺帽时，应当先用一个扳手固定住导管接头（目的是防止导管被拧坏），再用另一个扳手卡住螺帽并向逆时针方向将螺帽拧松，然后用手将螺帽拧脱。拧松双向接头、三通接头、四通接头、弯导管接头导管螺帽的方法如图 4-29 所示。

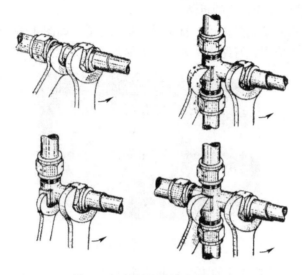

图 4-29 拧松导管接头的情形

在拧松冷气（氮气、氧气）导管的接头时，如遇有余气，应待气放尽后，再拧脱螺帽，以免螺帽冲脱而损坏螺纹。

2）安装

（1）取下导管接头和导管口处的包堵物（布、油纸、堵塞等）。

（2）将导管的喇叭口与接头对正并贴紧，再用手将螺帽拧上，如图 4-30 所示。

（3）拧紧螺帽。用手边活动导管边拧转螺帽，直到用手拧不动时，再用扳手拧到合适的紧度。螺帽过紧，容易损坏导管接头，过松则导管接头接合不紧而渗漏。若导管接头螺帽不易于对正时，可将导管的固定卡子或导管另一端的螺帽松开，增大导管接头的活动范围，以便对正接头。

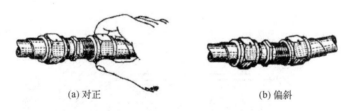

(a) 对正　　　　　　　　(b) 偏斜

图 4-30 螺纹对正与偏斜的情形

（4）拧紧螺帽的力矩应根据导管的材料、直径及工作压力的大小来确定，保证不渗油、不漏气即可。拧紧力矩如表 4-2 所示。

185

表 4-2　导管的外径与拧紧所需力矩

导管外径（mm）	6	8	10	12	15
所需力矩（kgf·cm）	45~75	70~100	80~110	160~280	320~340

（5）检查密封性。用该导管的最大工作压力检查导管接头的密封性。

（6）按规定打好保险丝。

3．挤压式无扩口导管接头的拆装

现代飞机的液压系统大量采用了挤压式无扩口导管，如图 4-31 所示，相比于传统的扩口式导管，在加工成型、管路连接要求等方面均有较大区别。

图 4-31　无扩口导管

1）挤压式无扩口导管连接的工作原理及其特点

无扩口液压导管连接形式如图 4-32 所示，可以看出，挤压式无扩口导管连接件的密封是靠外套螺母使管套弧形面与管接头的内锥面紧密连接实现的。由于管套具有一定的弹性，当螺母拧紧后，在 A 点形成一道密封线；同时在管路压力作用下，使导管、管套和管接头的接触更加紧密。因此，该连接形式随压力的升高密封性越来越好。这一连接方式的主要特点有：

（1）属线密封结构，管路压力越高，密封性越好。

（2）具有自锁抗振性，无须打保险丝，便于外场维修。

（3）与扩口管接头相比，结构尺寸小，重量轻。

（4）适用于高、中、低压管路和薄壁高强度管材，减轻了飞机管路系统的重量。

（5）疲劳寿命高于扩口导管。

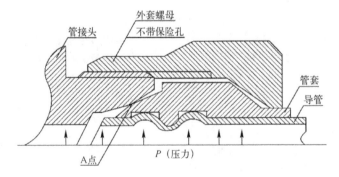

图 4-32　无扩口导管连接形式

2）拆卸

（1）拆卸前注意检查导管标识，防止拆错导管，检查导管螺母的空间位置，选择空间较大位置方便操作。

（2）拆卸时应使用两个扳手，一个扳手固定管接头或附件，另一个扳手固定导管上的外套螺母，只允许旋转导管外套螺母上的扳手。

（3）拆卸后及时安装新导管，否则应用干净的堵头将飞机上拆卸的端口堵上。

（4）将拆下的导管进行妥善保管。

3）安装

（1）安装前，检查导管的标识、图号应正确无误，检查端头及表面应无损伤，尤其是弧形面；检查导管与管套，两者之间不能有轴向旋转、轴向移动等任何松动现象；检查导管内壁、管套弧形面应无污物。

（2）安装时，将导管两端分别安装在导管接头上，两端分别用手拧上1～2扣螺纹，保证组合导管与管接头连接同心。如偏斜应进行调整，不允许强行安装。

（3）安装时应分阶段，分别拧紧导管两端的螺母，将导管两端的螺母拧紧一半后，再分别将导管两端的螺母拧紧。拧紧时要防止用力过猛，特别是直径较小或铝制导管更应注意。

（4）安装时应使用两个扳手，一个扳手固定管接头或附件，另一个扳手固定导管上的外套螺母，只允许旋转导管外套螺母上的扳手。

（5）安装完毕后，用红漆标注防松标记，如图4-33所示。

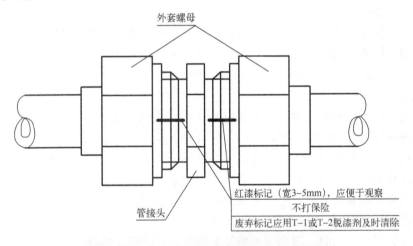

图4-33　无扩口导管防松标记

4）外场检查维护要求

由于无扩口导管材料本身性能上的不足，无扩口导管长期工作后，在低压条件下较易出现渗油现象。外场检查发现导管渗油时，可打压观察，如高压条件下渗油现象消失，可暂时继续使用，择机更换导管；如打压后渗油现象加剧，应立即对导管进行更换。

4．燃油系统导管金属柔性接头的拆装

现代飞机的燃油系统，导管之间的连接多采用金属柔性接头，如图4-34所示。

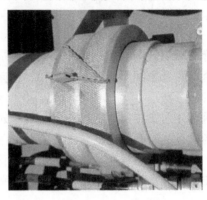

图4-34　金属柔性接头

1）拆卸

为了防止拆开导管后漏油，拆卸前，应根据具体情况采取必要措施，消除压力，关闭开关或放出油液。

拆卸导管接头的方法是：首先拆除保险丝，然后用手（必要时借助工具）拧脱导管接头的螺帽，将两根导管脱开，随即用干净塑料布或油纸将导管接头包好，或用堵塞将导管口堵好，以防尘土、杂物等进入导管而污染系统。

2）安装

（1）取下导管接头和导管口处的包堵物（布、油纸、堵塞等）。

（2）两相连导管与管套应保证同心，允许轴线误差不大于3°。

（3）装机时，柔性接头连接应保证两相连导管管套端面之间的间隙为3～5mm。

（4）安装时，不允许使用任何工具，用手拧紧螺母和螺套。

（5）螺母和螺套拧紧后，分别用规定的保险丝打好保险。

5．拆装导管接头的注意事项

（1）安装导管接头时，要确实判明接头螺纹已对正后，才能用扳手拧紧。

（2）导管安装好后，不应有扭曲、摩擦等现象。与周围附件、导管的间隙应符合规定。

（3）固定卡子安装要平整、牢靠，不应偏斜或松动；固定处应垫有橡胶或皮革垫；固定卡子固定位置和数量，不得任意改变。

4.5.3　电缆插销的拆装

1．拆卸

拆卸电缆插销时，先剪去连接螺帽和固定螺帽上的保险丝，然后按逆时针方向拧松连接螺帽，边拧边拔出电缆插头，即可将插头与插座分开。

有的电缆插销是用压紧螺帽保险的，如图 4-35 所示，拆卸时应先将压紧螺帽拧松 2～3 圈，然后拧脱连接螺帽，再拔出电缆插头。如果拆卸压紧螺帽时，连接螺帽也跟着转动，则应用手或鱼口钳垫上垫布夹住连接螺帽，如图 4-36 所示，以防损坏防波套或导线。

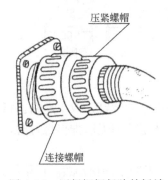

图 4-35 压紧螺帽保险的插销

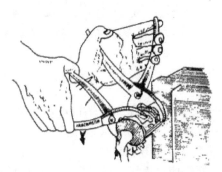

图 4-36 用鱼口钳拧松压紧螺帽的情形

2. 安装

安装电缆插销时，应先看好插销与插孔的位置，再将插销上的定位槽对准插座上的定位销，抓住电缆防波套的套头，如图 4-37 所示，将插销平直地插到插座上，然后边插入插销，边拧紧连接螺帽，如图 4-38 所示，插销装好后，再打上保险。

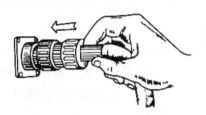

图 4-37 抓住电缆防波套的情形

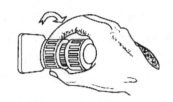

图 4-38 安装插销的情形

3. 拆装的注意事项

在拆装插销时，不得用手握插头根部，以免电缆的导线受力过大而折断；也不能握住插头摇晃，以免使插钉及插孔变形，影响插钉与插孔的接触；用鱼口钳拧连接螺帽时，用力不能过大，以防连接螺帽变形或损坏。

4.6 工作舱盖的拆装

4.6.1 螺钉舱盖的拆装

4.6.1.1 拆卸

拆卸前，应按照图 4-39 所示，正确选用解刀，以防止损伤螺钉头上的解刀槽或划伤蒙皮。

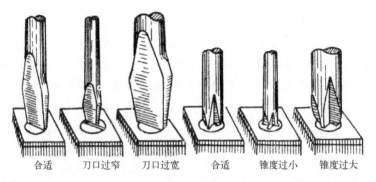

图 4-39　正确选择解刀的方法

拆卸时，先检查舱盖上的螺钉是否齐全，然后拧出全部螺钉，取下舱盖。拆下的螺钉应清点并保管好，以防丢失或与其他螺钉相混。如遇用解刀无法拧出螺钉时，可根据情况采用以下方法取出螺钉：

（1）当螺钉槽已损坏，不能用解刀直接拧松时，可用冲子冲松，然后再用解刀拧出。

（2）当螺钉锈死在螺钉孔内，无法用工具直接取出时，可先在螺钉周围滴些煤油，待油液渗入螺纹中使锈层变松后，反复转动螺钉，即可逐步拧出。也可用榔头震击螺钉，使锈层分离，然后拧出螺钉。

（3）当用解刀拧松螺钉感到困难时，也可以把该螺钉两边的螺钉先拧紧，然后再拧松该螺钉，往往能够见效。

（4）如有专用工具，也可以使用。

（5）螺钉断在机件内，可用以下方法处置：

① 在螺钉上钻孔，并在孔内套左旋螺纹（反螺纹），用反螺纹的螺钉将断头螺钉带出。

② 在螺钉上钻孔，并在孔内打入一个多角形断面的螺钉，旋转螺杆即可拧出螺钉。

③ 在条件允许的情况下，也可在螺钉上焊一个螺帽，拧动螺帽带出螺钉。

④ 断头螺钉为非淬火钢，且螺孔允许加大时，可用钻头将整个螺钉钻掉，然后扩孔，并重新制作螺纹。

4.6.1.2　安装

安装舱盖时，应先检查舱口内有无多余物，对有密封垫的舱盖还应检查密封垫是否破裂和脱落，然后按标记将舱盖放好并使螺钉孔对正，再拧入螺钉。

螺钉常按图 4-40 所示的顺序拧紧，使所有的螺钉受力均匀，并能防止舱盖位置不正或变形而引起最后几个螺钉拧不上。如果螺钉不能拧到与舱盖平齐或拧不紧，应把螺钉互相调换位置，再拧紧。

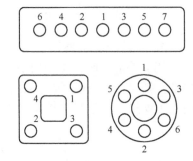

图 4-40　拧紧螺钉的顺序

注意：安装螺钉前应判明螺钉长度是否符合安装位置，防止损坏螺钉和舱盖。

4.6.2　卡销窗盖的拆装

卡销窗盖如图 4-41 所示。

拆卸时，用解刀压下卡销的转轴，再按逆时针方向转动 90°，即可将窗盖打开。安装的方法相反。窗盖安装是否牢靠的标志是：
（1）卡销转轴弹起与窗盖平齐。
（2）一字解刀槽与标线对正。
（3）用手轻轻拍打窗盖，窗盖不跳起。

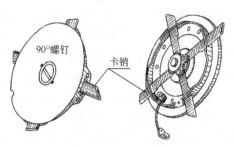

图 4-41　十字卡销窗盖

4.6.3　快卸螺钉窗盖的拆装

快卸螺钉窗盖的拆装方法与卡销窗盖的拆装方法相同。

4.7　飞机蒙皮的维护

飞机蒙皮由铝合金制成，用铆钉固定在骨架上，构成飞机良好的外形，并和其他构件一起承受飞机的外部载荷。保持飞机蒙皮的完好，是飞机维护的一项重要工作，对保持飞机良好的飞行性能具有重要意义。

4.7.1　蒙皮的损伤

1．划伤与腐蚀

飞机蒙皮表面有纯铝、氧化铝和油漆层组成的保护层，如图 4-42 所示。

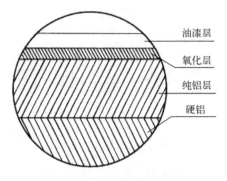

图 4-42　蒙皮的保护层

蒙皮的保护层很薄而且比较软，受到砂粒和金属机件等硬物的作用时，容易被划伤。当蒙皮保护层被划伤后，在空气中的水分或雨水的作用下，划伤处会产生电化腐蚀；如果有酸、碱溶液或石油产品滴落在蒙皮上，则会发生化学反应，导致严重腐蚀。蒙皮划伤或腐蚀后，不仅使材料的强度降低，造成蒙皮提前损坏，同时还使飞机表面变得粗糙不平，从而增大飞机飞行时的阻力和波阻。

2．油漆层脱落

油漆层处于蒙皮的最外层，用来保护金属免遭腐蚀，同时可使蒙皮表面保持光洁，以改善飞机的性能。但是油漆层硬度较小，易被砂石或金属物件划伤。油漆层受到各种油料、酒精、酸、碱、盐溶液作用后，易受侵蚀而膨胀，变软后剥落。油漆层在日光、水分、大气温度的长期影响下也会自然剥落，因为日光中的紫外线能够使油漆层的弹性和强度降低；油漆层长期附有水分，水分将渗入内部，使油漆层变软，甚至使油漆层与金属表面分离；大气温度变化时，油漆层会膨胀或收缩，天长日久，油漆层会有裂纹，甚至剥落；大气温度变化还容易使水分凝结在油漆层上，逐渐渗入油漆层。

蒙皮油漆层脱落，蒙皮的金属部分将直接暴露于大气中，很容易受到水分等侵入而产生腐蚀，使蒙皮表面粗糙和强度降低。油漆层脱落，通过目视即可发现。脱层面积超过30％时，应当重新喷漆。

3．蒙皮的变形

蒙皮变形有鼓胀、下陷和曲皱三种形式。

（1）飞行中，蒙皮在局部空气动力（吸力或压力）的作用下，会产生鼓胀或下陷，如图4-43所示。在正常情况下，这种变形很小，当外力消除后，蒙皮即可恢复原状。但是如果操纵飞机的动作过猛，使蒙皮受力过大，或者蒙皮由于有机械损伤，固定蒙皮的铆钉、螺钉松动而使得蒙皮刚度变小时，蒙皮鼓胀或下陷就会加剧，蒙皮的内应力就有可能增大到超过蒙皮材料的强度极限，从而使蒙皮出现永久变形。维护工作中如不注意，或不适当地顶压蒙皮，也会使蒙皮下陷或损伤。

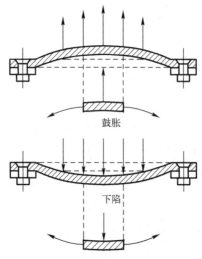

图4-43 蒙皮的鼓胀和下陷

（2）蒙皮鼓胀或下陷多发生在局部空气动力较大而且蒙皮较薄，或固定蒙皮的桁条较少的部位，如某型飞机进气道内水平隔框的上下蒙皮、机身后段内蒙皮、垂直安定面和方向舵两侧蒙皮等。一般可用目视检查并用手按压怀疑的部位来检查是否有鼓胀或下陷变形，如果蒙皮发软或发出响声，说明蒙皮变形严重，应进行修理。

（3）蒙皮曲皱是指蒙皮产生波纹的变形。当机身、机翼和尾翼受力过大，使蒙皮的剪应力或压缩应力过大时，蒙皮便易于失去稳定而产生曲皱。蒙皮曲皱通常用目视检查即可发现。如发现蒙皮曲皱，应进行修理。

蒙皮变形后，破坏了飞机良好的外形，将使飞行阻力增大。如果机翼修正片变形，还会使机翼表面的压力分布发生变化，使两边机翼的升力不相等，引起坡度故障。对高速飞机来说，机翼蒙皮变形，会降低机翼的临界马赫数，使激波提前发生；如果左、右机翼蒙皮变形不一样，两边机翼出现激波的时机就会有早有晚，激波的强度有强有弱，使波阻大小不一样，从而使飞机在高速飞行时出现坡度或侧滑故障。

4．铆钉松动

飞行中，蒙皮除承受着局部空气动力（吸力或压力）外，还要与骨架一起承受弯曲和扭转，这就使蒙皮上的铆钉承受着拉力和剪力，在铆钉杆与铆钉孔之间，铆钉头与埋头铆钉窝之间还会发生挤压，如图 4-44（a）所示。如果铆钉受力过大，使用时间较长，铆钉强度不足，如铆钉锈蚀、损伤、铆钉质量不高，就会使铆钉杆拉长而变细，如图 4-44（b）所示，使铆钉孔因挤压而扩大，如图 4-44（c）所示，从而使铆钉与铆钉孔之间产生间隙而松动。

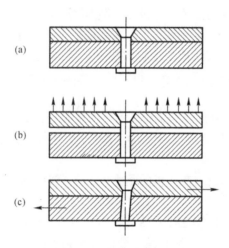

图 4-44　铆钉的受力和变形

铆钉与铆钉孔之间产生间隙，虽然看不见，但并不是不可知的，是有征兆的。在蒙皮受吸力过大使铆钉杆受拉变细的同时，铆钉头也必将受到过大的挤压而产生卷边，即产生铆钉头周围上翘、中间下陷的现象；当蒙皮受过大的剪力时，铆钉孔也受到较大的挤压应力，使铆钉头产生歪斜，即产生铆钉头一侧上翘、另一侧与铆钉窝出现空隙的现象；如果蒙皮受到方向变换频繁的过大的剪力作用，铆钉头也可能因挤压而产生两侧均上翘并有空隙的现象。因此，铆钉头卷边或歪斜是铆钉松动的征兆，发现此现象，应设法进一步判明铆钉是否松动。

蒙皮受力大或者铆钉强度弱的部位，铆钉就容易松动。铆钉松动会使该处的蒙皮固定不可靠，并会增大蒙皮的变形，严重时还会引起性能故障。因此发现已经松动的铆钉，应及时更换。

根据维护经验，凡松动的铆钉，沿气流方向一般都带有黑色的尾迹，如图4-45所示，在飞行后检查时，最容易发现。

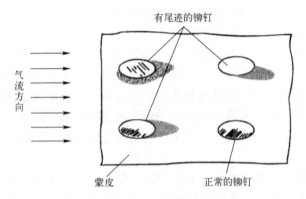

图4-45 铆钉头周围黑圈与尾迹

4.7.2 蒙皮的维护措施

（1）防止蒙皮划伤和变形。
① 上飞机前，要擦净鞋上的泥沙、冰雪。因为泥沙等带上飞机，会划伤蒙皮的保护层。
② 在飞机上工作时，要铺上脚踏布，并不得穿有外露钉子的鞋。
③ 不许把工具和机件直接放在飞机蒙皮上。特别是拆装舱口盖和加油等日常工作中，应防止解刀和加油管等损伤蒙皮，拆开的舱盖应将其光滑面与蒙皮接触，以免损伤蒙皮。
④ 上、下飞机必须经由规定的部位，不得任意攀登。机翼后缘部分和翼尖部分的蒙皮较薄，框架强度较弱，若从这些部位上、下飞机，易使该处的蒙皮和机翼后缘的修正片变形。
⑤ 工作中使用的梯子应靠在飞机的承力部位上，使用的各种托架均应托在飞机规定的位置上。
⑥ 推飞机时，禁止推拉修正片、活动舵面、空速管和蜂窝结构等部位。
（2）注意不能使酸、碱、石油制品等液体滴落到飞机蒙皮上，防止蒙皮产生化学反应，引起腐蚀。
（3）防止水分、砂土等自然条件对蒙皮的侵害。
（4）保持各舱盖和整流带的螺钉固定牢靠。安装舱盖时，必须将全部固定螺钉拧紧，并保持各螺钉的紧度一致；如发现螺纹已损伤的螺钉，应及时更换。

4.7.3 蜂窝结构的维护措施

1. 蜂窝结构的使用维护要求

1）对飞机蜂窝结构维护的一般要求
（1）飞机上的各蜂窝壁板严禁踩踏。
（2）禁止蒙布上的金属环和其他硬物直接与蜂窝表面相接触，更不允许硬物撞击蜂窝表面。

(3) 经常检查蜂窝壁板对接缝、边框等处的密封情况，以防止潮气、雨水渗入。
2) 使用过程中的检查
(1) 目视检查。
观察蜂窝区外部有无划伤、压坑、开裂、腐蚀、铆钉松动、蒙皮突起或其他异常现象。对故障应作记录和分析，在不超过规定指标时才允许飞行使用。
(2) 手锤敲击检查。
用手锤轻轻敲击蜂窝结构的蒙皮，根据声音来判断蜂窝结构是否脱粘和脱粘面积的大小。
(3) 仪器检查。
使用无损检测仪器或设备进行检查，如声阻探伤仪可以检查蜂窝胶接结构的胶层和胶层脱粘；射线探伤仪可探测蜂窝结构内部的夹芯变形、开裂、积水等故障。
2. 检查要求及对损伤的处理
1) 蜂窝结构的损伤类型
(1) 表面损伤。主要指对结构不产生明显削弱的表面擦伤、划伤、局部轻微腐蚀、表面小压坑和局部轻微压陷等，一般不做修补。
(2) 脱粘损伤。主要是指板与板之间或板与芯之间的脱粘缺陷。这类损伤一般不会引起结构外观变形，大多是由生产过程中造成的初始缺陷在反复使用过程中扩展所致。当脱粘面积过大时，会引起强度的削弱，应予以修补。
(3) 单侧面板损伤。这类损伤包括单侧面板局部压陷、破裂和穿洞。它使一侧面板和夹芯都受到损伤，对气动性能和结构强度影响较大。具有这类损伤的蜂窝结构经过修补和检查合格后，才能重新使用。
(4) 穿透损伤。主要指蜂窝部件穿洞损伤、严重压陷和较大范围的残缺损伤等。这类损伤对结构性能和强度有严重影响，必须认真修补或更换。
(5) 内部积水。由于蜂窝结构边缘及对缝处密封不严，在长期使用过程中雨水渗漏或水气冷热交替，造成蜂窝内部有积水存在。长期积水将会引起胶接质量明显降低。因此，应检查蜂窝结构内部积水的问题。
2) 蜂窝结构损伤的检验指标
根据损伤内容及在使用中出现的问题，应当正确划分出蜂窝结构的损伤类别，并对各项技术检验指标进行分类记录，超出指标的损伤必须进行修补。
3) 损伤的处理
飞机各蜂窝部件的损伤修补和排除，应按照《飞机蜂窝结构修补说明书》的要求进行。经过修补后的蜂窝结构应有质量检测部门签发的质量合格证，且蜂窝结构表面应光滑平整，过渡区应均匀变化，在凸出翼面的补片上应制出倒角。

4.8 导管的维护

飞机上使用的导管有金属导管、橡胶软管、夹布胶管和聚四氟乙烯软管等，它们在飞机各系统中分布很广。使用中导管如有损坏，对系统的工作影响很大。维护经验证明，由于导管损坏而使液压、气动系统工作不正常，在系统故障中占有很大比例。导管种类虽然多，用途和要求尽管也各不相同，但对导管的维护要求和使用方法却有许多共同点。

4.8.1 金属导管的维护

4.8.1.1 金属导管介绍

1. 不同材料的金属导管及其应用

目前飞机上金属导管所用材料及其强度如表 4-3 所示。

表 4-3 不同材料导管的强度

材料名称	比重/（g/cm³）	强度极限/（kgf/cm²）	持久极限/（kgf/cm²）
铝合金	2.67~2.83	2 200	1 250
紫铜	8.6~8.9	2 200~2 700	1 160
碳钢		4 800	1 920~2 640
不锈钢		5 000	

由表 4-3 可知，铝合金的强度较小，但比重较轻，适用于制作低压导管，也可用于制作管径较小的高压导管。铝合金导管的表面都经过氧化处理，以提高其防腐能力。

紫铜的韧性和塑性较好，用来制作小直径的导管。

碳钢的强度较大，用于制作承受高压和大直径的导管。碳钢导管的表面都经过磷化处理，抗腐能力较强。

不锈钢的强度大，抗腐蚀性好，用来制作液压系统、燃油系统的高压导管。

2. 不同截面金属导管的强度

金属导管的截面大小是用外径和内径的尺寸来表示的。如 8×6 表示导管的外径是 8mm，内径是 6mm，管壁的厚度为 1mm。铝合金导管的管壁厚度不小于 0.8mm，钢导管的管壁厚度不小于 0.5mm。导管的强度是用导管所能承受的最大内压力（静载荷爆破压力）表示的，不同截面导管的最大内压力如表 4-4 所示。

表 4-4 不同截面导管的最大内压力

导管截面尺寸（mm）	最大内压力 kPa（kgf/cm²）	
	铝合金	铜
8×6	49 033（500）	109 833（1 120）
10×8	39 226（400）	88 259（900）
12×10	32 361（330）	72 568（740）
15×13	25 987（265）	58 839（600）

从表 4-4 看出，管壁的厚度相同，截面大的导管能承受的最大内压力小于截面小的导管。也就是说，在同样的工作压力作用下，截面大的导管比截面小的导管容易爆破。因为在同一工作压力作用下，截面小的导管承受载荷的截面较小，导管管壁承受的载荷也较小，截面大的导管管壁承受的载荷也较大。

表 4-4 列出的导管承受的最大内压力，是指导管在静载荷作用下所能承受的最大内压力。但系统在工作时，由于存在着液压撞击和压力脉动等现象，导管在工作中还会产生振动，因此，导管实际承受的并不是静载荷，而是周期性变化的重复载荷。材料在重

复载荷作用下的强度比静载荷作用下的强度小得多，所以，导管在使用中，在重复载荷的作用下，强度裕量并不是很大。维护工作中如不注意，使导管损伤，就容易爆破。

4.8.1.2 金属导管损伤的原因

金属导管在使用过程中常见的损伤现象有磨损、压坑、裂纹、锈蚀和喇叭口损坏等。造成上述损伤的主要原因有：

1. 固定不良

导管在工作中，不可避免地会受到飞机或发动机振动的影响而产生振动，这种振动会使导管发生弯曲变形，又称弯曲振动。弯曲振动的振幅（弯曲变形量的大小）和频率（单位时间弯曲振动的次数）与导管的刚度有关。导管的刚度大，则振幅小、频率高；导管的刚度小，则振幅大、频率低。导管振动的振幅、频率还与导管的固定情况（导管卡子的松紧程度和卡子间的距离）有密切关系。

导管卡子松动，减震橡胶垫损坏或两个卡子间的距离增大，会增大导管弯曲振动的振幅，并降低导管的振动频率，甚至可能引起共振，使振幅急剧增大。这时，导管固定部位附近由于弯曲振动产生的变形和应力最大，极容易产生横向裂纹。

导管或附件的卡子（卡箍）松动后，导管的位置将发生移动，在剧烈振动下，导管可能与附近的机件发生摩擦，使导管磨损。导管磨损后，局部管壁变薄，强度降低，易于损坏。根据试验，管壁厚度为 1mm，当磨损深度为 0.3mm 时，导管截面应力将增大 1.4 倍以上，材料强度下降 30％。

2. 弯曲过度与扭转

飞机上的导管弯曲是不可避免的。导管的正常弯曲对强度影响很小，但不正常弯曲就会使导管损伤。不正常弯曲一般有两种情况：一是弯曲半径过小，使导管过度变形，管壁厚薄变化较大，如图 4-46 所示，管壁变薄的地方，强度降低；二是导管弯曲不当或是扭转，使弯曲或扭转部位的截面椭圆度过大。工作中，导管在压力的作用下力图恢复原来形状，如图 4-47 所示，这时在管壁曲率最大的部位（B）的变形量和应力最大，因而在该处容易出现纵向裂纹。

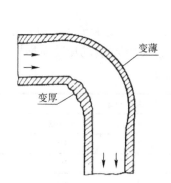
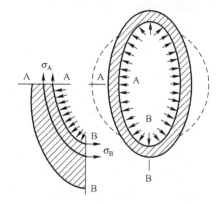

图 4-46 导管弯曲半径过小的变化情况　　图 4-47 椭圆形截面的导管在油压作用下变形和应力分布情形

3. 系统压力脉动

系统压力脉动使系统压力变化频率增大，导管径向振动加剧，如图 4-48 所示。系统压力脉动严重时，导管就容易出现疲劳裂纹。这种裂纹的方向一般是横向的，如图 4-49 所示。

图 4-48　压力脉动时导管的径向振动

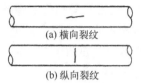

图 4-49　导管裂纹的情形

4. 保护层损伤

导管与邻近机件碰撞、摩擦或受到其他损伤时，导管外表的保护层就会损坏；系统内部进入砂土、机械杂质，则会磨损导管内表面的保护层；水分及油类也能使油漆层泡胀以至剥落。导管的保护层破坏后，管壁容易被腐蚀，导致强度降低，易于损坏。

5. 安装不正确

安装导管时，如果导管接头没有对正（如图 4-50 所示），螺帽与衬套之间的摩擦力增大，使衬套随着螺帽一起转动，磨坏导管端部或拧坏螺纹。拧紧螺帽时用力过大，会挤裂或使喇叭口部分的厚度变薄（如图 4-51 所示），强度降低，在工作中易于裂纹。另外，导管撞伤后，强度降低，在工作中容易爆破。

图 4-50　导管接头安装情形

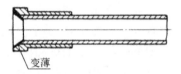

图 4-51　导管喇叭口挤压变薄

4.8.1.3　预防导管损坏的维护措施

1. 保持导管固定良好

（1）保持各固定卡子间距离适当，如表 4-5 所示。导管的固定卡子（卡箍）应按飞机出厂时的位置安装，不得任意增长两卡子间的距离，以免加剧导管的振动而损坏。

表 4-5　导管固定卡子间的距离

导管外径/mm	固定卡子间的距离/mm	
	钢导管	铝导管
6	400	340
8	450	380
10	500	400
12	580	500
15	650	560
20	700	600
25	800	660

(2) 导管固定卡子内,应有橡胶减震垫,不允许用胶布、皮革等代替,以保持良好的减震性能,减小管壁受力。

(3) 防止卡子损伤导管。

① 卡子的凹槽直径应与导管的外径相适应,凹槽的边缘应圆滑。

② 导管的轴线应与凹槽的轴线相重合,不应偏斜。导管对不正凹槽时,不能强行安装,以免导管的初应力过大。

③ 卡子的固定紧度应适当。固定过松,卡子不起作用;固定过紧,不但减震性能变差,而且还可能压伤导管。

2. 保持导管与邻近机件之间的间隙合适

导管与邻近机件之间应保持的最小间隙如表4-6所示。

表4-6 导管与邻近机件之间的间隙

导管与邻近机件	间隙/mm
导管与导管	≥0.5
导管与固定机件	≥3
导管与活动机件	≥5
导管与导线	≥30

如果导管与邻近机件的间隙小于上述规定,应重新安装或弯曲导管,以增大其间隙;必要时,可用防磨胶皮或人造革包扎导管。

3. 防止导管在拆装时损伤

(1) 拆装导管时,应将接管嘴固定好,防止导管和接管嘴跟着螺帽一起转动,把导管扭坏。

(2) 拆装导管接头时,应注意检查衬套与导管有无被螺帽带着转动的现象。如发现衬套与导管被带着转动时,应清洗螺帽内部,或更换已变形的螺帽或衬套,以消除螺帽与衬套之间的摩擦,并将喇叭口重新压紧。

(3) 导管中心线与接管嘴中心线错开太多时,不允许强行安装,以免导管产生较大的初应力而在振动时损坏。

中心线错开的最大距离如表4-7所示,应根据导管的直径和自由长度(L)来决定,一般应在10mm以下。

表4-7 导管中心线与接管嘴中心线错开的最大距离

名 称		数 据				
截面尺寸/mm		15×13	12×10	10×8	8×6	6×4
距离/mm	钢导管	0.4	0.6	0.8	1.0	1.2
	铝导管	0.2	0.4	0.6	0.8	1.0
备注:自由长度(L)为100mm时,允许导管中心线与接管嘴中心线错开的最大距离,如表4-7所示。导管自由长度(L)大于100mm时,应以(L/100)乘以本表中的数据						

(4) 安装导管时,注意导管弯曲半径不能小于表4-8中的数值。

表 4-8　金属导管最小弯曲半径

名　称	数　据							
外径/mm	6	8	10	12	15	18	20	25
最小弯曲半径/mm	20	25	30	40	45	50	60	70

（5）更换导管和接管嘴时，要注意两种角度（60°和74°）的喇叭口和接管嘴，如图 4-52 所示，不得混用。因为不同角度的喇叭口与接管嘴混用，在拧紧导管接头时，由于结合处的接触面积减小，将使喇叭口承受的应力增大，容易产生裂纹而渗漏。

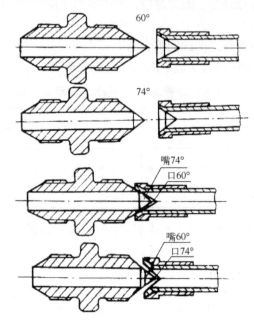

图 4-52　喇叭口和接管嘴的两种角度以及它们混用的情形

4．及时修复损伤的导管

（1）导管油漆层脱落后，如管壁无锈蚀、划伤等损伤，可用汽油清洗擦净，再涂上油漆层；如管壁锈蚀，则应先用细砂布将锈蚀物打磨掉，再用"000"号砂纸抛光，然后用汽油清洗擦净，涂上油漆保护层。

（2）导管有磨压划伤，如深度超过表 4-9 的对应数据时应更换。如果深度不超过 0.3mm，应先用砂布将管壁打磨光滑，清洗干净后涂上油漆保护层，可继续使用。

表 4-9　金属导管磨损与压坑的允许深度

损伤情况	磨　损		压　坑	
导管类别	压力导管	回油导管	直径<12mm	直径>12mm
允许深度/mm	≤0.3	≤0.5	≤1	≤1.5

（3）在导管的磨损部分，若摩擦现象不能消除时，应在恢复保护层后，用皮革包扎好，并涂红漆作标记，以便检查。

（4）喇叭口受到严重挤压致使导管接头漏油、漏气时，不允许强行用拧紧接头的方法排除,因为强行拧紧会使导管喇叭口管壁受到严重挤压,使厚度减小(如图 4-53 所示),强度减弱,甚至因挤压应力过大产生裂纹。如果喇叭口受到严重挤压,还可能产生碎片,进入系统影响附件正常工作。

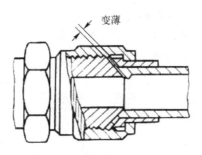

图 4-53 导管端部厚度减小

4.8.2 橡胶软管的维护

橡胶软管通常用来连接燃油、液压、气动等系统的活动附件和部分弯曲度较大的地方。

4.8.2.1 橡胶软管的构造

橡胶软管有高压、中压和低压三种。低压和中压橡胶软管是由一层或两层橡胶和几层棉线(或尼龙线)编织套组成。高压橡胶软管在橡胶和棉线编织套之间还夹有金属丝编织套,如图 4-54 所示,以提高软管的强度和减小软管受内压时的变形。

软管的两端都装有铝制或钢制的接头。这些接头与软管的连接方法通常有以下两种:一种是将软管放入带螺纹的夹头之中,再从夹头的另一端拧入一根短管,利用短管的锥形头部将软管胀大,并挤入夹头螺纹的槽内,使夹头、短管、软管三者紧密结合,如图 4-55(a)所示;另一种是将软管插入夹头与短管之间,再在夹头上压出环形槽或螺旋形槽,使夹头、短管和软管三者紧密结合,如图 4-55(b)所示。

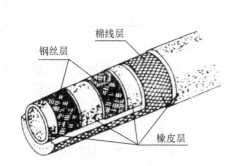

图 4-54 高压软管的构造

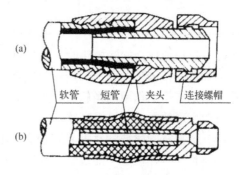

图 4-55 软管接头

4.8.2.2 橡胶软管损坏的原因

在使用中,橡胶软管常遇的故障有:夹头渗漏和松脱、管壁脱层、鼓泡、橡胶层老化、溶胀等。其主要原因是:

1. 弯曲过度与扭转软管弯曲度过大

如果弯曲度过大，软管的两端从夹头脱出的力量就会增大，如图 4-56 所示。

软管扭转后，工作时，因内压力有使软管恢复回转作用，使软管在夹头中产生转动的力量，当气温降低和软管发生振动时，夹头处就容易松动而渗漏，甚至会使软管从夹头中脱出。

弯曲度过大或有扭转的软管，在系统压力脉动时，管壁各层之间将产生较大的剪应力，使用时间过长，管壁就容易产生脱层、鼓泡。

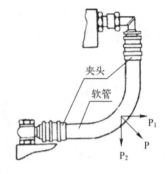

图 4-56 软管从夹头中脱出的力量

2. 工作环境温度过高

软管长期在高温环境条件下使用，橡胶层容易老化，产生裂纹。当外表橡胶层破裂后，钢丝层或棉线层失去保护，直接与大气接触，容易被腐蚀而使软管的强度显著降低。

4.8.2.3 防止橡胶软管损坏的维护措施

1. 正确地安装软管

（1）尽量减小软管的弯曲度。软管安装后允许的最小弯曲半径如表 4-10 所示。

表 4-10 软管允许的最小弯曲半径

软管内径 d/mm	软管端部到弯曲部分的直线长度 a/mm	软管允许的最小弯曲半径 r/mm
4	50	100
6	50	125
8	50	150
10	75	150
16	100	200

（2）拧松或拧紧软管接头时，应将夹头固定，防止软管扭曲。

（3）有固定卡子的软管，应该将固定卡子固定在靠近接头处，不得取下或任意改变位置。固定卡子的作用是当软管受到弯曲作用时，可以保持卡子到接头之间的一段软管不受弯曲变形的影响，以提高软管与卡子之间连接的可靠性。

（4）更换软管时要注意型号和种类，不得任意代用。软管的长度应比两个连接点之间距离稍长一些，但也不能过长。因软管在油压作用下，直径要变大，长度要缩短，其长度缩短量最大可达软管全长的 3%～4%，如果安装时不注意这一点，当软管承受较大内压的作用时，在软管和夹头的连接处就会产生较大的拉伸力，使接头松动甚至脱开。

2. 加强对软管的检查

对软管应着重检查：夹头与管壁是否渗漏，软管在夹头内有无松动，软管橡胶层有无裂纹，管壁是否脱层、鼓泡。

（1）软管与夹头结合处的红色标志线错开或脱开，或者用手轻轻地扭转软管时，软管能移动,都说明软管与夹头松脱,应更换软管。

(2)软管渗漏的检查,最好在发动机工作时或系统压力最大时进行。如发现软管壁、软管与夹头或夹头与管嘴的结合处有渗漏时,应更换软管。

(3)检查中发现软管裂纹到露出钢丝层或棉线层以及橡胶层鼓泡时,均不能使用。

3．防止外表橡胶层损坏

工作中应注意不使滑油、煤油、液压油、酸、碱溶液滴落在软管上,防止外表橡胶层腐蚀而损坏。

4.8.3　夹布胶管的维护

飞机上的燃油系统中有些低压金属导管是用夹布胶管连接的,如图4-57所示。夹布胶管安装质量的好坏,对系统工作可靠性影响很大,如果更换夹布胶管时错用不同牌号的夹布胶管或安装不正确,有可能造成飞行时大量油液流出,甚至引发飞机起火的严重事故。

图4-57　夹布胶管

1．安装注意事项

(1)安装前应检查管壁,如有腐蚀、脱层、裂纹、鼓泡、弹性不好等情况应更换。更换时,导管的直径、长短等应符合技术要求,内径选配要合适(夹布胶管内径与金属导管外径允许相差不超过1mm)。

(2)安装时,夹布胶管内壁不允许涂润滑脂或润滑油,也不得用工具撬拨管壁。

(3)搭铁片不应太宽和太厚,伸进夹布胶管的长度不能太长,以免搭铁片与导管的接触面积过大,产生空隙,造成不密封。常用的紫铜搭铁片(材料T3-M)的规格是:宽度不大于5mm,厚度不大于0.2mm,伸进管壁的长度不大于6mm。

(4)两根导管轴线的歪斜角度(α)不应大于3°,或者两根导管端面的最大距离(a)与最小距离(b)之差($a-b$)应不大于2mm,如图4-58所示。

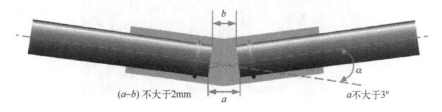

图4-58　两导管端面最大、最小距离和歪斜角度

（5）两金属导管插入夹布胶管后，为防止互相摩擦，管口端面应有 2～10mm 距离，如图 4-59 所示。如夹布胶管带有钢衬套，安装时，两导管应插到与钢衬套吻合。

（6）夹布胶管的固定卡箍，不允许卡在金属导管的凸边处或钢衬套上，不允许偏斜，而应平面接触，以防降低卡箍的卡紧作用和减小胶管管壁的接触面积。卡箍距胶管端面的距离应不小于 4mm，如图 4-60 所示。如果夹布胶管的每一端各有两个卡箍，则两个卡箍的开口应错开成 90°或 180°，两个卡箍之间的距离应不小于 2mm。

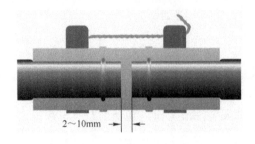 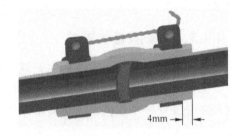

图 4-59　金属导管管口端面距离图　　　图 4-60　卡箍距胶管端面的距离

（7）卡箍拧紧后，当导管直径小于 20mm 时，拧紧余量应不小于 6mm；当导管直径大于 20mm 时，拧紧余量应不小于 8mm。

2．外场维护注意事项

（1）检查夹布胶管接头处密封性应良好，特别是季节转换、温差变化明显时，重点检查接头处应无渗漏。

（2）经常检查夹布胶管外表，不得有腐蚀、脱层、龟裂、鼓泡、老化等情况，保持外部清洁。

（3）在振动比较强烈的部位，应着重检查夹布胶管的位移情况，防止导管脱出。

（4）每年临近冬季、夏季时，应加强固定卡箍紧度的检查，防止过紧或者过松。

4.8.4　聚四氟乙烯软管的维护

聚四氟乙烯软管如图 4-61 所示，具有耐老化、耐腐蚀、耐高低压、使用温度范围广、流阻小等优点，在飞机上得到广泛应用。其组件由聚四氟乙烯内管、不锈钢丝增强层和两端的金属连接件等组成，如图 4-62 所示。

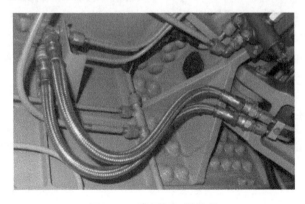

图 4-61　聚四氟乙烯软管

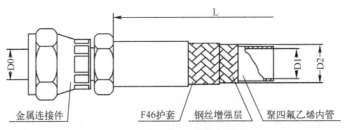

图 4-62 聚四氟乙烯软管结构

1．聚四氟乙烯软管组件常见故障

1）安装中软管扭曲、弯折

聚四氟乙烯软管组件在安装过程中处于扭曲、弯折状态，存在套筒与管体、内管扭变应力，易导致软管组件失效。

2）安装间隙过小导致管体磨损

安装过程中，聚四氟乙烯软管的管体与管体、管体与其他机件之间的间隙过小，长期振动导致管体磨损，影响导管耐压力，甚至造成管体失效。

3）软管连接组件变形

由于安装不正，受外力易造成连接组件变形，影响导管的密封性，甚至造成失效。

4）软管组件密封面损伤

由于安装不正、磨损、磕碰等因素使密封面损伤，导致导管渗漏甚至失效。

2．安装注意事项

1）软管旋转

如果安装的软管管体已经扭曲，工作压力将产生一个使管体返回直线状态的力，这一作用力能使导管端接头的螺帽松动或引起增强层松散，导致最大应力点处软管损坏。因此，应在软管上做标记，一旦发现扭曲，松开端接头的螺帽，摆正软管后重新紧固螺帽，如图 4-63 所示。如果软管组件两端都是有角度的端接头，当两端接头的相互位置不恰当时，软管将发生扭曲。

2）高温环境

软管组件长期暴露在高温环境中，将明显缩短软管的寿命。因此，排布软管应尽可能远离热源，或加装防护套或防护隔板，如图 4-64 所示。

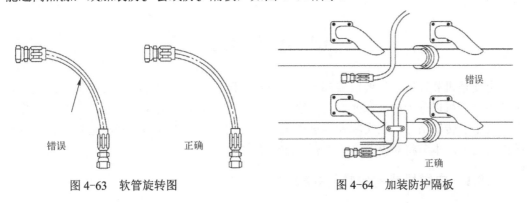

图 4-63 软管旋转图　　　　图 4-64 加装防护隔板

3）摩擦

同一部位长期的摩擦将磨损外层护套甚至增强层。因此，软管组件排布时，必须防止与尖锐物体、运动部件或其他软管组件发生摩擦。使用软管卡箍能够帮助防止摩擦。

4）最小弯曲半径

软管弯曲时，必须保证弯曲半径不小于规定的最小弯曲半径，且软管在弯曲前离软管接头套筒处必须保持一段直线状态，如图4-65所示。太紧凑的弯曲可能弯折软管并阻碍或阻止液体流动，且对软管和接头产生额外的应力，同样会缩短软管的寿命。在很多场合，恰当使用连接器和软管接头能够减小软管紧凑的弯曲或弯折。

5）振动和弯曲

在某些应用场合，考虑到振动或需要弯曲运动，允许适当增加软管的长度。但软管的金属接头不能弯曲，防止金属部件产生意外的应力，同时应避免弯折软管，如图4-66所示。

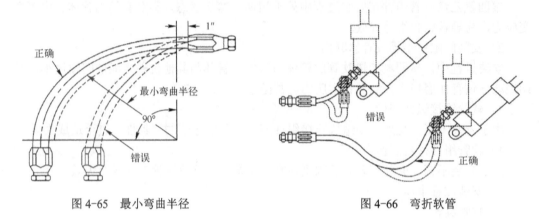

图4-65 最小弯曲半径　　　　　　图4-66 弯折软管

3．维护注意事项

（1）安装前，需在软管组件管体上沿轴向做标识直线。当软管连接的两端接口高低不一致时，先对接高端，然后顺软管自然下垂对接低端接口。连接时，先用手拿软管对准接口，再用手拧紧螺帽，然后用一个扳手固定软管接头，另一个扳手紧固对接螺帽。

（2）软管组件装机使用后，拆卸后再次安装的使用次数一般不超过6次。

（3）当更换其他部件需要拆卸软管组件时，应小心拆卸，不能随意弯折软管（因为软管经过一定时间的使用，其性能有所下降）。拆下的软管应保持原有形状，以便按原形状安装。

4.9　电缆的维护

电缆是机载设备的重要组成部分，其结构大同小异，均由导线和插头组成。根据其用途不同，可以分为屏蔽和非屏蔽电缆两大类。非屏蔽电缆主要用于电气设备，屏蔽电缆主要用于传输信号。在实际使用过程中，电缆的故障率比较高，因而它是平时重点维护内容之一，本节将对电缆维护的有关知识进行介绍。

4.9.1　电缆导线的检修与更换

1．电缆导线的检修

在日常维护中，电缆导线一旦发现问题必须进行检修，下面介绍导线检修的要求和方法。

（1）导线棉纱层破损，但绝缘层完好，在每米长度的破损未超过 10mm 时，可用棉线绑扎破损处，破损在 10～100mm 时，可用黄蜡绸或聚氯乙烯带包扎破损处，两端用棉线扎紧，再在绑扎线上涂 Q98-1 硝基清漆。

（2）FVL 导线端头棉纱松散时，用棉线绑扎，绑扎长度不短于导线直径的 1.5 倍，在扎线上涂 Q98-1 硝基清漆。

（3）导线端部焊接处有断丝或严重锈蚀的，在不影响安装长度和工作性能的前提下，可剪去损坏部分重新焊接。若对多根导线束的某一根导线剪短重焊时，必须保证其受力不过大，以防被拉断，否则，要整根换掉。

（4）导线接线片断裂或压伤严重的要更换。

（5）防波套导线抽头搭铁线及其他搭铁线损坏宽度在其直径的 1/3 以内，防波线的屏蔽层断丝长度在直径 1/2 以内，均可剪修缠线后继续使用。

（6）导线因机械损伤需要更换而时间不允许时，可暂时将断开处扭在一起焊好，待时间允许时再更换。

（7）凡是修理过的电缆、导线，均应进行检查试验，切实判明其工作良好。

2．电缆导线的更换

导线受到损伤而折断时，必须更换新的导线。更换时，对截面积在 $25mm^2$ 以下的导线，可暂时将折断处扭接在一起并焊好，待定期检修时再更换整根的，并与原来型别、截面积相同。

换新导线时，旧导线可以不从电缆内抽出，但应将其两端的线头加以绝缘，禁止留有裸露的导线头。更换新的导线，如果无法穿入电缆内时，可将其敷设在电缆外面，并且每隔 200～300mm 用聚氯乙烯带或棉（麻）线将其捆扎在电缆上。敷设在电缆外面的导线，必要时可采用防波导线，以减少电路之间的互相干扰。

1）更换条件

凡属下列情况之一的导线应更换：

（1）导线绝缘层烧坏、损伤、绝缘电阻小于 20MΩ 的；

（2）因芯线锈蚀导线表面有铜绿渗出的；

（3）导线受油、水等浸蚀涨大者；

（4）导线中部线芯有断丝或全部折断的；

（5）FFBL 型导线的玻璃丝编织层损坏脱落后，使氟化带松散不能重新包扎的；

（6）截面积在 $8.8mm^2$ 以下的导线，绝缘层破损或棉纱编织层破损超过 100mm 长度的；

（7）导线扭折、线芯与绝缘层脱离，外绝缘层扭曲或线芯有突起的；

（8）导线表面的棉纱编织层发霉长度超过 200mm 以上，有分散发霉黑点在 1m 长度内超过 1/2 的；

（9）氟塑料导线绝缘层严重裂纹，掉块脱落的；

（10）防波线的屏蔽层发霉、腐烂、断丝超过直径的 1/2，每米长度内有 2 处以上的；

（11）防波导线的抽头搭铁线断丝超过其直径 1/3 以上，重新作头不够长的；

（12）导线焊接头折断、断丝，需要重新作头不够长或焊接后承受拉力过大的。

2）更换方法

（1）需要更换的电缆导线应拆除，对拆除确有困难的应将原线端头用绝缘物包扎好。

（2）电缆导线的更换应对照线路图纸进行，也可通过准确测量绘制草图，认真做好标记再进行更换，严防错线。

（3）按规定的方法和要求焊接导线，包扎电缆。

（4）凡是更换过导线或重新制作的电缆均应对照线路图进行线路和绝缘测量，判明无误后，方可同系统连接。

（5）换上的新电缆导线应按旧导线原位敷设，不得随意改变走向。如果导线无法穿入电缆内，可敷设在电缆外面，每隔200～300mm用聚氯乙烯或亚麻线将其捆扎在原电缆上。新导线外部应装有与旧导线相同的外部保护层或屏蔽层。

3．电缆的重新收头

电缆的损坏通常发生在电缆插头附近的两个部位：一是电缆插头的防波套容易磨损，二是电缆插头内部的导线容易折断。对于电缆的这种损坏，当电缆长度有富裕时，可进行电缆的重新收头，电缆重新收头的工作包括截除头部损伤的导线，并重新焊接；截除头部损伤的防波套，并重新焊接喇叭口。电缆重新收头时，应注意多芯导线的长度要截取适当，以便重新收头后各芯线受力均匀，防止电缆插头根部的线被拉断。

4.9.2 防波套的修理和更换

机载设备电缆的防波套必须经常保持完好无损，否则可能会带来一些异常的故障，因此，使用、更换防波套，都要按要求去做，这样才能发挥防波套的作用。

1．防波套的修理

防波套磨损后，要进行修补。在应急情况下，可以在损坏处套上一段新的防波套，并用镀锡铜丝将其两端扎紧，然后用焊锡将缠扎的头两圈和最后两圈焊住。在套新防波套前，须在导线束的表面垫上绝缘物，以免金属丝刺入导线内，造成短路。

2．防波套的更换

防波套损坏不能修复时，则需要更换新防波套。更换防波套时要根据导线或导线束的直径，选用型号适合的防波套。量取防波套的长度，基本上应在被套导线或导线束的直径上来测量，并根据实际情况稍长一点。但是要注意不能在防波套的直径是最小或最大时测量，否则套上后，防波套过短或过长，造成返工和浪费。

更换防波套的方法是：首先把电缆一端的电缆插头的导线取下，从蛇形管中抽出导线，再用电烙铁或酒精灯烧脱旧防波套两端的喇叭口，取下旧防波套，然后换上新防波套，并在防波套的两端焊上喇叭口，同时把喇叭口和螺纹喇叭口接合好，最后把导线穿入蛇形管，把导线与电缆插头焊接起来。

如果还需要更换蛇形管，则应在烧脱防波套的喇叭口的同时，取下蛇形管的螺纹喇叭口，并在新蛇形管上套上新防波套，在新蛇形管的两端旋入螺纹喇叭口，最后把螺纹喇叭口和喇叭口接合好。

防波套与喇叭口的接合方法有压接和焊接两种，无论是用压接还是焊接，都要求接合后防波套的金属丝不外露，防波套与喇叭口结合紧密。焊接防波套喇叭口时，首先应做好清洁工作，然后用足够功率的电烙铁进行焊接。在焊接喇叭口前，要检查电缆插头各零件的安装顺序是否正确，以免造成返工。

4.9.3 电缆的测量

电缆修理完毕或在平时的维护和排除故障过程中经常需要进行测量,测量的目的是为了判明电缆内的导线有无断路、短路、错线及绝缘情况。测量之前,可查阅设备的电路图,以弄清电缆内导线的连接关系。若插孔本来是空着的,不能误认为断路。下面以四根导线的电缆为例,说明用三用表(作欧姆表用)和兆欧表进行测量的方法。

1. 测量电缆导线断路的方法

根据电缆的长度和在飞机上的安装位置不同,测量断路的基本方法有以下三种:

1)不搭铁法

若电缆较短,可用欧姆表在电缆两端直接进行测量,如图 4-67(a)所示。为了判明 1 号线是否断路,可把三用表的两支表笔分别插在电缆两端的 1 号插孔里,如果三用表不指示,说明 1 号线断路。用同样的方法,可以判明 2、3、4 号线是否断路。

2)逐根搭铁法

若电缆较长,表笔够不着电缆两端,则可采用此法,如图 4-67(b)所示。为了判明 1 号线是否断路,可把电缆一端的 1 号插孔用导线与飞机机体或防波套相接(即搭铁),借飞机机体或防波套构成通路,然后把三用表的一支表笔插入电缆另一端的 1 号插孔里,另一支表笔搭铁。如果三用表不指示,说明 1 号线断路。用同样的方法,可以判明 2、3、4 号线是否断路。测量中,为了判明三用表的表笔搭铁是否良好,可以把另一支表笔也搭铁,看电表是否指示。如果电表指示零欧姆,说明搭铁良好。

3)全部搭铁法

把电缆一端的全部插孔用导线连接起来并搭铁,然后把三用表的一支表笔搭铁,另一支表笔依次插入电缆另一端的 1、2、3、4 号插孔,如图 4-67(c)所示。这样就可以依次判明 1、2、3、4 号线是否断路。

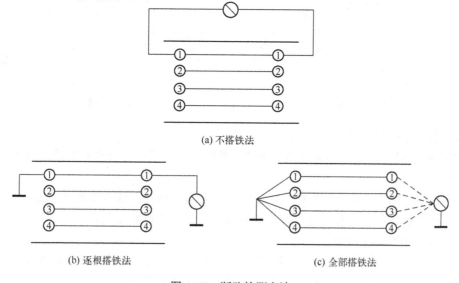

图 4-67 断路检测方法

测量断路的方法有上述三种，测量时，可根据实际情况选用其中的一种方法进行。当测量电缆的两个插头距离较近时，可选用不搭铁法；测量电缆的两个插头距离较远而又有人配合时，选用逐根搭铁法比较好；若无人配合，而且在导线没有短路的情况下，则可选用全部搭铁法。

2．测量电缆导线短路的方法

测量电缆导线短路是为了判明不应接通的两根导线是否接通了，测量方法如图 4-68 所示。为了判明 1 号线与 2、3、4 号线和防波套之间是否短路，可把三用表的一支表笔插入电缆插头的 1 号插孔，另一支表笔依次插入同一电缆插头的 2、3、4 号插孔和接在防波套上，如果插入 2 号插孔时，三用表指示，说明 1 号线与 2 号线短路。用同样的方法，判明 2 号线与 3、4 号线和防波套之间是否短路。依次测量下去，直到判明最后一根线与防波套是否短路为止。

电缆导线的断路和短路故障，一般容易发生在电缆插头内导线头的焊接处和电缆弯曲度较大而又经常活动的地方。为了确定断路或短路故障的具体部位，需将电缆导线逐段检查。测量时，将电缆导线逐段弯曲（未弯曲部分要尽量固定不动），当弯曲到某一部位欧姆表的指示有变化，并且反复试验都有此现象，则说明断路或短路故障发生在正在弯曲的电缆处。

3．测量错线的方法

测量错线是为了判明导线的连接是否正确，如图 4-69 所示。这种测量主要用于插销分解检查和更换后。测量错线一般采用逐根搭铁法。为了判明 1 号线是否接错，可把电缆一端的 1 号插孔用导线连接起来并搭铁，把三用表一支表笔也搭铁，另一支表笔依次插入电缆插头另一端的 2、3、4 号插孔里。如果插入 2 号插孔时，三用表指示，说明 1 号线和 2 号线接错了。用同样的方法，可以判明其他各号线是否接错。

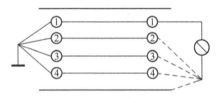

图 4-68　短路测量法

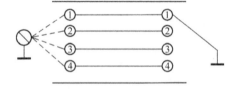

图 4-69　错线测量法

4．电缆绝缘的测量

在排除故障尤其是在排除时隐时现的故障时，经常需要测量电缆的绝缘电阻。测量方法如下：

将被测电缆导线与设备断开，然后将兆欧表的"线路"端与被测线的芯线相连接，"接地"端与机体相接，然后进行测量。测量一般采用 500 V 兆欧表。

5．测量电缆的注意事项

（1）测量时，应对照设备的电路图弄清电缆内导线的连接关系（少数电缆内导线是交叉连接的，有的插头上的插钉是空的），避免出现测量错误。

（2）搭铁要确实可靠。不要接在飞机机体保护层上或有油污的地方，因为保护层和油污是不导电的，否则极易造成误判。

（3）把三用表的表笔插入电缆插头的插孔时，要避免表笔碰到电缆的外壳，也要避免两支表笔相碰，否则都将造成判断上的错误。

（4）用欧姆表测量时，一定要断开电源，以免烧坏欧姆表。

（5）测量绝缘电阻时，必须断开导线与设备的连接，否则，极易造成机载设备的损坏。

4.10 电路控制和保护设备的维护

电路控制设备和电路保护装置在各种机载设备中发挥着重要的作用，是飞机上广泛使用的零部件，其维护质量的高低将直接影响有关设备的可靠性。在实际使用和维护过程中，这类机件的故障率比较高，所以必须加强维护。

4.10.1 电路控制设备的维护

4.10.1.1 电路控制设备的相关知识

电路控制设备的主要作用是控制电路通断，是现代航空机载设备不可缺少的重要器件。它的种类和型号繁多，但其基本要点是存在着电接触，而电接触的好坏对这类器件的影响极大，所以要维护好这类设备，必须对电接触的有关内容有一定的了解。

1. 电路的电接触

电路中两个导体互相接触，称为电接触。电接触处的导体称为电触点，又叫接触点（简称接点、触点、触头等）。电接触的形式，按其工作特点不同，可分为固定的、滑动的和可分合的电接触三类。在这三类电接触中，固定电触点没有控制电路通断的任务，所以只要有足够的压力，负载电流又不超过允许范围时，就能可靠地工作。但是，要保证分合电触点能可靠地工作就要困难得多。其原因如下：一是电路在接通和断开时，电触点间可能产生电弧，以致造成损伤；二是电触点之间的互压力比固定电触点小，并且在通断过程中其互压力又经历着有无和大小的变化；三是经常处于断开状态，电触点表面容易发生氧化、腐蚀；四是闭合时互相撞击，可能发生机械损伤等。因此，分合电触点是电路控制零件中直接通断电路的关键导电元件，其工作的好坏决定着控制零件是否能将电路接得通、断得开、通得好。在实际工作中，分合电触点也是很容易发生故障的。

2. 接触电阻和接触电阻过大的危害

无论是固定的，还是分合的或是滑动的电触点，它们在连接电路时，都有接触电阻。由于接触电阻的存在，电流通过触点时，便会产生电压降。只要接触电阻不过大，所产生的电压降也不大，对机载设备工作的影响也不会大。但是，如果维护不良，使接触电阻过大，则在触点上产生的电压降也大。这样，它会使用电设备的端电压明显地降低而影响用电设备的工作，甚至会使触点所控制的电路根本不能接通。如果接触电阻不稳定，时大时小，也会使用电设备工作不正常。此外，如果接触电阻过大，电流流过时触点还会因过热而损伤，甚至局部材料会熔化而黏结在一起，所以要使触点能够将电路接得通，并且通得好，触点的接触电阻应尽可能地小。

3．影响接触电阻的因素

电触点的电阻是由金属电阻和接触电阻两部分组成的。金属电阻的大小由电触点的材料和尺寸决定，它仅受温度的影响而略有变化，所以它对电触点的工作影响不大。接触电阻是电触点电阻的主要部分，其大小除了和触点材料有关外，还受接触压力、电触点表面状况、电触点温度等其他多种因素的影响。银的电阻系数较小，而且氧化银的电阻系数也和银差不多，所以，在机载设备中，广泛采用银作为触点材料。许多铜制触点也都镀银，以免铜氧化而增大接触电阻。

对于一个制造好的触点来说，要使它能够接得通，而且通得好，就必须保证它具有足够大的压力，保持它的表面清洁，按其额定电流值使用，保证它的温度不超过允许值。

4．电接触点烧伤的原因

触点的工作过程可分为接通、闭合、断开三个阶段。刚接通时，触点间的接触压力小、实际接触面积小、接触电阻大、电流密度大、触点间的电场强度很大，致使触点的局部温度升高，并会引起火花放电，从而造成金属熔化而损伤；闭合状态是触点工作最有利的时刻。此时，只要有足够的接触压力和良好的散热，触点就能正常工作；触点的断开过程比较复杂，可分为两个阶段：第一阶段是从触点开始动作到相互脱离，这一阶段会产生金属的"桥"转移；第二阶段是触点相互脱离到电弧完全熄灭，这一阶段有金属的电弧转移。触点断开过程中，"桥"转移和电弧转移会给触点带来损伤，这种情况虽然不能完全避免，但是，只要按照规定认真维护，保证触点有足够大的接触压力、温度不超过允许值，触点间的电弧就能够迅速熄火，从而可以减轻这种损伤并保证触点的工作良好。为了减小电弧对触点的损伤，控制零件中的分合触点采用了熔点高、机械强度大的材料，以抵抗电弧的破坏作用。目前，许多控制大电流电路的控制零件中所用的"银-氧化镉"触点就具有上述特点。

从上述分析可知，对电路控制设备的基本要求：一是触头的通断要迅速，以减小通断时出现的火花或电弧；二是触头接触时要有一定的压力，以保证接触良好；三是不能超过触点额定电流使用，以防止产生高温；四是保证触点清洁。

4.10.1.2　电路控制设备的常遇故障及原因

触点容易产生的故障主要有接触不良和熔结两种，前者使电路接不通，后者使电路断不开，两者都影响用电设备的正常工作。所以，我们必须根据触点的接触压降、触点的表面状况和触点的接触压力等是否正常，来判断触点能否继续使用，把故障消灭在萌芽状态。同时，在实际工作中，应采用正确的维护措施来防止触点提前损坏，对于通断频繁、负荷较大、用于电感性或电容性电路，或安装位置易受水分、油污等沾污和振动较剧烈的触点，更应严格检查，精心维护。

1．触头接触不良

所谓接触不良就是指触点的接触电阻过大。触点在接通和断开电路时所产生的"桥"转移和电弧转移，会给触点带来损伤（称电磨损），使接触电阻增大。这种电磨损与触点工作（通、断）的次数有关。工作次数多了，日积月累，触点损伤的程度就会越来越严重，接触电阻就会显著增大，从而产生接触不良故障。电磨损还与通过触点的电流大小有关，电流越大，特别是触点在超载情况下通、断电路，更容易损伤触点，使接触电阻增大造成接触不良故障。除了上述的电磨损原因以外，触点接触压力不够，触点上形成的积炭较多，灰尘、纤维、油污等杂物附着在触点表面，以及触点与空气中所含的水分、酸、碱等物质接触而产生的腐蚀等因素，都会使接触电阻增大，产生接触不良甚至使电路不通。

2．触头熔结

触点相互黏合在一起叫作熔结。熔结是在触点接通以后发生的，触点熔结以后就不能完成断开电路的任务了。

触点接通以后，若在触点上产生了超过触点金属材料熔点的高温，就会使触点熔化为液态。当触点熔化为液态后，由于接触面积明显增大，接触电阻则显著减小，发热量减小，温度就很快降低，致使触点凝结在一起。

触点的熔结一般是在其局部面积上发生。但是，在触点所控制的电路发生短路时，也会发生整个触点熔结在一起。触点发生熔结，无论用外力能否使其分离，均不得继续装机使用，必须进行更换。在下列情况下，触点最容易熔结：在电流值大大超过额定电流时接通；触点因接触压力不足而接触不良；触点在接通过程中发生振动。

3．触头烧伤

触点在超过规定温度、额定电压、电流等条件下工作时，触头会受到严重烧伤。触头严重烧伤，一般必须进行更换。

4．弹簧疲劳和断裂

（1）弹簧疲劳。在长期使用过程中，弹簧会逐渐产生疲劳，使弹性降低，导致电门、继电器和接触器不能正常通断或转换。弹簧疲劳的特征是：电门、继电器和接触器的工作转换声音由清脆变得低沉，转换动作不灵敏。

（2）弹簧断裂。操纵动作过猛、使用调整不当或弹簧严重锈蚀等，易在使用时发生断裂。

5．其他故障

（1）机件不密封。机件不密封，油、水、尘土等有害物质进入机件内部，引起机件锈蚀，造成接触不良或工作不灵敏。

（2）调整不当。调整弹簧的弹力调得过大，调整螺钉的长度调得过长，操纵时弹簧或螺钉把塑料或胶木壳体压坏，使控制机件破损而失去控制。

4.10.1.3 电路控制设备的维护

1．判断触点能否继续使用的主要依据

（1）接触电阻是否符合规定。触点的接触情况是否良好，可通过测量接触电阻来了解。接触电阻是很小的，一般只有千分之几欧姆。因此，要把它准确地测量出来，不能用三用表，而要用毫欧表或微欧表。

接触电阻是否符合规定，一般是通过测量触点的接触压降来了解。测量接触压降是在触点通过额定电流和热状态下进行的。因为在额定电流下，触点的接触压降只与触点电阻有关。所以通常情况下，只要其接触压降不超过某一个数值即可。例如，AN-1A、AN-2A 和 AN-3A 按钮的接触压降不超过 0.24 V；JKA 型继电器的接触压降不超过 0.12 V。如果接触压降的数值不超过规定标准，说明该触点在目前状态下可以正常工作。

(2) 触点表面状况是否符合要求。触点表面状况是指磨损程度，即有无严重烧伤、是否氧化积炭和脏污等。电磨损（即"桥"转移和电弧转移）和氧化（积炭）是触点在工作中不可避免的现象。分布较均匀和深度不大的金属转移，以及轻微的积炭，在实际工作中是允许的。但是，深度较大的金属转移和烧伤，不仅增大接触电阻，影响接触状况，而且使触点不能继续可靠地工作。因为触点表面一般都覆盖有一层特殊的金属材料，以增加其导电、抗腐蚀和抗弧能力，如果这层材料都被击穿，不但其导电、抗腐蚀、抗弧能力大大削弱，而且容易熔结。所以，触点表面材料损伤深度较大，出现了铜层、铜粒，就不能继续使用。

(3) 接触压力是否符合要求。接触压力不足，不仅直接使接触电阻增大，而且当受到外界影响（如振动作用）时，会使接触电阻过大，甚至使触点不能稳定地接触，造成触点烧伤和用电设备不能正常工作。

2．维护电路控制设备的注意事项

(1) 保持机件的清洁。对易进油、水、尘土等机件应进行包扎、密封。

(2) 尽量不在负荷较大的情况下接通和断开电路，以减少触点的烧伤。例如，设备通电时，应先接通总电门，后接通分电门，断电时则相反。

(3) 对金属转移造成的触点损伤，在不影响设备工作性能的情况下，可将触点的极性反接，使金属转移按相反的方向进行。

(4) 使用的电压和电流不应超过额定值。

(5) 在使用维护中，若分解电路控制设备，则不得任意弯曲继电器的弹性导电片或移动接线板的位置，不得随意调换和增减接触器的各组垫片，以免触头的接触压力发生变化。机件经过分解装配后，要检查接触压力、工作间隙和工作行程等是否符合规定。

(6) 凡是密封的、规定不允许拆卸分解的机件，一旦出现故障或损坏，只能更换新品，不准分解或修理。

(7) 触点的擦洗。擦拭触点时，应按 4.1.8.1 节进行。

4.10.2 电路保护装置的维护

4.10.2.1 电路保护的必要性

飞机上用电设备较多，导线比较长，又是单线制，由于摩擦、震动等原因，很可能使用电设备和输电导线受损伤，绝缘遭到破坏，造成短路。另外，如果用电设备工作不正常，也可能出现电流长时间过载的情况。短路和长时间过载，不仅会烧坏导线和用电设备，还可能引起失火，导致严重事故。为了避免短路和长时间过载所引起的严重后果，在飞机电路中设置了多种保护装置。当电路发生短路或长时间过载的时候，保护装置即自行将短路或过载的部分从电网中切除，从而保障电源正常供电和其他用电设备正常工作。

4.10.2.2 电路保护的基本要求

用电设备的过载能力可用它的安秒特性来表示。所谓用电设备的安秒特性，就是指用电设备的温度达到其绝缘材料容许温度的时间 t（单位 s）与负载电流 I（单位 A）的关系，如图 4-70 所示。

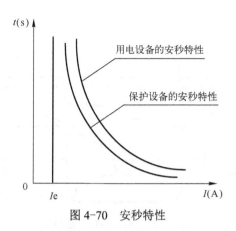

图 4-70 安秒特性

由图可看出，在用电设备安秒特性曲线右上方，是用电设备不允许的过载危险区域；曲线与坐标直线之间的区域，则是容许的过载安全区域。为使用电设备既能充分发挥其过载能力又不致烧坏，故要求保护装置在过载电流和过载时间未超过安全区域时，不应当动作，而在过载电流和过载时间接近危险区域时，应当立即动作，将电路切断。要实现这样的要求，保护装置必须具有适当的惯性，即在过载电流通过时，它不是马上动作，而是经过一段延迟时间之后才动作，只有这样，才能保护用电设备和导线免遭过载和短路的损害，同时又可充分发挥它们的过载能力。

4.10.2.3 典型的电路保护装置

1. 保险丝

保险丝又称熔断器，它的主要元件是金属熔丝。当被保护电路出现长时间的过载或短路时，熔丝便会发热到熔化温度而熔断，切断电路。常用的保险丝有 JB 型、NB 型、TB 型和 GB 型四种。

1）JB 型插脚式保险丝

JB 型保险丝有额定电流为 2～30A 七种。它们的熔丝用银制成，装在玻璃管内，如图 4-71 所示。玻璃管两头有金属插脚，插入 BZ 型保险丝座内。JB 型保险丝的熔丝热惯性比较小，过载 50%时，6s 内熔断；过载 100%时，2s 内熔断。它主要用来保护过载能力比较小的用电设备电路，或者说，它主要用来保护电路免遭短路的危害。

图 4-71 JB 型插脚式保险丝

2）NB 型难熔保险丝

NB 型难熔保险丝有额定电流为 200A、400A、600A 和 900A 四种。它内部的熔丝是铜片，如图 4-72 所示。有的在熔片中央嵌以少量的易熔合金，以降低熔片的熔点。熔片四周包有石棉水泥，它能吸收熔片的一部分热量，增大保险丝的热惯性，使动作延迟时间增长一些，并具有加速熄灭电弧的作用。NB 型保险丝的惯性比 JB 型和 TB 型稍大，主要用在电源干线上。

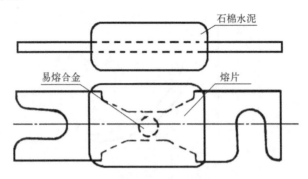

图 4-72　NB 型难熔保险丝

3）TB 型特种保险丝

TB 型保险丝有 1～40A 九种。额定电流 5A 以下的，熔丝为铜丝；5～10A 的为银丝；15～40A 的为锌片。熔丝装在两头有金属套的玻璃管内，如图 4-73 所示。这种熔丝的惯性比 JB 型稍大，过载 100%，9s 内就会熔断，它也主要用来保护电路免遭短路的危害。

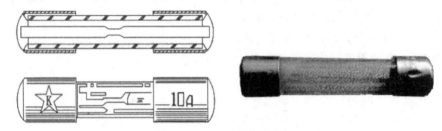

图 4-73　TB 型特种保险丝

4）GB 型惯性保险丝

某些用电设备（主要是电机类）允许短时过载，采用上述各型保险丝将不能满足电路保护的要求，GB 型保险丝就是适应这种需要制作的，GB 型惯性保险丝有额定电流 5～250A 十三种。

这种保险丝在结构上包括两大部分，即短路保护部分和过载保护部分，如图 4-74 所示。

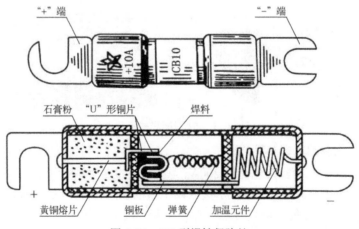

图 4-74　GB 型惯性保险丝

使用惯性保险丝时，应区分正负极，必须保证电流从正端进，从负端出。原因是惯性保险丝的加温元件在负端，如果极性连接正确，当电子流通过加温元件时，将把加温元件发出的热量传导给处于正端的熔断元件，这时，熔断元件的温度较高。如果把惯性保险丝的正负极接反了，电子流就不能把加温元件的热量传给熔断元件，熔断元件的温度就较低，当电路发生短路或过载时，熔断器就不能在规定时间内熔断。

所有保险丝具有结构简单、重量轻、体积小和价格低廉的优点，但也有以下缺点：安秒特性受环境温度的影响较大，不能检验和调整安秒特性，只能使用一次。

2．自动保护开关

自动保护开关也叫保险电门。它是利用双金属片发热变形的原理，在开关控制的电路发生短路或过载时，操纵开关的触头断开，以实现对电路保护的目的。飞机上常用的是 ZKC 型自动保护开关、DBB 型和 DBC 型断路器。它们既有保护设备的作用，又有普通开关的作用。

1）ZKC 型自动保护开关

ZKC 型自动保护开关如图 4-75（a）所示，它的结构如图 4-75（b）所示。ZKC 型自动保护开关有 2~50A 九种。它们构造上的不同点在于：在 ZKC-2 和 ZKC-5 型中，从接线钉到双金属片之间的接线为一加温电阻，而其他额定电流较大的 ZKC 型开关，在双金属片上并联了分流片，以减小双金属片的体积，其他构造相同。自动保护开关的惯性小于 GB 型保险丝而大于 JB 型保险丝。当过载电流为额定电流的 2 倍时，其动作延迟时间约为 40s。它适用于保护过载能力较大的用电设备的电路。

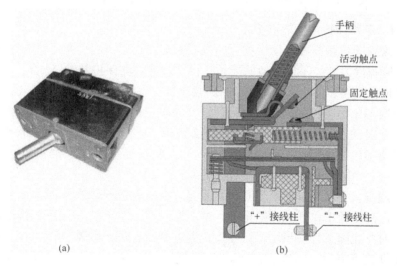

图 4-75 ZKC 型自动保护开关

2）DBB 型和 DBC 型断路器

DBB 型、DBC 型单相断路器又称为断路保护开关，它们是新型飞机上应用较多的电路保护装置。应用于交直流电路中，作为电路保护和控制用，具有过载和短路保护能力。这两种开关都是按拔式。开关按钮按下时处于接通位置，其按钮部分应呈黑色。开关按钮拔出或因过载跳开时，处于断开位置，应露出白色环带。

DBB 型单相断路器的热敏元件是双金属片，其结构和动作原理与 ZKC 型自动保护开关类似，具体结构如图 4-76 所示。

DBC 型断路器结构如图 4-77 所示，其热敏元件是热线。触头接通时，锁定机构在压簧的作用下有逆时针转动的趋势，但在热线的固定作用下不能动作。若电流增大，则温度升高，热线变长，锁定机构可以逆时针旋转，触头在拉簧作用下断开被控电路。按钮内部装有恢复弹簧，当拉簧将触头断开后，传动杆便在恢复弹簧的作用下弹出，露出白色环带。

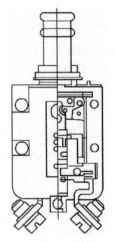 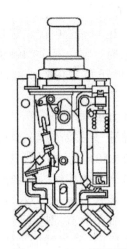

图 4-76　DBB 型断路器　　　　图 4-77　DBC 型断路器

4.10.2.4　电路保护装置的维护

（1）发现保险丝熔断和自动保护开关或断路器跳开时，应查明短路或过载的原因和部位，在故障排除之前，不能更换保险丝或再次接通自动保护开关。

（2）更换保险丝、自动保护开关和断路器时，其型号与额定电流值应与原来的相同。

（3）更换 GB 型惯性保险丝或自动保护开关时，正负极应安装正确，自动保护开关的接线柱上分别有"＋""－"符号，安装时必须将"＋"接电源端，"－"接用电设备端。

（4）更换 GB 型保险丝和自动保护开关，必须安装牢靠，尤其是 GB 型保险丝，必须有适当的拧紧力矩，并定期检查安装情况。

（5）在通电检查用电设备工作时，为了延长自动保护开关的寿命，一般应先接通自动保护开关，后接通工作开关。停止工作时，先断开工作开关，再断开自动保护开关。

（6）平时禁止随意拧动自动保护开关、继电器和接触器的调整螺钉。

（7）定期检查 JB 和 TB 型保险丝。若发现管丝伸长弯曲、触壁或管壁发黑等问题，要及时进行更新，不能继续使用。在使用中，若发现保险丝熔断，管壁严重发黑和有金属颗粒，一般存在短路问题。若仅仅是熔断一个缺口，则一般是过载所致，其缺口一般在电源正端，需仔细观察才能发现，对于这种情况的可靠判断办法是用三用表进行检查。

4.11　液压、气动系统的维护

飞机的液压系统和气动系统是利用高压油液或气体来进行工作的。使用中要求系统密封和畅通，保持足够的压力和流量，以保证油液和气体能顺利地输送到各部分，使系统各附件工作正常。

4.11.1 影响系统工作不正常的因素

使用维护中，影响液压系统、气动系统工作不正常的因素主要有：密封装置损坏、金属结合面不密封、零件运动不灵活、附件壳体和导管损坏等。对液压系统来说，液压油变质也是造成系统工作不正常的重要因素。

1. 液压油变质

液压油在使用过程中必然要与空气接触而逐渐氧化。液压油氧化后，会产生一些黏稠的沉淀物，使油液流动阻力增大，并且使附件内部的活动零件黏滞或堵塞油孔。

液压油氧化后，还会产生一些胶性物质，使金属导管和附件受到腐蚀。而腐蚀的生成物又会加速油液变质。

液压油中如果含有尘土、金属末等杂质，不仅会堵塞油孔，加剧附件磨损，而且这些杂质还能起催化作用，使油液加速氧化。

2. 密封装置损坏

造成密封装置损坏的原因是：

1）密封面之间的间隙过大

在有相对移动的密封面之间都留有一定的间隙 S，如图 4-78 所示，这个间隙对密封圈的使用寿命影响很大。工作中，橡皮密封圈在油压或气压作用下，有一部分被挤入间隙。被挤入间隙的橡皮，在拉伸和剪切作用下，其表面容易产生裂纹，安装橡皮密封圈环槽的棱角还会对橡皮产生切割作用。当工作压力一定时，密封面之间的间隙 S 越大，橡皮密封圈被挤入的部分就越多，承受的剪力就越大，橡皮密封圈也就越容易损坏。

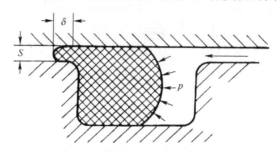

图 4-78 密封圈在油液作用下的工作情形

2）工作压力过大或压力脉动加剧

压力过大，将使橡皮密封圈与金属密封面之间压得更紧，使挤入密封面间隙的部分增多，从而加剧了对橡皮圈的磨削和切割作用。压力脉动加剧，将使橡皮圈被切割的频率增加，因而密封圈容易损坏。

3）工作温度过低或过高

温度过低时，橡皮变硬变脆，在外力作用下容易产生裂纹。低温还会使橡皮密封圈的体积缩小，其收缩程度要比金属零件大得多，可达金属零件的 10 倍左右，从而导致密封圈与密封面结合不紧，容易造成渗漏，影响低压和无压力时的密封性。

温度过高，橡皮变软，弹性变差，不仅使密封圈与密封面之间的接触压力减小，密封性变差，更重要的是高温将加速密封圈老化的过程。密封圈老化后发黏并失去弹性，表面易于产生裂纹。

4）密封面不光滑

密封面的光洁程度对密封装置的影响最大。密封面越粗糙，橡皮圈磨损就越快。密封面不光滑的原因除加工质量不良外，主要是系统内部不清洁，含有水分和杂质而使密封面划伤、腐蚀等。

3．金属结合面的密封性能变差

液压、气动系统附件内部需要灵活运动的零件，有许多没有装橡皮密封圈，靠两金属零件结合面之间保持很小的间隙来保证密封，如钢珠活门、柱形活塞等。

1）间隙密封的基本原理

图 4-79 所示的是一种典型的间隙密封的情况。柱塞与衬筒之间保持很小的间隙 S，柱塞一端通高压 P_1，另一端通低压（回油箱）。在压力差的作用下，油液通过间隙从高压腔流向低压腔。由于油液具有黏性，在流动过程中，紧贴柱塞和衬筒壁的一层油液是静止的，流速为零。中间各层的流速，从边缘向间隙中央逐渐增大，到间隙中央达到最大值。如果间隙很小，即使压力差较大，间隙中间的流速仍然是很小的。通过间隙的油液流量，即泄漏量也是很小的。因此，金属结合面之间保持很小的间隙，可以达到密封的目的。

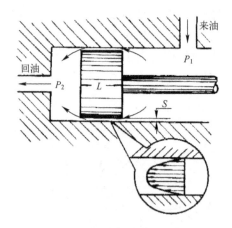

图 4-79 间隙密封原理示意图

2）金属结合面密封性变差的原因

（1）系统不清洁。

系统中含有杂质、水分，不仅破坏了油液的润滑性能，加速密封结合面的磨损，使间隙增大，泄漏量增大，还会使金属结合面划伤和锈蚀，加速油液变质，增大零件的摩擦力。油液中混入硬度大的杂质（如砂石微粒）还容易卡住活动零件。

（2）油压脉动频繁，工作压力过大。

油压脉动频繁，工作压力过大，会使钢珠与活门座之间撞击的频率增加，撞击力加大；也会使柱塞往返运动的次数增多，从而加剧结合面的变形和磨损。

4．附件壳体和导管裂纹，引起油液、气体外漏

4.11.2 保持系统工作正常的维护措施

4.11.2.1 保持油液和气体的清洁

飞机液压、气动系统附件的精密程度较高，例如电磁开关、液压助力器等附件中移动的柱塞与衬筒之间都采用间隙式密封，间隙很小。为了延缓零件磨损，防止零件锈蚀、划伤和卡滞，保证附件工作正常，必须保持油液、气体清洁，严防杂质、水分混入系统。

1. 防止水分、杂质进入油箱

（1）保持加油口盖密封装置完好，防止雨水进入油箱。每次打开加油口盖前，应用绸布把加油口擦试干净。检查完油量或加油后，及时盖好加油口盖。

（2）加添油料前，检查加油枪、漏斗是否清洁。雨、雪和风沙天气加添油料时，要采取防护措施，防止雨、雪、砂土进入油箱。取放加油口油滤和油枪时，要防止互相摩擦，以免金属屑进入油箱。

由于水分、杂质多沉淀于容器底部，因此，在加油时不要搅拌桶内的油液，桶底的油不要加入油箱。

2. 防止水分、杂质进入附件和管路

防止水分、杂质进入附件或管路的措施，主要是把好拆装关和地面设备关。具体措施是：

（1）拆装附件和导管前，把接头清洗干净。拆卸后，及时包扎、堵好接头。安装新导管时，先吹净内壁。雨、雪和风沙天气拆装附件和导管时，要采取防护措施。

（2）清洗油滤以及分解、清洗附件内部时，使用规定的洗涤汽油。

（3）各种试验设备要经常保持清洁。试验前，要把所使用的导管、接头、堵盖（塞）清洗干净。

（4）经常保持地面液压泵清洁。地面液压泵的出口应安装油滤。往飞机上连接导管前，要把接头清洗干净。

（5）在沿海地区和气候潮湿季节，为了防止水分渗入活塞杆的镀铬层（镀铬层硬度大，耐磨，但其晶相结构组织不紧密），应当酌情在起落架作动筒的活塞杆上、减震支柱的活塞杆上和轮舱盖作动筒的活塞杆上涂上一层薄薄的低温润滑脂。

为了防止润滑脂和尘土被活塞杆带入系统或减震支柱内，使液压油变质，飞行前或收放起落架前应将上述活塞杆上的润滑脂擦净。

3. 定期清除系统内的杂质

定期清洗、检查液压系统的各个油滤，定期清洗液压油箱和更换液压系统的液压油。

油液中的杂质通常呈两种状态：一种是悬浮状态，即杂质悬浮在油液中；另一种是溶解状态，它与油液溶合为一体。悬浮状态的杂质可以由油滤的滤芯来过滤。溶解状态的杂质无法清除，只有更换系统的液压油，才能保持系统内的油液清洁。

油液流过油滤时，油滤的滤芯可以通过三个途径过滤掉油液中悬浮的杂质，滤芯上的网孔可以挡住大于网孔的杂质；由于杂质具有黏滞作用，滤芯的表面和毛细管内还能粘附聚积许多比滤芯网孔小一些的杂质；某些材料（例如纸、纤维）制成的滤芯，还具有一定的"吸收"特性，即油液流过滤芯时，杂质和滤芯会因摩擦而产生不同的电荷，形成互相吸附的作用，使一些比滤芯网孔小得多的杂质也能吸附聚积在滤芯表面或毛细管内。

通常，镍网滤芯可截住大于 0.042mm 的悬浮状态的杂质，毛毡滤芯可截住大于 0.035mm 的悬浮状态的杂质，纸滤芯可截住大于 0.02mm 的悬浮状态的杂质。

4.11.2.2 减轻油压脉动，减少附件、导管受力

（1）保持蓄压器工作正常。

消压时，根据液压压力表指针的下降情况，判明蓄压器气压是否符合规定。定期用专用压力表测量蓄压器的气压，如气压不足，应及时充气。

向蓄压器充气嘴连接充气导管之前，应拧开地面氮气瓶开关，彻底排除充气导管内的杂物、水分以及地面氮气瓶内的水分。

油封存放的飞机，应将蓄压器内的气压放完并使之充满液压油，以防蓄压器内壁锈蚀，导致使用时漏气。

（2）按规定检查液压油箱增压系统附件的工作和密封性，保持油箱增压值符合规定，防止高空飞行时液压泵供油不连续而加剧油压脉动。

（3）尽量避免和减少液压系统内的空气。

① 经常保持液压油箱内的油量符合规定。

② 应急放起落架后，应确实做好放气工作，并进行液压收放，以排净系统内残存的空气。

③ 拆装液压系统的附件、导管后，应向系统供压，并稍稍拧松刚装上的附件或导管的接头，利用油压来排气，必要时进行收放排气。

4.12 操纵系统的维护

操纵系统正常工作时，应当操纵轻便、传动灵活、准确可靠。使用中，操纵系统除液压、电气附件有故障外，传动部分（传动杆、摇臂等）出现的主要故障是系统摩擦力过大、间隙不正常。摩擦力过大，影响飞行员操纵动作的柔和性和准确性；间隙过大，操纵时会产生较大的空移行程，出现操纵反应迟钝，严重时使被操纵的舵面、附件达不到规定的极限位置。因此，平时对操纵系统的维护，主要就是做好预防系统摩擦力过大、间隙过大的工作。

4.12.1 操纵系统活动间隙的检查和活动间隙过大的原因及判断

1. 操纵系统活动间隙的检查方法

操纵系统由传动杆、摇臂等组成，各传动杆和摇臂的连接处都有一定的间隙，因而系统也存在一定间隙。飞行员操纵驾驶杆、脚蹬和油门手柄时，首先必须消除系统的间隙，才能使舵面偏转，即在操纵的开始阶段出现空移行程。如果活动间隙过大，使空移行程过大，就会影响操纵系统的正常工作，出现操纵反应迟钝、舵面达不到操纵对应的规定值、飞行中舵面抖动等故障现象。因此，要定期检查操纵系统的活动间隙。

2. 操纵系统活动间隙过大的原因及判断

引起操纵系统间隙过大，主要有两方面的原因：一是传动杆可调接头的保险螺帽松

动，使传动杆主体与可调接头之间出现轴向间隙；二是各活动接头因润滑不良或安装不当而磨损，使轴承内外滚道之间或轴承内环与螺杆之间产生径向间隙，如图4-80所示。

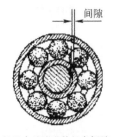
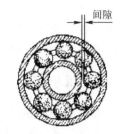

(a) 轴承内外滚道的径向间隙　　　(b) 轴承内环与螺杆之间的径向间隙

图 4-80　轴承磨损而产生的径向间隙

如发现操纵系统某一段的间隙大于规定时，可先用手轻轻抖动舵面或传动杆，倾听有无撞击声，如有撞击声，说明活动接头的轴承或固定螺杆严重磨损，应根据撞击声的部位，找出磨损的机件；如无撞击声，可逐根检查传动杆上的保险螺帽是否松动，传动杆的铆钉是否松动，活动接头的轴承和螺栓是否磨损，以及摇臂上的螺栓是否松动等。检查活动接头是否磨损的方法是：用手固定住摇臂（或传动杆），然后活动传动杆（或摇臂），如感到有间隙，说明该接头磨损，随即进一步找出磨损的零件。

4.12.2　操纵系统摩擦力的检查和摩擦力过大的原因及判断

1. 操纵系统摩擦力的检查方法

操纵系统各部分的摩擦力，在飞行前、飞行后检查中，通常用感觉的方法进行检查和判断。当柔和地操纵驾驶杆、脚蹬时，在整个操纵过程中，不应感到有沉重、紧涩和抖动现象，听不到机件的摩擦声（只有非线性机构工作时齿轮的摩擦声），即可认为各部分的摩擦力正常。只有当感觉不正常时，才对系统摩擦力进行测量。

2. 操纵系统摩擦力过大的原因

(1) 活动接头（主要是轴承部分）润滑不良，脏污或者有水分，不仅会产生干摩擦，而且会使接头生锈，导致活动接头的摩擦力增大。

根据维护经验，在高温处（发动机舱和座舱）和外露部分的活动接头容易出现润滑不良和生锈现象。例如，方向舵上部固定点轴承就曾发现因缺油而严重锈蚀，使方向舵偏转困难。

(2) 活动接头安装不当，固定螺栓拧得过紧。

(3) 传动杆、摇臂与其他机件摩擦。

(4) 操纵系统附件内部的摩擦力过大。

3. 操纵系统摩擦力过大部位的判断

判断摩擦力过大部位的一般步骤与方法是：

(1) 听声音，判断传动杆、摇臂是否与其他机件摩擦。

柔和地操纵驾驶杆和脚蹬，如有摩擦声，说明传动杆、摇臂与其他机件摩擦，可以通过观察、倾听的方法，对整个操纵系统从头至尾逐一检查。

如在发动机不工作时没有摩擦的感觉，而在发动机工作时有感觉，应特别注意观察高温处的传动杆、摇臂在操纵过程中与周围机件之间的间隙。

（2）清洗和润滑轴承接头。

如听不到摩擦声，可清洗润滑各接头的轴承。清洗润滑轴承后，如摩擦力仍然过大，原因则可能是接头固定过紧，或某些机件内部锈蚀。

（3）测量杆力和系统摩擦力，判明摩擦力过大的部位。

4.12.3 操纵系统的维护措施

预防操纵系统摩擦力和活动间隙过大的主要措施是：做好各活动接头的润滑、安装工作，并防止传动杆、摇臂与其他机件相摩擦。具体措施有以下几点：

1. 保持各活动接头的轴承以及互相摩擦的零件润滑良好并清洁

为了防止各活动接头轴承锈蚀和磨损，应经常检查各轴承的清洁情况，清除轴承的污垢。操纵系统的活动接头通常装有两种轴承：密封轴承和非密封轴承。它们的构造不同，清除污垢的方法也随之不同。

非密封轴承如图4-81所示，没有密封盖，轴承内部易于脏污，应定期用汽油清洗，再用冷气吹干并擦净，经检查无损伤后，将轴承内部涂满低温润滑脂。

密封轴承如图4-82所示，它的两侧都装有密封盖，可以防止外部尘土进入轴承内部和防止轴承内部的润滑脂外流。这种轴承在使用期间通常不会发生润滑不良和脏污、锈蚀等问题。如果表面脏污，只允许用干抹布将脏污擦去，再在密封盖外表涂上一层薄薄的新的低温润滑脂即可，禁止用汽油清洗。因为用汽油清洗，会使汽油渗入密封轴承内部，引起润滑脂变质和外流，而新的润滑脂又涂不进去，造成轴承锈蚀、缺油而加速磨损。

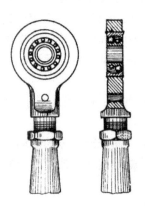 

图4-81 非密封轴承　　　　图4-82 密封轴承

2. 保持各活动接头的安装紧度适当

活动接头工作正常的要求是：滚珠应在轴承内环和外环的滚道上滚动，连接螺栓与轴承内环之间不应当有相对运动。这时，轴承的摩擦力很小，螺栓与轴承螺栓孔之间也不会磨损。保证活动接头工作达到上述要求，安装紧度是重要的一环。各活动接头螺栓的安装紧度要根据轴承构造的不同，有的紧度要大一些，有的紧度则要小一些。

操纵系统的大多数活动接头，其轴承内环高出轴承平面，如图4-83所示的滚珠轴承以及许多传动杆接头上的关节轴承,都是这样的轴承。此外,有的传动杆的活动接头,虽然其轴承内环与外环齐平,但在叉形接耳上装有带凸台的衬套,如图4-84所示。对上述这些接头,拧紧连接螺栓的螺帽,不会将轴承外环压住,不会妨碍接头的转动,而只会使螺栓、叉形接耳和轴承内环三者互相压紧,从而保持轴承内环与螺杆之间不产生相对转动。因此,对这样的活动接头,其螺帽应当拧紧,紧度应与固定机件用的相同尺寸螺帽的紧度相同。如果螺帽拧得过松,工作中,螺杆与轴承内环之间就很可能产生相对转动,使螺杆与轴承孔磨损,轴承的径向间隙增大。

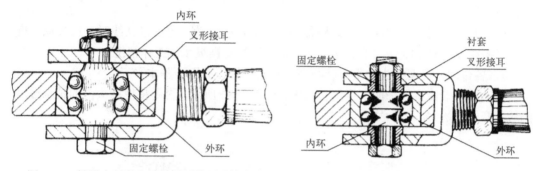

图4-83 轴承内环高出轴承平面的活动接头　　图4-84 叉形接耳装有带凸台衬套的活动接头

操纵系统有的活动接头,轴承内环与轴承表面齐平,叉形接头也没有带凸台的衬套。对这种接头的连接螺帽就只应当将其拧紧到螺栓没有轴向间隙为止。如果将接头拧得过紧,将导致叉形接头变形,与轴承外环压紧,使得接头的摩擦力增大,妨碍接头的转动。

传动摇臂的转轴通常装有两个轴承,两个轴承之间通常装有隔离衬套,如图4-85所示,以限制轴承内环向孔内移动,防止轴承滚珠被内、外环的滚道压得过紧而使摩擦过大。这种有隔离衬套的转轴装配后的紧度要求是:当一个滚珠轴承的内环转动时通过隔离衬套能带动另一个滚珠轴承的内环转动,而且转动应当均匀而无紧涩现象。

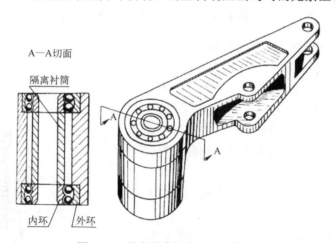

图4-85 带有隔离衬套的活动接头

3. 保持传动杆、摇臂与飞机其他各构件间有一定间隙

传动杆、摇臂与飞机其他各构件之间留有一定的间隙,可以保证操纵系统的传动杆、摇臂在运动时不与其他构件接触，防止系统摩擦力增大和磨损构件。

机务准备中，应注意检查操纵系统中的传动杆、摇臂有没有与其他构件接触的迹象。

定期检修时，要检查传动杆、摇臂在整个活动范围内与其他构件、机件之间的间隙，此间隙应符合各型飞机的技术要求。

地面检查飞机时，要求传动杆、摇臂与其他构件、机件之间必须保持一定的间隙，因为发动机工作或飞行中由于各机件受力变形、受热膨胀和产生振动，将改变各机件之间的间隙。如果地面检查时保持的间隙过小，在空中或发动机工作时就可能出现间隙消失，而产生摩擦。

检查时还要注意搭铁线是否妨碍传动杆、摇臂的运动。更换搭铁线时，应按原长度选配好搭铁线并固定牢靠，然后动杆（或蹬舵）检查操纵系统工作情况。

4．各传动杆可调接头的平面应与另一端固定接头的平面基本平行

传动杆两端接头的平面不得偏转过大，如图 4-86 所示，否则将使接头内的轴承过度偏斜，摩擦力增大。

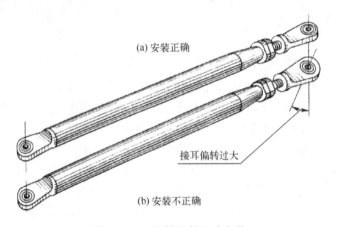

图 4-86　可调接头的正确安装

5．各传动杆可调接头的保险螺帽应拧紧

传动杆主体与可调接头之间是用螺纹结合的，螺纹之间存在着一定的间隙，如图 4-87 所示，安装时，靠拧紧保险螺帽来消除接头螺纹之间的间隙。如果不装保险螺帽，或者保险螺帽拧得不紧，可调接头与传动杆之间就会出现轴向间隙，使操纵系统的活动间隙增大。

传动杆可调接头保险螺帽的拧紧度，应与一般固定螺帽的拧紧度相同。

调整可调接头，特别是调长可调接头后，还应检查接头的拧入量，保证接头的末端不超过传动杆上的检查孔。否则，接头拧入量过小，工作中将会使接头各螺纹受力过大，致使螺纹易于损伤，接头易于滑脱。

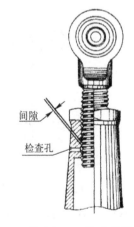

图 4-87　传动杆可调接头的螺纹结合

4.13 燃油系统的维护

燃油系统最重要和最经常的维护工作是把好燃油的质量关，尽量延缓燃油的氧化变质，尽可能减少燃油中的水分、杂质进入系统，以保证发动机的工作性能。

4.13.1 发动机对燃油的基本要求

1．适当的挥发性

燃油具有适当的挥发性，才能保证发动机工作时的正常燃烧，并且确保系统在高空条件下能正常供油。若燃油的挥发性过弱，则气化进行得慢，导致燃烧速度小和不完全燃烧；若挥发性过强，则在高空时，气压降低，燃油将大量蒸发，使油蒸气充满系统，导致气塞。

2．适当的黏度，且黏度随温度变化要小

航空燃油必须具有适当的黏度，而且黏度随温度变化小，才能保证燃油在系统内的顺利流动、适当的喷油角度、良好的雾化质量、一定的润滑作用。

3．良好的低温性

良好的低温性要求燃油在低温条件下能保障正常供油。

4．良好的化学安定性

良好的化学安定性指的是燃油抵抗氧化的能力，它反映了燃油在贮存使用过程中是否容易变质。由于燃油中含有少量的碳氢化合物，其性质很不稳定，和空气接触易于氧化，生成胶状黏稠物质（胶质），因此安定性的好坏可以用"实际胶质"的含量来表示。胶质的分子量很大，不易挥发燃烧。燃油中所含胶质过多时，易引起喷嘴、电嘴积炭，同时还易生成酸类物质而引起腐蚀。所以，燃油胶质含量愈少愈好。

4.13.2 煤油氧化变质的预防

1．煤油氧化变质后的外部特征

煤油颜色逐渐变黄，甚至析出褐色黏稠的沉淀物，是煤油氧化变质的外部特征。

煤油氧化变质生成的深褐色黏稠物质叫胶质。当胶质的分子量较小或胶质含量较少时，它能溶解在煤油之中，使煤油颜色变黄；当胶质的分子量较大或胶质含量较多时，就会从煤油中析出而形成沉淀物。

2．预防煤油氧化变质的维护措施

预防煤油氧化变质的措施主要是尽可能减少煤油与空气的接触和防止煤油温度升高。为此，飞机停放时应当保持油箱内的油量符合规定，及时盖好油箱口盖，以减少油箱内的空气量（即减少油箱内氧的含量），并防止外界的空气进入油箱。此外，还应避免飞机在烈日下直接暴晒，以免油温过高。

4.13.3 煤油中水分的危害和预防

1．水分的来源

（1）煤油具有吸水性。当空气与煤油接触时，空气中的水分便被煤油所吸收，而使煤油中含有水分。

(2) 维护保管不当，外界的水分（雾、雨、雪等）落入油液之中。

2．水分在煤油中存在的两种状态及其危害

1) 水分在煤油中存在的两种状态

水分在煤油中的情况，与糖存在于水中的情况相似。水能溶解糖，但其溶解能力有一定限度，当水中的含糖量超过这个限度时，多余部分的糖就与水分离。煤油具有吸水的特性，也具有溶解一定数量水分的能力。当煤油中含水量较少时，煤油可以把所有的水分溶解在其中。当煤油中含水量超过煤油溶解水分的能力时，多余的那一部分水分就会与煤油分离，悬浮于煤油中或沉淀于油箱底部。由此可见，水分在煤油中可能有两种状态，即溶解状态和分离状态。

2) 呈溶解状态的水分——溶解水的特点

煤油中呈溶解状态的水分叫作溶解水。溶解水均匀地溶解在煤油中，与煤油溶为一体，看不见，也不能单独与金属产生作用，0℃时也不会单独结冰。因此，溶解水对燃料系统的工作可以说没有什么危害。

3) 呈分离状态的水分——分离水的特点及危害

煤油中呈分离状态的水分叫作分离水。它与煤油相分离，形成细小水珠，悬浮于煤油之中或沉淀于油箱底部，可以目视观察到，也可以用试剂检查出来，将高锰酸钾放入含分离水的煤油中，煤油就会呈现紫红色。

日常维护中，从燃油泵处放油检查煤油中有无杂质、水分，这里水分指的就是分离水。

分离水由于能独立存在，对燃油系统工作危害较大。它能腐蚀金属机件；它能破坏机件摩擦面上的油膜，降低其润滑作用，加速机件的磨损；当温度低于 0℃时，分离水还会单独结冰，堵塞油滤，影响燃油系统的正常工作。

通过以上分析可知，通常所说的煤油中水分的危害实际上就是煤油中所含分离水的危害。维护工作中，应当严格防止煤油中含有分离水。

3．预防煤油产生分离水的维护措施

(1) 防止将含有较多水分的煤油加入油箱。

向飞机加煤油前，必须从油车放油开关放出少量煤油，盛于透明的容器中，摇晃容器，目视检查煤油中有无杂质和分离水。如发现煤油混浊或容器底部有水珠，说明煤油中含有分离水。但是这种方法只能检查出 0.01mm 的杂质和含量大于 0.003％的分离水。煤油中分离水含量低于 0.003％时，煤油仍保持清澈透明；当分离水达到 0.003％时，煤油即稍呈混浊状；分离水含量达到 0.006％时，煤油将呈明显混浊状；分离水含量达到 0.12％时，煤油已混浊到看不清。

目视检查有其局限性。判断煤油有无分离水最好用试剂检查。在煤油中加入少量的高锰酸钾（$KMnO_4$），或加入呈白色粉末的无水硫酸铜（$CuSO_4$），或用试纸浸入煤油中检查。如发现红色高锰酸钾溶于水而扩散或硫酸铜和试纸变蓝，则说明煤油中含有分离水，禁止向飞机油箱加添。

加油车中的煤油通常是从地下油罐内抽出的。在冬季，地下油罐的温度比大气温度高，若油罐中的煤油含水较多，如果不经预冷即加入飞机油箱，则在煤油温度降低后将会析出较多的分离水。为了防止这种情况的发生，在向飞机加油前，必须将装满煤油的加油车露天停放一段时间，对煤油进行预冷；加油前还可以用温度计测量加油车内煤油的温度，如油车内的煤油温度高于大气温度10℃以上，则不宜向飞机油箱加添。

（2）防止外部水分进入油箱。

① 打开加油口盖以前，要擦净加油口盖处的积水。

② 雨雪天加油时，要采取措施，严防雨雪落入油箱。

③ 飞机停放时，油箱应按规定加满油，以减少空气所占的体积。在空气相对湿度大的情况下（如阴雨天、沿海地区），为了防止煤油吸水，可将油箱通气孔堵好。

④ 飞机上的油箱空放不要超过12h，防止空气中的水分凝结在油箱壁上。

⑤ 保管好副油箱。暂时不用的副油箱，应将各接头包堵好和盖紧加油口盖，装副油箱前应检查副油箱内是否有水分。在多雨季节，可以在副油箱加油口盖上加盖胶布罩。

（3）在下雨下雪、长期停放或气温急剧下降后进行飞行前检查时，要从燃油泵处放出煤油检查，如煤油中含有水、冰和杂质，应继续放油，直到没有分离水、冰粒、杂质为止。

（4）保持煤油附件，特别是滑油散热器的工作良好。该散热器是利用煤油作工作介质为滑油散热，利用滑油给煤油加温，以提高煤油的饱和溶水量，防止高空飞行（大气温度降低）时煤油析出分离水。

4.13.4 煤油中杂质的来源、危害和预防

1．煤油中杂质的来源

煤油中的杂质一般有灰沙、金属屑、锈蚀物、纤维等。它们来自两个方面：

（1）外界杂质进入煤油。

风沙天加油时遮蔽不严，打开油箱口盖前没有清除加油口盖处的脏物，拆开的附件导管没有及时包堵，副油箱保管不当，加油车不清洁，以及油箱增压空气中含有杂质等，都会使杂质进入系统。

（2）燃油系统内部的锈蚀物和附件磨损的金属屑。

2．煤油中杂质的危害

1）磨损和卡住机件

燃油系统附件各运动机件之间的配合间隙很小。煤油中的杂质进入这些间隙，容易使机件磨损或卡住，破坏煤油系统的正常工作。

2）堵塞小孔和油滤

燃油系统附件中有很多是有小孔和油滤的，煤油中如果含有杂质，这些小孔和油滤容易被堵塞，使系统工作不正常。例如：工作喷嘴被局部堵塞后，会改变火焰的传播速度，引起发动机振动等故障。

根据国外资料，从外部加入油箱燃油中的杂质含量不超过 7.3g/T，杂质的颗粒不大于 20～30μm（即 0.02～0.03mm），经过飞机燃油系统中的绸毡滤可以过滤去 20μm 以上的杂质，微孔纸滤可以滤去 5μm 以上的杂质。由此可见，随燃料进入系统附件的杂质含量和颗粒尺寸都是很小的，对燃油系统工作的危害不是十分大。因此，对于燃油系统来说，系统内部产生的腐蚀物和磨损的金属屑则是主要危害。

3. 保持飞机燃油系统清洁的具体措施

保持燃油系统的清洁，是系统工作可靠的重要保证，是维护工作的重点。在实际工作中，必须坚持相应的标准，认真执行下列规定：

（1）经常清洗燃油箱和重力加油口盖，雨后要及时打开加油口整流口盖，清除渗入的雨水。

（2）打开重力加油口盖时，应采取有效措施防止杂物、工具掉入油箱内。

（3）清洗擦拭加油口盖时，要避免将污物带入油箱，要使用清洁的、不掉纤维的绸布。

（4）用加油枪进行重力加油时，要保持加油枪的清洁干净。雨、雪和风沙天气加注油料时，要有防护措施，防止雨、雪、尘土进入油箱内。

（5）拆装燃油附件时，要使用清洁工具，保证不把脏物或金属屑带入系统。在拆卸附件和导管前，应把接头周围清洗干净，拆下后要及时用玻璃纸或蜡纸将接头包扎起来，或用不易产生金属屑的堵盖将接头堵上。安装前，要把管嘴和接头的螺纹部分擦干净，必要时，用75号汽油清洗干净。更换橡胶油箱时，必须穿戴全覆盖式不掉纤维的工作服，要用燃油清洗内部。安装前，特别要注意检查油箱内和各连通管内有无多余物。安装各接头时，不得将封口胶带入系统内部。安装结束后，应加入部分燃油并放出机外，以清洗油箱内部。

（6）把好使用地面设备的关口，防止脏物和金属屑进入系统。各种试验设备要经常保持清洁。试验前，要把使用的导管、接头、堵盖（塞）清洗干净。

（7）拆装燃油箱或燃油系统其他附件后，要及时放出系统内空气。

（8）发动机燃油系统空放（放尽飞机油箱内的燃油或拆下发动机燃油系统有关附件）超过24h，应当按照有关规定和要求油封发动机内部。

（9）飞行结束后应及时用堵塞堵住各通气口，防止灰砂、尘土从通气口进入油箱内。

（10）定期从各油箱放油活门处放出油箱底部的沉淀物，检查燃油质量是否符合要求。

4.14 滑油系统的维护

滑油系统是依靠纯净的滑油在系统中循环，对发动机前、中、后轴承等各摩擦面进行润滑和散热，并防止机件锈蚀。滑油系统在使用维护中常遇的故障是滑油变质和消耗量过大等，滑油系统的维护主要是保障滑油的油量和质量符合规定。

4.14.1 滑油变质的原因和滑油质量的检查

1. 滑油变质的原因

滑油在使用中与空气中的氧气接触，会逐渐氧化变质而生成有机酸、胶质、沥青等有害物质，它们溶解在滑油中或形成沉淀物，使滑油混浊变黑，黏度增加，出现胶状物质等。滑油氧化变质后，会增大滑油的黏度，降低润滑效果；会破坏机件摩擦面的滑油膜，加速机件的磨损。滑油的氧化变质是不可避免的，高温则是加速滑油变质的主要原因。

2. 滑油质量的检查

通常是从滑油箱中放出少量滑油，装在清洁的试管内进行检查。

(1) 观察滑油的颜色。

将从发动机放出的滑油和质量符合规定的滑油分别倒入两个试管内,再将两试管对着阳光或灯光进行对比。如果发现滑油混浊、颜色发黑或呈褐色,说明滑油已经变质,必须更换。

(2) 检查滑油中有无沉淀物和杂质。

将滑油倒在清洁的玻璃板上,观察滑油流过的地方有无杂质。或向试管中加入与滑油相等数量的汽油,然后摇晃试管使滑油溶解,待油液静止后,检查试管底部是否有机械杂质(如金属屑或外来物)和沉淀物,如有杂物,应根据情况确定是否更换全部滑油。

(3) 如用上述方法不能判明滑油质量时,可将滑油送油料化验室进行化验。

(4) 定期清洗、检查滑油滤和滑油箱加油口油滤,检查油滤是否完好无损,滤网(滤片)和滑油中有没有金属屑和其他杂质。

如果在滑油箱上或系统中装有磁性探头,应该定期拆下磁性探头,检查磁性探头上是否吸附有金属屑。

3. 滑油中出现金属屑后的处理

滑油中出现金属屑,或滑油滤滤片有金属屑时,特别是有钢质金属屑时,必须认真研究,找出原因,慎重处理。必要时,更换全部滑油,并使发动机工作 5~10min,停车后再次检查滑油滤,如果仍有金属沫和金属屑时,在未查明原因之前,发动机应当停止使用。

滑油出现金属屑的原因,主要是发动机在工作中出现不正常磨损。滑油量不足、滑油变质、发动机油封不良、轴承负荷过大等,都会使转子轴承和附件传动机匣内的齿轮、轴承等加速磨损。此外,发动机在工厂装配不良,使传动部分提前磨损,或内部吹除不干净,也会使滑油中出现金属屑。

4.14.2 滑油消耗量过大的危害及其原因

发动机工作时,少量滑油会从发动机转子轴承的挡油装置和转轴之间的间隙处渗出,还有少量滑油因温度升高变成滑油蒸气后从发动机排出,所以滑油系统的滑油会随发动机工作时间的增长而不断消耗。发动机工作正常时,滑油消耗量应该不超过规定。如果超出规定,说明滑油系统不密封或滑油工作温度过高。因此,在维护工作中必须十分注意滑油消耗量的变化,以便及时发现和排除故障。

1. 检查滑油消耗量的方法

正常情况下,每台发动机的滑油消耗量的具体数据是不同的,但都应在规定的范围内。因此,对于新发动机,应当在装机后经过第一次试车和试飞,查明该发动机的滑油消耗量,并将其记入发动机履历本,作为以后判断滑油消耗量是否变化的依据。

检查滑油消耗量的方法是:在滑油系统管路充满滑油、滑油箱油量加到规定的情况下,使发动机工作一段时间,停车后,待发动机冷却到常温,再次检查滑油量,并用带有刻度的量具补加滑油到规定(与发动机工作前相同)。这次补加的滑油量与这段发动机工作时间的比值,即为滑油消耗量。

2. 滑油消耗量过大的危害

滑油消耗量过大,发动机工作时的滑油量势必减少,使得单位体积滑油的循环次数和受热量增加,滑油温度升高,黏度下降,这不仅会降低滑油的润滑性能,而且会使滑油压力下降，影响发动机轴承与齿轮的润滑和散热，从而加速发动机转子轴承的磨损，使发动机工作不正常，严重时可能导致空中停车。

此外，如果附件或导管向外漏滑油，不仅会引起滑油消耗量过大，还易引起火灾，危及安全。

3．滑油消耗量过大的原因

滑油消耗量的大小取决于滑油系统的密封性。引起滑油消耗量过大的具体原因有：

（1）滑油系统进油管路不密封。

滑油系统去前、中、后支点轴承润滑的进油管路不密封，造成滑油大量漏失。

（2）滑油系统回油管路不密封。

滑油系统前、中、后支点轴承都有回油泵将润滑后的滑油抽回滑油箱。如果回油泵的进油管路不密封，就会使抽油量减少，造成前、中、后支点轴承处积存很多滑油，致使滑油从挡油装置处大量漏出。

（3）挡油密封装置工作不良。

为了防止滑油从发动机前、中、后支点轴承处飞溅而漏出，在压气机和涡轮轴上设置有涨圈挡油密封装置和篦齿式挡气装置。如挡油装置损坏或一组涨圈开口没有错开等，都会造成滑油消耗量过大。

（4）离心通风器的膜盒盖卡在打开位置，会造成滑油消耗量突然增大。

4.14.3 滑油系统的维护措施

维护滑油系统主要是保证滑油的数量和质量符合规定。为此，需做好下列几项工作：

（1）经常保持系统有足够的滑油，以保持滑油的工作温度稳定在规定范围内。

（2）经常检查滑油系统的密封性，如发现漏油，应及时排除。每次加油后，必须切实盖好加油口盖。

（3）发动机使用中经常注意观察滑油压力的变化。如果超出规定范围，应查明原因，及时排除。

（4）认真检查滑油质量，保持滑油清洁。

① 加添滑油时，应把加油口、加油枪擦干净。擦加油口盖和油枪时要用绸布，严禁使用普通擦布。

② 发动机定期工作时，要认真检查滑油滤和加油口油滤，其滤片（或滤网）应完好，无金属屑和其他杂质。检查后，将滑油滤和加油口的油滤清洗干净。还应根据发动机技术手册要求放出少量滑油进行目视检查和理化分析，以保证滑油质量符合标准。

（5）如果发现滑油已经变质，则应更换全部滑油。

4.15 其他部件的维护

4.15.1 钢索的维护

4.15.1.1 钢索的清洁保养

（1）钢索上不允许有尘土和油垢，尘土和油垢可用布或布蘸汽油擦除，再用涂有润滑脂的布擦拭钢索、钢索护套进行润滑。

（2）钢索上不允许有锈蚀，钢索不得有腐蚀痕迹。腐蚀应用布蘸汽油或煤油擦拭，再涂润滑脂，切勿用纱布、砂纸打磨锈蚀，以免破坏钢索表面保护层。如锈蚀处理不掉，则要更换钢索。

4.15.1.2 钢索的检查

1. 常规检查

（1）目视检查钢索应无扭曲、散股、绳股折断、磨损，钢索接头处应无损伤、裂纹，特别注意利用手电和反光镜检查钢索拐角处。

（2）目视检查钢索与机体或其他机件的间隙，保证钢索在传动过程中与机体及机件有必要的间隙，不影响钢索的传动，注意利用手电及反光镜加强隐蔽部位的检查。

（3）钢索断丝的检查方法：用一团棉花或棉纱缠在钢索上，沿着钢索抹过去，若有断丝，会在断丝处挂住棉花或棉纱。

（4）检查钢索不允许有散股和硬化变脆现象。钢索散股或冷作硬化后失去弹性，在拐弯处易断丝，使钢索的强度下降。

2. 保持合适的钢索张力

（1）在专检和周检时利用钢索张力计检查钢索张力应符合要求，根据情况调整钢索张力和钢索长度。

（2）用压接法配制接头的钢索，在压制好接头以后，按规定方法进行拉力试验。

4.15.2 有机玻璃的维护

4.15.2.1 外界因素对有机玻璃性质的影响

1. 温度对有机玻璃的影响

在常温状态下，有机玻璃处于玻璃态，有一定的强度、硬度，塑性较小。温度升高，有机玻璃软化，强度、硬度变小，塑性增大。例如加热到超过80℃，受力时就容易变形；若温度升到170℃以上，有机玻璃即转入黏流态，强度极小。

温度升高还会引起化学变化。当温度升高到160℃以上时，聚甲基丙烯酸甲酯将开始产生裂解，分解出低分子物，使有机玻璃表面鼓泡，颜色变白，这种现象称为"发雾"。有机玻璃"发雾"以后，不仅强度下降，而且透明度大大降低。温度若升高到300℃以上时，有机玻璃就完全分解而变质。

温度降低，有机玻璃变硬，塑性减小，脆性增大，在承受过大撞击载荷时易产生裂纹。

当温度急剧变化时，有机玻璃表面层温度与内层温度相差较大，表面层与内层的膨胀程度相差更大，从而将产生较大的热应力，在表面形成细小密集的银白光泽的裂纹，这种裂纹通常称为银纹。银纹细而浅，应力集中程度较轻，对有机玻璃的强度和冲击韧性的影响都较小，但它会使有机玻璃产生折光，使透光率降低，更重要的是银纹在受力状态下会发展成裂纹。

2. 日光对有机玻璃的影响

日光能加速有机玻璃的氧化变质。有机玻璃中不可避免地夹杂有化学性质不够稳定的成分，即使是比较稳定的聚甲基丙烯酸甲酯高分子，在日光中紫外线的"反聚合"作用下，也可能裂解而产生化学性质不稳定的成分。这些就是有机玻璃能产生氧化变质的内因。日光中的紫外线，能够供给能量加速有机玻璃内部不稳定成分与空气中的氧化合的过程，是促进有机玻璃氧化变质的外因。有机玻璃与空气中的氧化合后，将变黄、变脆，影响透明度和机械性质。

3．溶剂对有机玻璃的影响

维修工作中使用的许多有机溶剂都能侵蚀有机玻璃，见表4-11。

有机玻璃遭受溶剂侵蚀后，轻者表面溶解出现"发雾"现象；重者使有机玻璃大量溶解，不仅产生"发雾"现象，而且会在有机玻璃表层产生银纹。

表4-11 几种有机溶剂对有机玻璃的侵蚀情形

溶剂	汽油	滑油	酒精（浓度50%）	丙酮	冰醋酸	甲苯	X-1稀释剂
侵蚀情形	无	无	膨胀	溶解	溶解	溶解	溶解

4．应力对有机玻璃的影响

航空有机玻璃常有以下几种应力：

（1）成型应力。有机玻璃成型温度低时，会产生较大的成型应力。有机玻璃成型温度范围在105～150℃之间，若结束成型时，有机玻璃表面的温度不低于105℃，其应力较小，为10～20kgf/cm^2。若在低于105℃的温度下进行成型，有机玻璃表面产生的残余应力在100kgf/cm^{2}左右。所以必须采用正确的成型方法，以防有机玻璃产生过大的成型应力。有机玻璃成型后应进行"退火"处理，尽可能减小成型应力。

（2）机加工应力。对有机玻璃进行钻孔、砂轮打磨等机加工时，势必产生一定的机加工应力。为了消除这种应力，机加工后应将有机玻璃加热至75℃±5℃，保温4h，进行退火处理。

（3）装配应力。装配到飞机上时，若将螺钉拧得过紧，也会产生较大的装配应力。

（4）工作应力。所谓工作应力是指有机玻璃制品在使用过程中产生的应力。例如座舱盖在飞行中因受空气动力的作用而引起的应力、温度急剧变化时，产生应力。此外，维修工作中，因碰撞、摩擦等也会使有机玻璃产生内应力。这些在工作中产生的应力也能导致银纹、裂纹。

4.15.2.2 有机玻璃的维护措施

1．对有机溶剂的防护

作喷射酒精试验时，不要在高温下进行，并在风挡玻璃上罩上塑料薄膜。试验完毕，应先擦去塑料薄膜上的酒精，再取下塑料薄膜。如风挡上有残留的酒精，应用脱脂棉或绒布蘸水擦净。

在座舱附近部位进行洗漆或喷漆时，应将座舱盖有机玻璃用聚乙烯醇贴上蜡纸或油纸，或者贴上塑料薄膜，防止油漆滴落在有机玻璃上。

手和沾有油污的手套、抹布，不得与有机玻璃接触。有机玻璃上有油污时，不得用酒精或其他有机溶液如丙酮等擦拭，应用脱脂棉或绒布蘸中性肥皂水进行擦拭，再用清洁温水擦干净；当有用肥皂水清洗不掉的污物时可用70号航空汽油擦拭，然后用绒布擦干。

2. 对紫外线、高温和湿气的防护

座舱盖应经常用白色绒罩布盖好，避免日光长时间直接照射。夏季座舱盖应盖上带软衬垫的白色罩布，保持有机玻璃表面与罩布之间有一定间隙以利通风散热。雨后应取下座舱盖罩布晒干，并打开座舱盖进行通风。

3. 保持清洁，防止有机玻璃机械损伤

保持座舱盖及其罩布的清洁。有机玻璃上有灰砂时，应用干净绒布擦掉。擦时要沿一个方向，不要来回使劲擦。

对座舱盖有机玻璃的轻度划伤，可用脱脂棉或绒布沾 2 号研磨膏进行抛光。抛光时，应作圆周运动或作"8"字运动，不要总在一处来回活动，以免引起折光。抛光后必须用中性肥皂水和温水将研磨膏清洗干净，防止研磨膏中含有的少量有机溶剂使有机玻璃产生银纹。

4.15.3　光学玻璃的维护

在维修使用和保管过程中，光学玻璃表面容易生霉和起雾。附着物可分为生物的霉、水湿性的雾和其他各种脏污。这些附着物影响光学玻璃的反光率和透光率，降低光学仪器的能见度。

4.15.3.1　光学玻璃生霉

光学玻璃表面粘有灰尘和脏物，在一定温度、湿度条件下，霉菌孢子从灰尘物中吸取所需营养，发芽生成菌丝。随着菌丝的延长、增长、结穗形成新的霉菌孢子，新的霉菌孢子散开后再生成新的菌丝，如此重复衍生繁殖，则会导致光学玻璃表面生霉。轻者降低能见度，重者不能使用。

4.15.3.2　光学玻璃起雾

光学玻璃表面变得粗糙不平、失去光泽的现象，称为起雾。

1. 起雾的原因

光学仪器受潮后，当气温下降到露点以下时，多余的水汽凝结在光学玻璃上生成雾滴。这些雾滴，主要是水、碱或盐类的溶液。雾滴的形成过程是：水蒸气分子聚集在微尘上，然后愈聚愈大，逐渐形成看得见的微滴，最容易使水蒸气凝集的微尘（凝结核心）是氢、含盐的微粒和带电的离子。雾滴长期附着在光学玻璃上，引起光学玻璃的腐蚀。其腐蚀过程是：玻璃吸水后，产生化学反应而析出氢氧化钠（碱），氢氧化钠吸收空气中的二氧化碳易生成碳酸钠。氢氧化钠和碳酸钠都具有吸湿性，它们吸收空气中的水分，形成浓碱溶液和碱性碳酸钠溶液的小滴。而这些小滴在相对湿度为 70% 时，就不能蒸发而继续附着在玻璃上，导致玻璃进一步破坏，使玻璃表面变得粗糙不平，失去光泽。即使在相对湿度为 60% 以下时，浓碱溶液和碱性碳酸钠溶液小滴可以蒸发变干，也将在玻璃表面留下白色的灰点，使光学玻璃失去原有的性能。

2. 起雾的因素

（1）光学玻璃的成分。目前采用的光学玻璃中含有较多的含碱性氧化物，这种含碱性氧化物的化学稳定性较差，吸湿能力较强，比较容易起雾。

（2）大气的湿度。光学仪器周围的绝对湿度大，气温下降时容易达到露点。

（3）光学玻璃表面的清洁。玻璃表面的灰尘或脏物都具有吸水性。

（4）玻璃周围环境。靠近金属和有气流通过的光学玻璃表面，能形成较大的温差，容易起雾。

4.15.3.3 防止光学玻璃生霉起雾的措施

(1) 认真做好套、盖工作，保持光学玻璃表面的清洁度。飞行后或工作结束后，清除玻璃表面的灰尘或脏物，并套好专用套、罩，盖好专用的镜头盖。

(2) 认真做好通风防潮工作，保持好光学玻璃周围的相对温度。雨、雪后，要及时进行通风晾晒工作。在潮湿季节，要经常检查防潮设备情况并及时更换防潮剂。

4.15.4 橡胶制品的维护

4.15.4.1 外界因素对橡胶制品性质的影响

1. 氧的影响

空气中的氧使橡胶氧化后，造成老化而使橡胶变硬、变脆，或变软、发黏，弹性降低，强度下降，且易龟裂，所以橡胶氧化危害甚大，是造成橡胶老化的最重要的原因。

2. 温度的影响

温度对橡胶制品的影响有两方面。一方面是随着温度的升高，橡胶的氧化加速。通常温度升高7~10℃橡胶氧化速度可增大约15倍，所以温度过高对橡胶制品是很不利的。另一方面温度的变化会影响橡胶的机械性质。温度升高时，橡胶的强度减小，受力时较易产生塑性变形；温度降低时，橡胶就会变硬、变脆，受力时容易产生裂纹。因此各种橡胶制品都有规定的使用温度范围，使用橡胶制品时不超过规定的温度范围。

3. 日光的影响

日光中的紫外线能加速橡胶的氧化，使橡胶制品老化变质，使橡胶的强度变小，透气性增大，表面发硬，变形时容易产生裂纹。所以橡胶制品在使用时应尽量避免日光的直接照射，保管橡胶制品时应放在避光的阴凉处。

4. 溶剂的影响

由于汽油、煤油等溶剂易溶入橡胶分子中，而使橡胶溶胀，强度、弹性均会降低。不同类型的橡胶零件，在汽油、滑油等溶剂中的溶胀度见表4-12。

表4-12 几种橡胶在油液中的溶胀度

名称	溶胀度（增加重量%）	
	汽油中	滑油中
天然橡胶	120	40
丁苯橡胶	40	20
丁腈橡胶	15	10
聚硫橡胶	0.9	0

5. 变形的影响

橡胶制品变形时对橡胶性质的影响也很大。一是变形会加速橡胶老化。例如橡胶制品折叠后，容易在有折痕的地方产生破裂，因此规定橡胶制品在保存时，一般不允许折叠和叠压。二是变形会引起升温，特别是反复变形时，分子因内摩擦而升温。例如天然橡胶制的轮胎，在飞机滑行时，因反复拉伸、压缩变形，橡胶温度升高可达到60℃。这种升温不但加速老化，甚至会引起橡胶制品产生"过硫化"。

4.15.4.2 橡胶制品的维护

(1) 不要将汽油、煤油等石油产品滴洒在非耐油橡胶零件上（如轮胎等）。对于飞机上不同系统使用的胶圈、软导管等橡胶零件，不能任意调换，更不能将不耐油的橡胶垫圈使用在煤油、汽油系统的附件上。

(2) 大气温度很低时，拆装软油箱应防止折叠。工作场所温度在-10℃以下，拆装软油箱前要以60℃的热空气对油箱加温30~40min，加温前应把需拆卸的机件、导管拆下。

(3) 平时应加强对轮胎、刹车胶带等受高温影响的橡胶零件的检查，并采取用石棉纸等隔热材料进行隔热。

(4) 橡胶零件应避免日光照射，保管时应放在阴凉、干燥通风的地方，飞机停放时轮胎应加罩布。

(5) 橡胶零件存放时，应涂洒滑石粉，同时不得与油料、油漆等溶剂及酸碱物质混存。维护中要防止酸、碱溶液或溶剂滴落在橡胶零件上，以免加速橡胶零件的老化。

4.15.5 织物和皮革的维护

在航空装备中，有些零件使用了织物和皮革制品。这类制品受到微生物的侵入引起腐蚀和破坏，通常称为霉变。

4.15.5.1 织物和皮革霉变的原因

织物和皮革的霉变主要是由于霉菌引起的。在一定条件下，霉菌等微生物在生长繁殖过程中，能直接破坏这些材料的结构和性能。同时，它们的代谢产物，如有机酸、水解酶等还会加速织物和皮革制品的霉烂变质，失去原有的性能。

织物和皮革材料霉变必须具备的四个条件：

1．霉菌子

霉菌孢子很小，直径只有0.1mm左右，可随空气到处飘扬，霉菌孢子很容易进入各种材料中，因此各种材料制品上一般都带有一定量的霉菌孢子。

2．温度

最适宜霉菌生产繁衍的温度是25~35℃。温度在12℃以下或40℃以上时，菌丝几乎停止生长或死亡。

3．湿度

适宜霉菌生长的相对湿度为80%以上。相对湿度在60%以下时，霉菌就停止生长，最适宜霉菌生长繁衍的相对湿度为85%~95%。水分对于微生物的生长是非常重要的，因为各种营养成分必须先溶解于水，才能被细菌吸收。

4．营养物

微生物的生长都需要营养物，而这些营养物都来自材料的自身和一些脏物。纤维织物、皮革等材料都含有微生物所需要的营养成分。金属材料虽然本身并不含有微生物生长所需的营养物质，但金属表面用的防腐脂及涂料中，都含有微生物所需的营养，因此在金属材料上，也会出现生霉现象。

4.15.5.2 霉菌对织物和皮革制品的危害

1．霉菌对织物制品的危害

纤维织物特别是棉织物和丝织物，在生产过程中都用淀粉上浆。淀粉和纤维素是许多微生物的营养物,在一定的温度和湿度条件下,很适宜霉菌的生产繁衍,当霉菌在织物制品上繁殖以后,生成许多灰白色的斑点,使纤维失去原有光泽,纤维的拉力、强度下降而遭到破坏。化纤织物也会长菌,致使黏度增高,并有结块现象。

2．霉菌对皮革制品的危害

皮革制品的表面都涂有修饰剂,即各种颜色染料膏。染料膏的主要成分是乳酪素。一旦温度和湿度适宜,霉菌就会繁衍,在皮革制品表面出现霉斑,产生龟裂和毛糙,严重时会腐烂。

4.15.5.3　织物和皮革制品的防霉变

织物和皮革制品的防霉变,主要从破坏霉菌生长繁衍的条件来抑制霉菌的生长繁衍,常采用的措施有:

1．使用防霉剂

防霉剂是指产品在生产、加工和保管过程中,使用少量的能杀死或抑制微生物生长的化学物质,防止产品的霉变、腐蚀。它的作用是破坏微生物的细胞构造或酶的活性,从而杀死或抑制霉菌的生长和繁衍。

防霉剂有三种类型:

(1) 接触型防霉剂。用多菌灵(BCM)、五氯苯酚汞等防霉剂喷洒于材料表面,以防霉变。

(2) 熏蒸型防霉剂。采用甲醛、乙酸、对二甲酚等防霉剂,用熏蒸方法杀死材料表面和周围空间的霉菌。

(3) 挥发型防霉剂。用对硝基苯甲醛(SF501)等防霉剂,在空气中缓慢挥发,以杀死空气中及材料表面的霉菌等。

2．保持织物、皮革制品的干燥

保持织物和皮革制品的干燥,控制相对湿度,就可破坏霉菌生长繁衍的条件,以达防霉变的目的。因此,在维护使用过程中经常保持织物和皮革制品的清洁,及时通风晾晒,清除表面的水分,是防霉变的有效措施。

4.15.6　座舱内设备的维护

飞机座舱内的设备主要有显示器、指示仪表、仪表板、旋钮、开关、按钮、指示灯和保险等,在维护方面有各自的特点和要求。

4.15.6.1　显示器的维护

1．外观检查

显示器外观应良好,安装固定牢靠,按钮、开关工作正常,固定螺母的固定、保险状况以及标线应良好。

2．显示器屏幕的清洁

应当保持显示器屏幕的干燥和清洁。如果显示器屏幕染上灰尘和指纹,应使用专用屏幕清洁剂和无纺布清洁,不要用抹布和含水分太多的湿布擦拭。

3．维护注意事项

(1) 在座舱内进行维护工作时,注意避免工具、设备等硬物磕碰到显示器,特别是屏幕。

(2）拆装显示器时，要避免强烈的冲击和震动，防止显示屏施加压力或碰撞、挤压。

(3）在日常维护过程中，避免显示器长时间使用，工作结束后及时关闭电源。飞机下电前，应确保显示器开关处于关闭状态，以延长显示器使用寿命。

(4）避免强光长时间照射显示器屏幕。

4.15.6.2 指示仪表的清洁

指示仪表的表蒙的制作材料一般是玻璃，但有的表面涂有防雾剂。为了保证座舱内的良好环境，在清洁仪表表蒙时，要用酒精进行清洗，不得使用乙醚等清洁剂。

应当用绒布进行擦拭，不得使用擦布和绸布，防止刮花表蒙。如果表面过脏或粘有难以擦拭掉的脏物，可以使用蘸有酒精的棉签或绒布进行清洁。擦洗时，由中心开始向外擦洗，然后再用绒布进行擦拭。

4.15.6.3 仪表板的维护

仪表板是安装各种仪表的支撑物，仪表板的维护主要分为两个方面。

1．拆装和固定检查

拆卸时，先松下部的固定螺帽再松开顶部的。在松开顶部的螺帽时，要一只手扶住仪表板，另一只手拧螺帽，防止仪表板突然倒下被撞坏。安装时，应首先整理好仪表板后的电缆和管路，确认无障碍后再安装。应按照先上后下的原则安装固定螺帽，最后依次将其拧紧。

平时应当注意检查仪表板安装固定情况。拆装了仪表板后，都要进行相关仪表的检查。

2．仪表板的补漆

飞机仪表板喷涂的是无光漆或皱纹漆。仪表板的喷漆一旦脱落，应及时进行补漆。需要注意的是，所补的漆必须是无光漆或皱纹漆，不得使用反光漆。

4.15.6.4 旋钮、开关、按钮及指示灯的维护

1．旋钮

座舱内旋钮最易发生的问题是脱落和滑动，因此，在实际维护工作中，主要防止这两种问题的发生。

安装时，首先要对准安装缺口，不要在未对准的情况下强行安装；其次，固定螺钉拧紧后一定要进行漆封。

平时检查时，如果发现旋钮松动，应当拆下检查，确认安装缺口及固定螺钉良好后，再重新安装，不能仅仅采用拧紧固定螺钉的方法处理。

2．开关

座舱内开关最易发生的问题是接不通、断不开。一旦发现这类问题应及时进行更换。更换时，一定要更换同型号的，不能用其他型号代替。

开关还有一些不常遇的问题，如接触电阻过大（$>0.5\Omega$）、接线松动、开关冒烟、荧光粉脱落等。如果是开关本身的问题，均应进行更换。对于负载短路造成跳回的开关，若接通或断开时发现比较紧或声音沉闷，必须进行更换，不得继续使用。

3．按钮

座舱内按钮最易发生的问题是接触电阻大、弹簧片断裂。

接触电阻大一般是由于按钮触点积炭造成的，一般采用清洗的方法进行排除。清洗

时应使用绸布，不得使用擦布或绒布。

如果弹簧片断裂，必须进行更换。更换时，要使用同型号的，不能用其他型号代替。

4．指示灯

座舱内指示灯最易发生的问题是灯泡损坏、灯罩脱落。

为了防止灯泡损坏，要按规定经常检查灯泡的工作状况，凡是断丝、灯泡壁发黑的灯泡均应及时更换。

为了防止灯罩脱落，在检查时要顺时针方向拧动灯罩。夜间飞行前检查，感到拧紧即可，此时开度在最小位置；昼间飞行前检查，拧紧后再逆时针拧动灯罩，将开度放在最大位置。

5．座舱照明设备

座舱照明设备分为荧光照明和红光照明两大类，其维护的方法和要求基本同指示灯，但也有自身的特点：一是这类设备空中使用时间相对较少，有问题不易及时暴露；二是荧光照明设备引线外露，经常处于活动状态，容易损坏。针对这两个特点，应经常进行检查，尤其要经常性地做好引线的检查和维护工作。

4.15.6.5 座舱内的保险

座舱内使用最多的保险是铜保险。

铜保险用于平时不使用，应急情况下才使用的电门、按钮、保险盖、开关、操纵把手等。对铜保险的基本要求是：平时能发挥保险作用，在紧急的情况下，保证飞行员在操纵这些电门、按钮、保险盖、开关、把手时，能拉断保险丝，进行正常的操作。根据这项要求，在对这些机件进行保险时，要按照规定的保险丝规格、股数和方式进行保险，不能使用铁质保险丝代替或随意增加保险丝的股数，也不允许使用多股细保险丝代替粗保险。

4.15.7 飞机轮胎的维护

4.15.7.1 轮胎的工作特点和受力分析

机轮外胎由外层胎面胶、补强帘线层、内层胎面胶、缓冲胶和胎体帘线层等组成，胎口部分还有钢丝圈和胎圈，如图 4-88 所示。

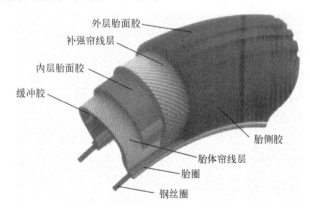

图 4-88 外胎的组成

帘线层由帘线胶合而成，是外胎的主要受力部分。目前外胎使用的帘线有卡布隆、聚酯和高强力尼龙三种。帘线层的强度在 0~80℃ 范围内变化很小，但当温度超过 150℃ 时，强度将显著降低，当温度高达 200℃ 时，卡布隆帘线层的强度只有常温下强度的 28%。

1. 轮胎的工作特点

轮胎在使用中受到飞机载荷的作用，与地面接触的部分被压平，而且变形的部位随机轮滚动而变化，因此在机轮滚动过程中，外胎各部位将产生反复变形。外胎反复变形时，橡胶分子之间产生摩擦使外胎发热。变形量愈大，恢复变形的次数愈多，分子之间的摩擦就越厉害，产生热量也愈多。由于橡胶的导热性差，橡胶内部产生的热量不易散失，在同一时间内产生的热量将多于散失的热量，这就使得轮胎的温度不断升高。当轮胎温度上升到一定程度后，产生的热量将与散失的热量相等，这时，外胎温度就不再上升。因为在轮胎温度升高的同时，轮胎的气压也随着增大，使外胎的变形量逐渐减少，由变形而产生的热量也随着减少；另一方面，外胎温度升高后，由于轮胎与大气之间的温度差增大，散热量将随之增加。因此，当轮胎温度升高到一定程度以后，在同一时间内产生的热量与散失的热量相等，轮胎的温度和压力就不再升高。这时的轮胎工作温度通常称为"平衡温度"。

2. 轮胎的受力分析

轮胎在垂直载荷的作用下，与地面接触的部分被压平，而左、右两侧部分则向外鼓出。在鼓出的部分，外帘线层的拉伸力则增大，内帘线层的拉力变小甚至到零；在与地面接触的部分，外帘线层的拉伸力变小甚至到零，内帘线层的拉伸力则增大，这就使得各帘线层之间产生相对位移和剪应力。由于机轮不断滚动，外胎各部分的帘线层将受到交变剪应力的作用，外胎的变形量愈大，各帘线层之间受到的剪应力也愈大，如果使用维护不当，使轮胎受力过大，或温度过高使得各帘线层之间的黏着力和帘线层的抗拉强度下降，就会导致外胎产生脱层、鼓泡而损坏。

4.15.7.2 外胎脱层鼓泡的原因

外胎各帘线层之间及帘线层与胎面胶之间脱开的现象叫作脱层。鼓泡多出现在外胎的表面，它是脱层的一种外部表现。因为外胎脱层的部位存在空隙，在飞机滑跑过程中，外胎脱层部位相互摩擦产生的橡胶粉末便逐渐堆积或粉末受热膨胀，便会使脱层部分凸起而出现鼓泡。外胎脱层以后，脱层部位的橡胶受到较大的拉伸而出现永久变形，不能恢复原状，也会形成鼓泡。

在正常工作情况下，外胎帘线层的粘着力远大于工作中产生的剪应力，不会出现脱层。但是，当轮胎气压太小，刹车过猛，炎热季节连续起落飞行，使得轮胎所受的剪应力增大或轮胎温度过高使粘着力下降时，外胎便可能产生脱层而损坏。造成外胎脱层损坏的具体原因主要有以下几个方面：

1. 轮胎气压过小

轮胎气压过小时，轮胎在垂直载荷作用下的压缩量增大，滚动半径变小，使外胎在滚动过程中反复变形的频率和幅度随之增大。由此可见，轮胎气压过小不仅使剪应力增大，而且使平衡温度升高，因而易使外胎产生脱层鼓泡故障。

轮胎气压过小，会使机轮的滞后阻力增大，还会使外胎的胎侧胶与地面接触而迅速磨损或导致机轮产生错线、爆破等故障。

2. 飞机着陆速度过大

飞机着陆速度过大，将使机轮在滑跑中的滚动速度加大，从而使外胎的变形频率增加，加剧了外胎内部的橡胶分子的摩擦，发热量便随之增大，即使轮胎温度和气压已升高到正常的平衡温度和平衡压力，轮胎产生的热量仍较正常时多，温度和压力仍继续上升，致使轮胎的平衡温度升高。

3. 炎热条件下连续起飞着陆次数多

炎热季节，大气温度高，虽然轮胎在工作时产生的热量和正常条件下的发热量基本相同，但由于轮胎温度和大气温度的差值较小，散热不良，因而轮胎温度上升较快，平衡温度也较高。特别在炎热条件下连续起飞着陆时，轮胎得不到充分的时间进行冷却，始终保持较高的温度，更会使外胎各帘线层的黏着力和强度显著下降，导致外胎产生脱层、鼓泡，严重时胎面胶层被剥离。

4. 着陆滑跑使用刹车不当

在正常情况下，刹车产生的热量大部分由轮毂散失在大气中，只有一小部分由轮毂传给轮胎，但如果使用刹车过多、时间过长，使得刹车产生热量大量地由轮毂传给轮胎，轮胎的温度也会迅速升高。

4.15.7.3 外胎脱层鼓泡的检查方法

机轮滚动时，由地面摩擦引起的剪应力作用在胎面，由垂直载荷引起的剪应力主要作用在胎侧与胎面之间，外胎脱层鼓泡往往就发生在这些部位。检查外胎脱层鼓泡时，应全面检查轮胎外表面。

由于脱层鼓泡与轮胎的温度有关，轮胎温度高时容易被发现，因此检查外胎脱层鼓泡最好在飞机着陆后立即进行。检查方法除认真观察外，还可以用手摸，对手摸感到有突起的部位，或者用大拇指推动橡胶，感到较柔软并能轻微移动时，则说明已有脱层；或者用解刀木柄敲击外胎，如声音微弱、弹性差、对木柄的反作用力小，则说明该处已脱层。

4.15.7.4 轮胎的维护措施

1. 按规定的标准充气，保持轮胎气压正常

轮胎的气压小于规定值，不仅会导致轮胎提前疲劳损坏，还会引起胎侧橡胶层与地面接触而磨损，减震性能变差而容易产生刚性撞击等现象。

气压过大，帘线层平时受到由气压引起的拉伸力增加，机轮以高速越过小障碍物或粗猛着陆时，原来已承受较大拉伸力的帘线层，可能因受到撞击而损坏，甚至造成轮胎爆破。轮胎的气压过大，还会使轮胎与地面接触面积减小，胎面胶层容易磨损。

为了保持轮胎充气压力正常，维护中应注意以下几点：

1）严格按规定的数据充气

充气时应考虑到气温的变化和室内外温度的影响，可根据当时温度和使用时温度差，参照大气温度每下降 10℃，轮胎气压约减小 4%的数值，适当增、减充气压力。测量轮胎气压应在轮胎冷却后进行，不要在着陆后轮胎温度较高时测量。

2）严格掌握新轮胎的充气压力

新轮胎充气后，其容积在气压作用下是逐渐变化的，如不及时补足气压，就会使气压不足。为保证新轮胎的安全使用，要严格掌握新轮胎的充气压力。在新轮胎按规定充

足气压，并放置到规定的时限后，再补足气压方可使用。

3）保持充气嘴的密封性

更换气门芯时，由于新气门芯的胶圈结合得不够紧密，经过飞行或停放一段时间后有可能发生漏气现象，因此应加强对新气门芯的检查。

2．正确处理过热轮胎

1）过热轮胎的特征

根据维护经验，发现机轮冒烟、热熔放气、轴承润滑脂液化蒸发、轮毂上的漆标记鼓泡，或者紧靠轮毂一圈的胎侧橡胶烧焦等现象，即说明轮胎温度过高。

2）过热轮胎的处理

发现过热轮胎，最好让其自然冷却后再使用，或者更换备份机轮，不宜用冷气吹、冷水泼的方法强迫轮胎冷却。这些方法虽然能使轮胎温度迅速下降，但会使轮毂的温度不均匀地急剧下降，容易引起变形、裂纹或掉块。

不允许用放气的方法来降低过热轮胎的气压。将过热轮胎内的冷气放掉一部分，在当时来看，气压能恢复正常，但当飞机在空中飞行一段时间之后，热量散失，轮胎内的温度和气压均要下降。这样，在飞机着陆滑跑过程中，轮胎因气压不足、压缩量增大、发热量更加增大，使得轮胎的平衡温度要相应升高，更容易引起轮胎爆破。

加强对过热轮胎的检查。过热轮胎并不一定当即爆破，但由于过热能使轮胎橡胶和尼龙帘线老化、脆裂、强度降低，在以后的使用中仍可能发生爆破。因此，发现过热轮胎，应在冷却后进行分解检查是否已有损伤。根据经验，外胎的主要损伤部位是：胎侧、胎面易产生鼓泡，胎体帘线脱开；机轮分解后，能在内表面看到帘线向里突起等现象。

3．加强对轮胎的检查

（1）轮胎磨损露出胎体帘线层时，应当更换，以保证轮胎强度，防止爆破。

（2）轮胎如果有损坏，胎体帘线层有扎伤，一般要更换轮胎。

（3）外胎有脱层鼓泡、帘线断裂、胎口钢丝刺出等情况时，说明外胎的强度已经降低，不能使用，应予以更换。

4．飞机停放时加强对轮胎的维护

停放地点应当干净，应防止酸、碱溶液和油类滴落在轮胎上。飞机长期停放时，为了防潮和防日光照射，应在轮胎下面垫上木板，并在轮胎上罩上布套，而且要经常转动机轮以改变轮胎与地面的接触面。

4.15.8 减震支柱的维护

对减震支柱的维护主要是检查减震支柱内的液压油、氮气的灌充量是否适当，并防止液压油脏污变质，以保证减震支柱具有良好的减震性能。

4.15.8.1 减震支柱性能变差的原因

（1）减震支柱内的液压油灌入量不足、充气压力小于规定数值或充气嘴密封性能差，造成减震支柱变软，容易压缩。当飞机粗猛着陆时，将会造成撞击动能增大，使减震支柱内的活塞已经碰到限动圈还未吸收完撞击动能，致使起落架各连接点承受刚性撞击而提前损坏。

（2）减震支柱内的液压油灌入量过多或充气压力过大，造成减震支柱变硬，不易压缩。当飞机正常着陆，吸收正常的撞击动能时，将会造成减震支柱的载荷增大，同样会使起落架各部分受力过大。

（3）液压油脏污变质，将使油液的黏度下降，并促使减震支柱内壁锈蚀而变得粗糙不平，使密封装置的摩擦力增大。油液黏度下降后，油液的流动阻力减小，将使油液摩擦消耗能量的效能降低，减震性能变差。这样，减震支柱承受的载荷增大，也容易使密封装置磨损而漏油。

4.15.8.2 判断减震支柱内部气压、液压油量是否正常的方法

1. 判断气压是否正常的方法

判断减震支柱内气压是否正常的方法通常有两种：一种是观察法，依据减震支柱在一定的停机载荷作用下的压缩量来判断气压的大小，这种方法比较简便但不是很准确，多在日常维护工作中采用；另一种是实测法，采用减震支柱压力表进行实际测量，这种方法比较准确，一般在定期检查中或根据观察法无法判断时采用。

2. 判断液压油量是否正常的方法

判断减震支柱内部油量是否正常，在日常维护中主要通过减震支柱活塞杆外露部分是否有油迹来判断。减震支柱活塞杆外露部分没有漏油现象，即可认为油量正常。如果发现减震支柱有漏油现象，应检查减震支柱内的油量。

4.15.8.3 预防减震支柱性能变差的措施

（1）平时注意检查减震支柱的压缩量和活塞杆外露部分是否有油迹。必要时应检查减震支柱内的油量和气压。

测量气压应在顶起飞机的条件下进行。因为规定的气压是减震支柱不受外载荷、自由伸长时的数据。如果不顶起飞机，测量的气压是减震支柱在停机载荷作用下受压缩后的气压，把这个气压当成规定的充气气压，使用中必然会引起气压不足。

检查和补加油量必须选择正确的时机和方法。检查油量不得在飞机着陆后立即进行，而应待油液完全冷却后进行。

（2）向减震支柱充气时要注意气温变化对充气压力的影响。冬季，室内温度高于室外温度，如果在室内按规定气压进行充气，到室外后，由于气温下降，减震支柱内的气压将小于规定，因此，在冬季室内必须相应地提高充气压力。

根据查理定律：

$$\frac{P}{P_0} = \frac{T}{T_0} \text{ 或 } P = P_0 \frac{T}{T_0}$$

可以得出，室内温度每高于室外 10℃时，充气压力应提高 4% 左右。

（3）减震支柱内部规定充氮气。氮气是惰性气体，不会使减震支柱内的液压油变质，腐蚀金属机件。飞机出厂或经内部检修分解后的减震支柱应按规定充氮气。

4.16 对动物危害的预防

飞机在停放过程中，会受到鼠类、虫类、蛇类和鸟类等动物的危害，在日常维护工作中应当采取必要的措施，防止或减轻危害。

4.16.1 动物的危害

4.16.1.1 鼠类的危害

鼠类危害的主要方式是筑巢、咬啮、躯体腐蚀和分泌有害物质等。其中破坏程度最大的是咬啮。老鼠啃咬力很强，一般木质、塑料、橡胶等均可被它危害。

实践证明，老鼠可顺着飞机的起落架及其活动间隙和打开的运输机货舱大门窜入飞机。老鼠一经窜入，就会在飞机上接线盒内、设备与机体的间隙部位以及机上其他一些隐蔽角落筑巢、排泄粪便、散发潮气、分泌有害物质和咬食有关材料。潮气、粪便和分泌物将引起电缆、导线和机载设备元器件的腐蚀、变质甚至失效；啃咬将使电缆、导线及防潮防水材料遭到破坏，引起导线短路、断路，甚至导致机载设备发生故障。

4.16.1.2 虫类的危害

昆虫类的危害可直接或间接造成飞机的损坏。危害机载设备的昆虫种类主要有白蚁和蟑螂。

白蚁种类很多，但对飞机危害最大的是家白蚁。我国除新疆、内蒙古等少部分地区外均有分布，长江以南地区白蚁分布密集且危害严重，长江以北地区分布逐渐减少，危害亦减轻。白蚁危害多发生在阴暗潮湿的部位。主要的危害对象是以纤维构成的材料（如木料），对电缆导线的绝缘层、皮革、塑料等也可构成危害。白蚁若危害电缆、导线等器件的绝缘材料，可对机载设备造成直接的影响；白蚁若危害包装箱，则可对机载设备造成间接的影响。白蚁也可侵入飞机舱内，使电缆、导线等遭到破坏。白蚁一旦侵入，便咬食质地较软的绝缘及防护材料，分泌有害物质，造成导线裸露、大面积的腐蚀和短路等问题。

蟑螂全国各地均有分布，尤以我国南方的广东、广西、福建为多，它可侵入设备内部，蛀坏电缆导线、电容器等，可造成电路短路，残留尸体及分泌物吸潮长霉发生腐蚀，可造成元器件损坏。

4.16.1.3 鸟类的危害

鸟类种类较多，随着地区和季节的不同，对飞机造成危害的鸟类也不同，鸟类的危害主要是在飞机上筑巢，排泄粪便，引起腐蚀。

还有一些动物和昆虫，也可能对飞机造成一定的危害，但多属偶发性的。例如鸟撞坏雷达天线罩，蚊、蝇、蜂等误入设备（如昆虫爬入空速管内堵塞管路）内部，死尸造成短路等故障。

4.16.2 防护措施

1．盖、堵、关

飞机停放时，应盖好飞机蒙布，堵好进气道、喷口和各通风口的堵盖，盖好各检查口盖，关好舱盖、舱门。

2．阻挡

可因地制宜地制作一些简易阻挡器材安装在飞机起落架上，防止老鼠等沿着起落架爬上飞机。

3．涂覆

在老鼠可能窜入航空机载设备的途径上，涂覆防鼠剂，避免老鼠侵入。如飞机起落架支撑杆等。

4．消灭

可因地制宜，采取有效方法消灭老鼠和昆虫，通常采用药物灭鼠、灭虫的方法。但在使用过程中，应注意防止药物腐蚀飞机和人员中毒。

5．加强检查

严格按技术要求检查飞机，养成良好的维护作风，经常清除舱内和设备外部的杂物，并根据季节特点，适时进行检查。

第 5 章　不同地区不同自然环境下的维护特点

飞机通常在露天停放和保管，经常会受到湿度、温度、日光、雨雪、风沙等自然条件的有害影响，使航空装备的战术、技术性能发生变化，航空材料、油料等的物理、化学性质发生改变，引起故障和缺陷。不同的自然条件对飞机的影响也不同。我国幅员辽阔，气候复杂，不同地区、不同季节的外界自然条件差别很大，广大机务人员在按照有关规定做好飞机维护、保养工作的同时，应该研究不同自然条件对飞机的影响，采取适当的维护措施，针对性地做好维护工作，这对保持飞机的技术性能，有效防止故障发生具有重要意义。

5.1　严寒条件下的维护特点

5.1.1　冬季寒区的气象特点

1. 日照时间短，气候寒冷

三北地区与长江以南地区的日照时间相比，约少一小时左右。1 月份月平均最低温度一般在-10℃以下，一些地区的最低气温为-40～-36℃。

2. 低温持续时间长

三北一些地区，10 月份气温已降至-10℃以下，第二年 3 月才能回升至 0℃，全年中，日最低气温在 0℃以下的寒冷期约为 7 个月。

3. 温差大

冬季，日最低气温在日出前后，最高气温在午后两点钟左右，三北一些地区日温差（一日最高与最低气温之差）在 25℃以上。如有寒流影响，则可达 40～50℃。

4. 降雪期长

三北一些地区 10 月开始降雪至第二年 4 月止，降雪期一般都在 6 个月以上。

5.1.2　严寒条件对飞机的影响

1. 渗油漏气现象比较普遍

根据某部十年的故障资料统计，冬季渗漏故障约占全年渗漏故障的 63%以上。渗漏主要发生在初冬、停放期间、气温急剧变化时和严寒季节，气温急剧变化时尤为显著。渗漏的部位多在不同金属制作的结合面、O 型橡胶密封圈、各种橡胶活门、橡胶垫子和导管接头处。其原因除维护操作不当和制造缺陷外，还由于气温降低后，各种材料线膨胀系数不同，破坏了部件结合面的密封而造成渗漏。一些非金属材料在低温时发硬变脆，弹性下降，有的甚至变形、裂纹，使密封性变差而产生泄漏故障。

2．容易结冰

入冬后，飞机常见结冰的部位有机体表面、操纵系统摇臂、接耳及舱内易积水处、冷气系统和燃料系统的某些附件。某些电气设备的接触点也会出现冰霜。飞机蒙皮结冰不仅破坏表面漆层，而且影响飞机的气动性，严重时会导致事故。操纵系统结冰直接影响飞行员操纵，造成操纵失灵；冷气和燃料系统结冰，会堵塞管路，影响机件的正常工作，造成刹车失效、发动机供油中断，甚至空中停车等。

3．松动、断裂故障增多

进入寒冷季节，由于变温应力的影响以及金属塑性、韧性降低，脆性增大的特点，火焰筒掉块、导向器叶片变形、裂纹都有明显增加。据资料统计，导向器叶片变形、裂纹的故障，冬季比夏季增加 4.5 倍；起落架承力部件在低温时也曾多次发生断裂故障。此外，一些导管接头、固定螺帽和固定卡也常出现松动现象，电气线路故障也比较多。

4．有些活动机件出现卡滞现象

航空机件加工精度高，活动机件之间的配合间隙小，在低温下有些机件常出现卡滞现象。例如：转弯仪缓冲筒、抗荷调压器、油针、活门等，入冬后卡滞故障显著增多。

5．电接触部位故障增加

由于气温变化，感温元件工作次数频繁，会造成触点黏结；电瓶容量不足，点火线圈电流也随电压降低而增大，因此点火线圈触点黏结故障也增多；低温还会使微动电门和接插件间隙改变，造成接触不良的故障。

6．发动机参数发生变化

当大气温度较低时，发动机起动困难，导致起动温度高，有时多次起动才能成功。

严寒除对飞机有上述影响外，维修人员着装厚，工作不便，工作效率低，持续工作能力减弱等，这些都给飞机维护工作带来不少困难。在检查飞机和进行维护等实际操作中，往往容易发生维修差错。

5.1.3 严寒条件下的维护特点

1．正确维护使用航空装备

（1）做好发动机加温和保温工作。

冬季大气温度低，发动机起动困难，应按照规定在发动机起动前用地面加温设备给发动机加温；加温后，要检查进气道内有无结冰现象。喷气式发动机在停车后，应及时堵好前、后堵盖，防止发动机温度降低过快，引起燃气装置变形和裂纹。

（2）正确掌握油、气泄漏量。

有些机件由于构造上的缺陷和低温的影响，气温降低后，可能产生渗油漏气现象，只要泄漏量在规定范围内，则应视为正常现象。因为，当温度回升或系统工作时温度升高后，此种渗漏现象即可消失。因此，在排除渗漏故障时，应判明渗漏量，防止将接头、卡箍拧得过紧，致使导管接头受力过大产生裂纹，胶管产生永久变形，失去弹性。

（3）掌握降温幅度。

当气温骤降时，最容易发生渗漏故障。因此，要根据降温幅度及时制定相应的措施，加强对各系统密封性的检查，防止各系统的导管、附件发生漏油、漏气故障。

（4）正确地进行机件性能的调整。

冬季，当发现某些机件的性能参数变化时，应考虑低温的影响，判断准确后，再进行调整，避免误调，造成人为故障；调整时，应根据当时的大气温度、场面气压和机件的工作状态，确定调整量。

（5）注意电气线路的维护。

严寒季节拆装电器机件的插头时，动作要柔和，要直插直拔，不要晃动，更不能采取晃动插头、电缆的方法检查电路的工作；导线、馈线、电缆不要拉得太紧，弯曲弧半径不能小于其直径的10倍；拆装机件时，切勿强拉硬扯，防止损坏导线。

（6）严寒季节拆卸电子设备送内场检修排故时，应使设备在室内停放较长时间后方可打开机壳，以防止热空气与冷机件接触后形成水珠，使设备内部受潮。

2．防冻和防冰工作

（1）飞机在停放期间，应盖好各种蒙布、罩布、护套。雪后要及时清除飞机和设备上的霜、雪，检查飞机上各通气管、漏油管是否畅通，进气道、空速管内有无积雪和结冰。如果飞机表面结冰或蒙布冻结在飞机上，禁止用敲击或刮剥的方法排除，应该用加温器的热空气进行除冰。

（2）进入座舱内工作时，应注意勿将鞋上冰雪带入座舱。平时要加强对座舱底部的各活动接头、摇臂、传动杆的检查，并特别注意座舱底部是否有积雪、积水，以防活动机件结冰，影响操纵系统工作。

（3）低温时，座舱盖有机玻璃变脆，在关闭座舱盖时动作要柔和，防止猛烈震动引起座舱盖裂纹。

（4）露天停放的飞机，座舱玻璃温度很低，进入座舱工作时应将舱门、舱盖打开，防止人体排出的水分附着在风挡和座舱盖的内壁形成雾层。离开座舱后，要及时关上，避免外界大气中水分进入座舱。

（5）加添油液时应防止冰、雪落入油箱内；安装副油箱前，应判明油箱内无冰霜；飞机油箱里的油料应按规定加满，以减小油箱内大气容积；按规定从油箱底部开关处放出一些燃料，检查燃料中是否有水分或冰粒。

（6）风雪后，应仔细检查起落架及轮舱内各活动关节、锁钩、锁扣，以及刹车盘内有无冰雪和结冰现象。

3．防地面事故

（1）严防火灾。外场工作房和休息室生火炉取暖时，禁止在火炉上和烘箱内烘烤带油的抹布、手套。在室内用洗涤油清洗机件时，不准有明火，并严禁吸烟。因为冬季室内较密封，清洗机件产生的油气分子不易散发，浓度大，遇明火即会发生爆燃。

（2）试车时防止飞机滑动。冬季试车时，必须把飞机周围的冰、雪清扫干净，特别要注意把刹车盘内、机轮和轮挡下面的积雪清扫干净，防止刹不住车撞伤飞机和人员。

（3）防冻伤。严寒季节，在外场工作时，要经常用手揉搓皮肤外露部分，促进血液循环，防止冻伤。

（4）注意地面工作秩序。入冬后，人员着装多，行动不便，听觉反应迟钝，容易在上下飞机、汽车及试车时，发生人员摔伤、撞伤等地面事故。因此，在维修工作中，要注意地面工作秩序，采取预防措施，严防人员摔伤、撞伤等地面问题的发生。

5.2 炎热条件下的维护特点

5.2.1 炎热季节的气象特点

1. 气温高、日光强烈

长江以南地区,炎热季节日最高气温在 30℃ 以上的天数一般为 75~105 天,35℃ 以上的天数一般为 25~50 天,一些地区最高气温可达 40℃ 以上。

2. 水蒸气大

随着气温升高,空气中水蒸气的含量随气温的升高而增大,气温每升高 11℃,水汽量将增加一倍,一些地区夏季平均相对湿度在 80% 左右。由于昼间气温高,空气中水汽含量高,到夜间气温下降,空气中的水汽便成饱和状态,与飞机各部件接触而形成水珠,附着在各部件上,造成危害。

5.2.2 炎热条件对飞机的影响

1. 活塞式发动机散热困难

进入夏季,发动机散热困难,如果维护不良,在汽缸散热片或滑油散热器管壁上积聚尘土,就等于使汽缸壁加厚和缩小了散热面积。同时,由于尘垢的导热系数比铝差 1 000 倍,从而使散热性能下降。经计算,散热片如有 0.2mm 厚的尘垢,其散热效率将降低 12%,汽缸头温度可增加 20℃。

2. 涡轮喷气发动机在夏季具有的特点

(1) 加速性变长,加速过程中易发生冷悬挂。
(2) 起动温度指示早,上升快,易超温。
(3) 最大或额定转速下降,发动机推力减小。
(4) 低空大速度飞行时,可能发生喘振。

3. 夏季飞机着陆速度增大

夏季空气密度因温度高而变小,因此,飞机升力也将减小。为了保持飞机着陆下滑的平衡,必须以增大速度来保持应有的升力,因此着陆速度和滑行速度都将增大,使用刹车可能过猛和过多,刹车装置温度会剧烈升高,容易引发轮胎温度过热爆破等问题发生。

4. 电子和电气元件故障增多

(1) 电子管在高温下长时间工作,管芯材料会析出残余气体,气体离子撞击电极,会造成电子管提前损坏。特别是在环路失谐、负载不匹配情况下,夏季长时间连续通电,往往造成电台功放管、无线电罗盘输出极等大功率管的电极过热而损坏。

(2) 电源变压器、扼流圈、继电器及各种电机等都是漆包线绕制的,一般漆包线只能在 130℃ 以下工作,温度过高,绝缘性能将下降,夏季如果长时间工作,会形成机件温度过高,漆包线绝缘性能下降,漏电量增加,温度更加上升,绝缘性能进一步下降的恶性循环,以致使元件烧坏。

(3) 高温条件下长期工作,将大大缩短航空蓄电池的使用寿命。高温使蓄电池的有效物质容易脱落，会使电解液加速蒸发，液面高度不够，继续使用会引起极板弯曲和龟裂。高温下，蓄电池化学变化剧烈，电解液易外溢，会自行放电；同时，易腐蚀蓄电池外壳，减小接线柱导电有效面积，严重时会引起导电不良，影响正常供电。

（4）电阻器在高温及水分子、杂质作用下，会造成阻值变化，甚至损坏，由于热膨胀系数不同，空地剧烈的温度变化，能使电阻的漆层、涂层裂纹或脱落，引起线帽断线、线绕电阻断线等。

（5）空气电容器在高温情况下，由于极板膨胀使极间距离缩小、极板面积增大和介质系数变化，会使电容量和损耗增大，从而使环路失谐，放大器的放大量减小，设备性能下降。云母电容器的引线与外壳绝缘材料膨胀系数不同，温度剧烈变化，会使密封破坏，湿空气趁隙而入，增大漏电损耗，纸介电容在高温下往往会被击穿。

5.2.3 炎热条件下的维护特点

1．通风

（1）发动机地面试车必须迎风停放，必要时打开发动机舱盖，尽量避免连续起动，如因气温高起动不起来时，可先开冷车散热，特别是调整大转速时要注意严禁超转、超温。活塞式发动机要尽量减少地面大油门工作的时间，试车时应完全打开散热风门，密切注意汽缸头温度和滑油温度上升的情况。停车后待充分散热以后，再盖上发动机罩布。

（2）保持飞机上各通风散热孔畅通，隔热部分的间隙正常；发动机进气装置、散热冷却部分应清洁完好。

（3）飞机不飞行时，要随时用白色绒布把座舱盖玻璃盖好，在绒布和座舱玻璃之间要保持一定的空隙，以利通风。

（4）电子、电气设备地面连续通电时间不能过长，如果通电时间较长应采取措施进行散热。

2．遮光

（1）停放的飞机，雷达天线整流罩、机轮、螺旋桨、旋叶等均应加盖罩布，避免日光直接照射。

（2）各种存有油料的油桶、各种气瓶、备用轮胎、乙炔发生器等易燃易爆设备、器材，都应有凉棚和罩布。

3．隔热

（1）入夏前要对飞机原有的隔热器材和装置进行一次普查，如石棉布、石棉垫、玻璃条石棉纤维、石墨粉、石墨油、隔热罩等是否完好，不合要求的一律检修或更换。

（2）靠近发动机燃烧室、延伸管附近的机件、导线、电缆、导管等要注意隔热。在可操作的情况下，可在各种胶管、胶圈、减震垫等橡胶制品上敷一层滑石粉。

4．防火

（1）防止静电起火，飞机上要防止渗油、漏油。搭铁线和放电装置应完好、紧固。飞机落地后接地线要立即搭地，加油时油车接地线应接地良好。

（2）存有油料和各种易燃物的库房、工作间应通风、隔热、严禁明火。不准将汽油桶在水泥地上拖、滚。

5.3 潮湿条件下的维护特点

5.3.1 雨季气象特点

1. 降雨日数多

长江以南地区，雨日一般在 140～180 天，在 7、8 月雨日达 24 天之多。

2. 降雨集中量大

长江以南地区，全年雨量为 1 300～1 700mm，全年降雨量的 85%集中在雨季，其中 6、7、8 三个月尤为集中。

3. 空气湿度大

雨季降雨频繁，气温高，空气湿度比较大，雨季中月平均相对湿度可达 70%以上，一些地区机场最大平均相对湿度可达 89%。

5.3.2 潮湿条件对飞机的影响

1. 使机件产生锈蚀

暴露在机身外部和经常与潮气接触的机件，特别是划伤和破坏了保护层的部位极易受潮生锈。雨季中灌充的冷气含水量较大，冷气系统的附件以及与冷气接触的缓冲器、座舱增压开关等都易受潮锈蚀。飞机起飞着陆时，跑道积水溅到着陆装置、襟翼缝隙内部，也易使其受潮锈蚀。

2. 使运动机件卡滞

各系统的零件锈蚀的生成物除可能堵塞通路外，还会使各活动机件运动阻涩，甚至卡滞。

3. 使电门、插头造成短路

舱盖因密封性不好，内部机件容易受潮，出现电门、电缆插头短路。各型飞机的航行灯、机外指示灯、无线电高度表天线等机件都可能因密封性较差易进水造成短路。

4. 使电气设备性能变差

各种电气元件受潮后，绝缘性能将降低。绝缘电阻值减少，容易产生漏电现象，严重时能击穿电气元件。电门、继电器进水，会造成接点短路。电阻、电容、线圈受潮，电参数将改变，设备性能将变坏。炭刷受潮，会加速磨损或膨胀卡死，影响电机运转。

5.3.3 潮湿条件下的维护特点

1. 盖

为防止雨水、潮气进入机身内部，在雨季停放期间，要盖好蒙布、发动机防水布、座舱、设备舱防雨布。阴雨天上飞机工作时，一定要采取防雨措施，严防雨水进入；对机体内部有些容易进水受潮的机件，也要加盖防雨布。

2. 堵

及时堵好飞机各堵盖、堵头和堵塞。拆下的机件导管要及时包扎，对易进水的电门应套上塑料套，容易进水受潮的电缆插头要包扎好。

3．密

座舱要根据天气情况及时进行密封。各检查窗口、航行灯罩、外部指示灯罩的胶皮密封垫缺损的，要及时补装。有些工作舱盖没有密封垫，但内部有重要机件，工作舱盖一定要盖严，舱盖上的螺钉也要清洗涂油。

4．涂

保持防护层完好，是搞好防潮除锈工作的重要一环。油漆层脱落超过规定，应及时进行重喷或补喷。容易生锈的钢索、机件、活塞杆、活动关节、摇臂接头等要勤擦洗、勤涂油，外露的螺钉、机件要及时涂漆保护或涂上一层润滑油。

5．防

防止雨水进入燃油、滑油、液压油系统，具体要把好"三关"。

1）把好保管检查关

滑油、汽油、液压油、酒精等要保存在专门的无锈蚀桶内，并要堵盖好，以防雨水和灰尘进入。油桶和漏斗要存放在专门的箱柜内。定期从飞机上放出各种油料进行检查化验，不合格的要及时更换。

2）把好油液加添关

在加添油料和特种液体时，要擦净各加油口、油枪、漏斗、油壶上的雨水。雨天加油时，要做好防雨措施，以防雨水进入油箱内部。

3）把好附件拆装关

下雨时，严禁在机库外拆装燃料系统的导管和附件。在潮湿天气拆装附件和导管时，要及时用堵头或油纸包好。装好导管、机件后，及时排除系统内的空气，以防潮气进入机件内部而引起锈蚀。

6．除

（1）雨后要及时扫除飞机停放处的积水，并将飞机上的积水擦干、吸干、吹干，飞机上各漏水孔应保持畅通。

（2）通风晾晒除潮。天晴时要打开必要的舱口盖，取下各种堵盖、堵头、防雨布套，进行晾晒除潮。

（3）加温除潮。各种电气机件可以适当增加通电时间，必要时拆下烘烤。对于座舱仪表板后面等通风晾晒条件较差的部位，可利用红外线灯烘烤。

7．换

（1）及时更换因受潮而变质的润滑脂和已经失效的防潮剂。

（2）及时更换飞机上已经发霉的皮革、棉麻织品、木质材料等制件。

8．查

加强对运动机件的检查，防止雨水对系统零件腐蚀的生成物阻塞通路。用测量绝缘电阻值有无变化的方法来检查电气元件受潮情况。

9．烤

当发现电子设备因潮湿使性能下降时，应将电子设备拆下放进烘烤箱中烘烤，其烘烤温度和烘烤时间应严格按照有关电子设备的技术规定进行。

5.4 风沙条件下的维护特点

5.4.1 风沙季节的气象特点

1. 风速大

一些高原、沙漠、山区机场,春秋风速大,风速常达 15～20m/s,最大风速达 25m/s,少数机场最大风速曾达 50m/s。

2. 大风日数多

高原、沙漠、山区机场,全年八级以上大风日数一般为 30～80 天,新疆哈密地区大风日数曾长达 119 天。

3. 沙暴凶猛

沙暴常常伴随大风而来,其来势迅猛,漫天黄沙,遮天盖日。一些地区全年沙暴日数为 15～30 天,新疆和田地区沙暴日数曾达 54 天。

5.4.2 风沙条件对飞机的影响

多风沙的自然条件对飞机有很大的危害。风沙容易划伤有机玻璃、飞机蒙皮和机件的保护层;沙土容易进入飞机内部,引起润滑脂变质,加速各活动机件磨损;沙土一旦进入流体系统内部,还会引起系统或附件的油(气)路堵塞和机件磨损。此外,大风还容易吹开(走)蒙布、罩布,吹袭活动舵面。

5.4.3 风沙条件下的维护特点

(1) 注意了解驻地气候变化特点,做好防风沙的准备工作。

当接到大风警报后,要迅速地清除飞机周围可能被吹动的物品,对露天停放的飞机一般要逆(迎)风停放,按规定系留,并用夹板和制动装置把各舵面固定在规定位置。遇到特大风沙时还要刹车,系留要确定可靠,保证飞机不致被大风吹动。没有专门系留装置的飞机可以拴在起落架上。系留方法如图 5-1 所示。

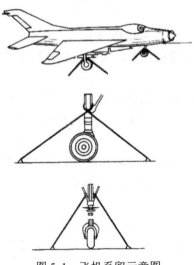

图 5-1 飞机系留示意图

（2）盖好座舱盖罩布、蒙布、舱盖，套好各种护套，大风沙时还要盖上全包式蒙布。堵好各种堵头、堵盖，各通风口、漏油管要加堵头。盖蒙布前，应把蒙布上的沙土除掉，以防带上飞机。

（3）保持飞机周围清洁，风沙后必须及时用冷气、吸尘器和人工打扫方法清除落在飞机和设备上的沙、土，更换落有沙、土的润滑脂。

（4）避免在有风沙的天气里拆装机件或给飞机加油。必须加油时，要采取防风沙的措施。

（5）做好防台风工作。当有台风预报时，应迅速将飞机疏散。应加满各油箱燃油（增加飞机的重量），使用刹车刹住飞机，固定住驾驶杆和各舵面，系留好飞机，挡好轮挡，托好尾部托架，盖好蒙布，并用绳子扎紧。注意把飞机附近的石子及杂物彻底清除。飞机工具箱、地面设备、消防器材等应远离飞机，放在避风安全的地方，以防被风吹起撞坏飞机。另外，台风登陆后多伴随有暴雨，因此还要注意做好防汛工作。风雨过后，应及时将飞机恢复良好。

5.5 高原地区的维护特点

5.5.1 高原地区的气象特点

1．大气压力低，空气密度小

高原机场标高大都在 1 000m 以上，大气压力、空气密度随着标高增高而减小。

2．光热辐射作用强，昼夜温差大

高原空气稀薄，光热辐射作用强，日出后地面温度迅速上升，日落后地表热量很快散失，因而早、晚较凉，中午较热，一般昼夜温差可达 15～20℃，秋、冬可达 20℃以上。

3．地面风力强

高原机场月平均风速在 3m/s 以上，据某高原机场历年资料统计，年平均风速在 17m/s 以上的大风日数为 4 天，最大风速可达 25m/s。

4．气候变化骤然，常有冰雹降落

高原地区气候变化骤然，时而晴空万里，时而乌云密布、雷电交加、大风骤起，常伴有冰雹降落。冰雹的直径大都在 10～20mm，最大的直径达 138mm，重 850 g。冰雹的比重虽轻于水，但它是固态的，且在重力加速度和风力作用下落地速度较大，有较大的冲量。

经验证明，冰雹对飞机表面的破坏力很大，直径约有 15mm 以上的冰雹，可将飞机蒙皮击穿或打成凹坑。

5.5.2 高原地区对飞机的影响

1．飞机起飞速度和滑跑距离随机场标高增高而增大

由于高原地区空气密度小，飞机升力小，要达到起飞离地的升力，就要增长起飞滑跑距离，提高飞机起飞速度。因此在高原机场，飞机起飞速度要比平原机场大，起飞滑

跑距离要比平原机场长，且随机场标高的增高而增长。

2．着陆速度大，减速效果差

在高原机场，飞机着陆速度比平原机场要大，且因空气阻力小，减速效果差，使起落架承受撞击力大，轮胎磨损加剧，刹车装置使用频繁、磨损快，机轮温度易过高等。

3．座舱盖玻璃易老化，出现银纹和裂纹

高原机场空气稀薄、紫外线照射强，加之日温差大，会加速座舱盖有机玻璃老化，强度降低，玻璃易出现银纹和裂纹。

4．橡胶制件易老化，渗漏故障多

由于高原机场日温差大、紫外线照射强，气候干燥，风沙天气多，起落架缓冲器活塞杆及各种收放动作筒活塞杆表面容易附着沙粒、尘土，使磨损加剧，易造成密封胶圈擦伤。液压系统、气动系统内部的橡胶密封圈易老化，使漏油、漏气故障增多。

5．发动机推力随机场标高增高而下降

由于高原地区空气密度小，进入发动机的空气流量减小，使发动机推力明显下降。据测算，在标高为 1 298.3m 的某机场，发动机各状态下的推力均比平原机场对应下降14%。

5.5.3 高原地区的维护特点

高原地区的气象复杂，给机务维护工作增加了困难。因此，在实际维护中，除参照严寒、炎热、潮湿等自然条件下的维护特点所采取措施外，还应针对气压低、空气密度小、气温变化大的特点，采取以下措施：

（1）进驻高原机场前，必须全面检查飞机的技术状况，特别要仔细检查动力装置、氧气系统、高空设备、防冰系统的工作情况，并进行试飞鉴定，保证航空装备的技术性能符合高原地区的使用要求。

（2）加强对着陆机构的检查和维护。飞机在高原机场着陆时，着陆速度比平原大，起落架、机轮所受的撞击载荷增大，一些承力点和焊缝处容易产生裂纹，固定点易松动，机轮容易被撞爆或拖胎。滑跑距离长和散热差会使轮胎温度升高，易使轮胎产生脱层、鼓泡、老化等故障，机轮轴承的润滑脂消耗也会加快，因此应该做好以下工作：

① 缩短着陆装置检查周期，增加检查次数，扩大检查范围。对起落架减震支柱（减震器）扭力臂、轮叉及受力较大的拉杆、摇臂等加强检查，及时发现和排除裂纹、变形等故障；飞机着陆滑跑过程中，注意观察机轮是否冒烟，停机后注意检查机轮有无烧伤，轴承油有无外流。机轮出现过热现象应更换机轮，轴承油流出时，应清洗轴承，更换轴承油。

② 将轮胎充气压力按飞机最大载荷条件下的要求充至上限，以预防因轮胎气压偏小而造成"脱层"或爆破。

（3）加强对刹车系统的检查和维护，确保刹车装置完好。飞机在高原机场起飞和着陆时，由于气压低，空气密度小，飞机的滑行距离与平原相比显著增长，使用刹车时间会大大增加，刹车片容易磨损，刹车系统易出故障，应加强刹车系统的检查和保养。

（4）加强对飞机燃料、滑油、液压、氧气等系统密封性的检查，及时排除渗油、漏油和漏气等故障缺陷。

5.6　沿海地区的维护特点

5.6.1　沿海地区的气象特点

1．雨季时间长，雨量大

沿海地区雨季通常从2月开始到6月才能结束，年降雨日数一般为130～160天，降雨量在1 400～2 000mm。

2．空气湿度大，且含盐量高

沿海地区空气相对湿度平均在80%以上，且含盐量高，在海岸附近大气中含有不少微小的海水水滴，经进一步蒸发，使海洋大气中含有较多微小的NaCl固体颗粒，而且离海越近，空气中的海盐粒子越多。

3．雷暴雨天气多

沿海地区在雨季常常会出现乌云密布、雷电交加、狂风暴雨的天气，年平均雷暴雨日数为60～80天，海南岛年平均最多为110天。

4．台风多

台风是热带海洋面急速旋转的大气旋涡，一年四季都可发生，但以7、8、9月最多，占总数的60%以上，从12月到翌年4月出现的台风很少，还不到总数的6%。一般台风登陆后在50 km半径范围内风速为29～33m/s，在100 km半径范围内风速为20～28m/s。

5.6.2　沿海地区对飞机的影响

1．腐蚀严重

沿海地区由于雷雨多，雨季时间长，湿度大，含酸、盐量大，加上沿海工业城市的废气污染对飞机造成的腐蚀更为严重。据沿海某部对某型飞机襟翼腐蚀普查，被腐蚀的占70.3%，严重腐蚀的占40.3%。由于腐蚀，蒙皮产生麻坑甚至穿孔，轴承生锈，滚珠剥落，表面漆层、氧化膜脱落，润滑油脂分解失效，导线霉变等问题，使飞机气动性能变差，疲劳极限降低，开关活门运动紧涩、卡滞，线路故障增多等。

2．雷电危害

搭铁良好的飞机，强大的电流可能会使飞机蒙皮局部烧坏或直接进入电子设备，使之损坏。搭铁不良的飞机，还可能引起着火。闪电产生的电波，对无线电设备能引起严重干扰，造成通信联络中断，使无线电罗盘指示摆动。闪电电流引起的强大磁场，有时能使飞机的某些机件磁化，改变磁罗盘的罗差规律，引起指示误差。如果飞机停放在平坦、空旷的地方，可能还会受到雷击而损坏。

此外，如飞机接地线接地不良，雷电引起的感应电荷不能泄放，当电位差达到一定程度，飞机与地面之间就会跳火，可能引起着火和人员触电的危险。

3．台风危害

台风过境时，其风速一般为25m/s以上，有时可达40～50m/s，日降雨量达几百毫米，有的可达1 000mm以上。因此台风登陆时，均带来狂风、暴雨和海上的巨浪，山区出现山洪，沿海地区潮水急剧上涨，常引起水灾。而且，九级以上台风可吹倒树木，使建筑物遭到破坏，也给机务维护工作带来困难。

5.6.3 沿海地区维护特点

1. 防雨水

认真落实防雨、防潮的各项维护措施。在台风、雷雨季节做好维护工作，盖好各种舱盖、堵盖、蒙布。台风雷雨后要及时做雨后检查、通风、晾晒、排水、除锈、润滑和防腐等工作。

2. 防雷击

（1）保证飞机各部分搭铁良好。飞机上各部分都应由导电良好的金属连成一个导电整体。凡铆接的部分，铆前应清除所有非导电物质，保证导电接触良好。所有活动部分及用绝缘体隔开的部分（橡胶油箱、夹布胶管、减震橡胶垫等）均应用金属接地线、搭铁线连接起来，并在维护中保持搭铁线的完整与搭铁部位的清洁。

（2）保持飞机接地线的完好、接地可靠。飞机着陆后，应先连接好接地线，再上飞机工作。

（3）为防止和减小对电子设备的干扰，飞机上的各种屏蔽、防波和滤波设备、静电放电刷都应按要求维护好；有火花防护器的，应保证其完好。

（4）在雷暴区飞行过的飞机，应检查蒙皮有无烧伤、打伤的痕迹，各电子设备有无损坏，罗盘有无误差。如发现问题，应及时排除。

3. 防台风

（1）在台风到来前，及时向气象部门了解台风移动风向，调整飞机停放位置，将飞机系留好，并使飞机保持迎风停放。

（2）小型、轻型飞机，有机库的应推到机库内，无机库的应推到背风的掩体内，以免被风吹坏。

（3）直升飞机应搞好旋翼刹车，系留好旋翼，夹好自动倾斜夹具，刹住机轮，挡好轮挡，当风速大时，还应视情拆下旋翼。

（4）使飞机处于良好状态，做好紧急起飞的准备。

（5）解下机翼、尾翼蒙布，盖好前机身蒙布，将防雨布盖在发动机舱和座舱盖上，并用绳子将蒙布、防雨布牢牢地捆在机身上。盖严所有工作舱盖，机外密封座舱。

（6）工具箱、备份器材箱、飞机地面设备和解下的蒙布，用绳子捆好并搬走存放。

（7）机库、工作房要关好所有门窗，切断电源。

参 考 文 献

[1] 任仁良. 维修基本技能[M]. 北京：清华大学出版社，2010.
[2] 刘振岗，等. 航空维修基本技能[M]. 北京：国防工业出版社，2016.
[3] 中国空军百科全书编审委员会. 空军百科全书[M]. 北京：航空工业出版社，2005.
[4] 中国人民解放军空军装备技术部. 空军航空工程词典[M]. 北京：中国科学技术出版社，1998.
[5] 孙佳. 民航安全管理与应急处置[M]. 北京：中国民航出版社，2012.
[6] 李幼兰. 空气动力学和维护技术基础[M]. 北京：清华大学出版社，2014.
[7] 张凤鸣，等. 航空装备科学维修导论[M]. 北京：国防工业出版社，2006.